Content Marketing: So finden die besten Kunden zu Ihnen

Stephan Heinrich

Content Marketing: So finden die besten Kunden zu Ihnen

Wie Sie Ihre Zielgruppe anziehen und stabile Geschäftsbeziehungen schaffen

Springer Gabler

Stephan Heinrich
Trier, Deutschland

ISBN 978-3-658-13898-1   ISBN 978-3-658-13899-8   (eBook)
DOI 10.1007/978-3-658-13899-8

Die Deutsche Nationalbibliothek verzeichnet diese Publikation in der Deutschen Nationalbibliografie; detaillierte bibliografische Daten sind im Internet über http://dnb.d-nb.de abrufbar.

Springer Gabler
© Springer Fachmedien Wiesbaden 2017

Lektorat: Manuela Eckstein

Gedruckt auf säurefreiem und chlorfrei gebleichtem Papier

Springer Gabler ist Teil von Springer Nature
Die eingetragene Gesellschaft ist Springer Fachmedien Wiesbaden GmbH
Die Anschrift der Gesellschaft ist: Abraham-Lincoln-Str. 46, 65189 Wiesbaden, Germany

Vorwort

Dieses Buch zielt darauf ab, den Gedanken des professionellen Content Marketings, also „Marketing durch wertvolle Inhalte" für Unternehmer aufzubereiten, damit sie eine Entscheidung treffen können, ob und wie sie dieses mächtige Werkzeug für sich einsetzen wollen. Mit „professionell" meine ich nicht den Hype, der in diesen Tagen gemacht wird, und der vielen Menschen verspricht, dass sie sich mit einem Onlineprodukt selbstständig machen können und schnell reich werden. Dieses Buch behandelt die große Bedeutung von Content Marketing in kleinen und mittleren Unternehmen als Ergänzung oder vielleicht sogar als Ersatz für bestehende Konzepte zur Kundengewinnung und -bindung.

Der Begriff Content Marketing ist in diesen Tagen in aller Munde. Das ist nicht besonders verwunderlich, denn es ist eine besonders effektive Methode, um mit wenig Aufwand eine präzise umrissene Zielgruppe anzusprechen und eine „Gefolgschaft" aufzubauen. Weil die fokussierte Ansprache der Zielgruppe ein wesentlicher Schlüssel zum Erfolg der Methode ist, können vor allem kleine und sehr spezialisierte Unternehmen davon erheblich profitieren. Dabei spielt es absolut keine Rolle, welches Geschäftsmodell verfolgt wird. Es funktioniert immer dann, wenn es das Ziel ist, neue potenzielle Kunden anzusprechen, sie zu qualifizieren, zu zahlenden Kunden zu machen und dauerhaft an das Unternehmen zu binden.

Die Wirksamkeit dieser Methodik im Marketing ist vor allem deshalb für kleinere und mittlere Unternehmen interessant, weil sie ohne die früher vorhandenen Marktzutrittsbarrieren und Streuverluste funktioniert. Es schafft die Voraussetzung, damit die einzelnen Individuen der Zielgruppe selbst Anschluss an die Gefolgschaft suchen, der sie sich thematisch zugehörig fühlen.

Werfen wir einen Blick auf das klassische Marketing der alten Schule. Ich vergleiche es mit dem industriellen Fischfang: Man musste viel Kapital aufbringen, um die Marketing-Maschine zu betreiben, und man musste auch große Mengen des Fangs schnell verarbeiten können, damit es sich lohnte. Es ist schwer, nach unten zu skalieren. Für einen kleineren Fischer, der sehr gut mit weniger Fang auskommt, ist es kaum wirtschaftlich, mit einem kleinen Boot und einem kleinen Schleppnetz durch den großen Ozean zu fahren.

Content ist der Lockstoff, der die Fische an einen bestimmten Punkt heranlockt. Der Fischer muss nicht mehr durch den großen Ozean kreuzen. Er kann an seinem Steg sitzen und seinen Lockstoff in der richtigen Dosis in den großen Ozean absondern, und die Fische kommen von alleine. Alles, was er jetzt noch tun muss, ist, an seinem Steg sitzen und die Angel mit dem Spezialköder ins Wasser halten. Die richtigen Fische in der richtigen Größe werden kontinuierlich anbeißen.

Als ich Ende 2012 beschloss, das Marketing für mein Beratungsunternehmen radikal umzustellen, wusste ich noch nicht, welche Ausmaße diese Veränderung annehmen würde. Meine Zielgruppe ist klar umrissen und relativ klein. Der Erfolg meiner neuen Marketingmaßnahmen war enorm. Heute weiß ich, dass ich damals bereits klassisches Content Marketing umgesetzt hatte – obwohl ich den Begriff damals noch nicht kannte.

Ich wurde inspiriert von Kollegen aus den USA, die es hervorragend verstanden, ihr Wissen zu teilen, dadurch eine bestimmte, sorgfältig ausgewählte Zielgruppe ansprachen und auf diese Weise Vertrauen aufbauten. Wissen hatte ich genug, allerdings zunächst noch die Unsicherheit, ob es klug wäre, mein ganzes Wissen kostenlos zu verschenken. Deshalb entschloss ich mich, zunächst den produzierten Inhalt nicht kostenlos, sondern zu einem geringen Preis zu verkaufen. Das erste Ergebnis war eine Reihe von Hörbüchern für die Zielgruppe der Vertriebsleiter und ambitionierte Verkäufer. Diese Audio-Produktionen erscheinen seit April 2013 alle 14 Tage und umfassen ein weites Feld an Themen, das für die Zielgruppe interessant ist. Es ist eine Fachzeitschrift zum Hören, was eben für Vertriebsmitarbeiter besonders passend ist, weil sie häufig reisen und beim Autofahren, im Zug oder im Flugzeug besser hören als lesen können. Damit die Inhalte später noch nachgearbeitet werden können, gibt es zusätzlich eine wortwörtliche Mitschrift.

Warum erwähne ich das hier? Die Besonderheit ist, dass alle Ausgaben jeweils im Duo entstehen. Eine Kollegin oder ein Kollege und ich behandeln ein Thema. Das Duo ist entscheidend für die Verbreitung. Beide Autoren, die Kollegin beziehungsweise der Kollege und ich, haben Interesse, das gemeinsame Produkt in unseren Kreisen zu verbreiten, was die Reichweite insgesamt erhöht. Für die Zielgruppen gibt es wertvollen Inhalt, und das Renommee beider Autoren wird gesteigert.

Inspiriert durch diesen Erfolg, der 2014 mit dem „Innovation Award der German Speakers Association" ausgezeichnet wurde, wusste ich, dass ich dieses Konzept weiterdenken und noch mehr auf die Gewinnung relevanter Neukunden in meiner kleinen und klar definierten Zielgruppe setzen sollte. Meine Zielkunden sind Unternehmen, die komplexe Produkte und Dienstleistungen als Projekt verkaufen. Alle haben gemeinsam, dass sie eine Entscheidung ihrer Geschäftskunden bewirken müssen, bevor der Kunde die Leistung prüfen kann, weil sie erst nach der Beauftragung geschaffen wird. Das sind Beratungsunternehmen, Ingenieurbüros, Software- und Systemintegratoren und Anlagenbauer. Sie alle haben zu Beginn nur ein zumeist abstraktes Konzept ihrer Leistungen und können höchstens einige Referenzen als Beweis ihrer Kompetenz vorweisen.

Seit Januar 2014 veröffentliche ich wöchentlich sehr ausführliche Informationen und Anregungen für diese kleine Zielgruppe. Die Inhalte sind völlig kostenlos und können als Text gelesen oder als Audio gehört werden. Das bedeutet jede Woche etwa 15 min komprimiertes Wissen für bessere Ergebnisse im Alltag dieser Zielgruppe. Damit erreiche ich im Moment mehr als 50.000 Hörer beziehungsweise Leser pro Monat. Bevor ich Content Marketing nutzte, hatte ich monatlich weniger als 2000 Besucher auf meiner Internetseite. Diese für mein Spezialthema fast schon astronomisch hohe Reichweite hat sich längst in erheblich gesteigerten Anfragen und Buchungen auch betriebswirtschaftlich bezahlt gemacht.

Verschiedene Unternehmen, die im B2B (Geschäftskunden) wie auch B2C (private Konsumenten) wachsen wollen, haben Content Marketing erfolgreich umgesetzt. Hier einige Beispiele:

Beispiel

- Eine Bäckerei, die Backrezepte kostenlos veröffentlicht und dadurch den Umsatz von Brot und Kuchen im Ladengeschäft vervielfacht hat.
- Ein Weinhändler, der in vielen kurzen Videos kostenlos erklärt, wie man Wein richtig verkostet und dadurch ein riesiges Umsatzplus erreichte.
- Ein Gärtner, der sein komplettes Wissen über Gartenbau verschenkt und seinen Betrieb enorm vergrößern konnte.
- Ein Personal-Trainer, der sein Wissen zu Fitness und Ernährung kostenlos anbietet und inzwischen ein kleines Fitness-Imperium aufgebaut hat.
- Ein Beratungsunternehmen für Unternehmensnachfolge, das über wertvolle Tipps und Anleitungen die Buchungen vervielfachte.
- Ein Anbieter von komplexen Maschinen für die bestimmte Produktionsverfahren, der Studien und Forschungsergebnisse veröffentlicht und dadurch stetig neue Kunden findet.
- Ein Forschungsunternehmen, das seine Erkenntnisse veröffentlicht und dadurch immer neue Industrie-Auftraggeber anzieht.

Die Liste ließe sich noch lange weiterführen und soll verdeutlichen, dass die Art des Geschäftsmodells nicht entscheidend ist. Alle Unternehmen, die einen steten Zustrom neuer Kunden anstreben, können von Content Marketing profitieren, wenn sie es richtig anstellen.

Wozu dieses Buch?
Dieses Buch ist die Weiterentwicklung eines Blogs über Content Marketing, den ich seit Sommer 2015 veröffentliche. Alle vertiefenden Inhalte zu diesem Buch bekommen Sie also auch kostenlos, wenn man einmal davon absieht, dass der Zugang ins Internet (noch) nicht völlig kostenfrei ist. Diese auf den ersten Blick unverständliche Mentalität des Verschenkens von Wissen ist für viele Anhänger der alten Schule sehr ungewohnt. Zumal ich seit Mitte 2015 Gründer und Geschäftsführer einer Agentur für Content Marketing bin. Unsere Agentur heißt Content Marketing Star und bietet Content Marketing als Dienstleistung an. Wir machen aus Ihrem Know-how neue Kunden.

Ist es nicht eigentlich so, dass man als Unternehmen sein Wissen im Tausch gegen bare Münze anbietet? Was soll es da bringen, das wertvolle Wissen zu verschenken? Seien Sie versichert, die Vorgehensweise hat nichts mit Altruismus zu tun, sondern bildet die Grundlage eines durchdachten und erfolgreichen Geschäftsmodells. Auch wenn Sie das Wissen quasi kostenlos beziehen können und damit die gleichen Erfolge erzielen, als wären Sie Kunde meiner Agentur, ist es in meinem Sinne. Denn sicherlich wird es im Kreis der Leser einen kleinen Prozentsatz geben, die früher oder später die Agenturleistung in Anspruch nehmen möchte.

In der alten Welt war es verrückt, sich so zu verhalten. Welche Werbeagentur hätte wohl vor 20 Jahren in der Öffentlichkeit kostenlos verbreitet, wie sie arbeitet? Welche Agentur hätte sämtliche Konzepte und das präzise eigene Vorgehen veröffentlicht, um dadurch alle Leser zu ermächtigen, selbst und ohne Agentur tätig zu werden? Welcher Innenarchitekt hätte sein gesammeltes Wissen über Design, Farbzusammenstellung und Stilkunde kostenlos verbreitet und dadurch riskiert, dass auch Laien seine Ideen anwenden und bestens ohne ihn auskommen? All das mag früher geschäftsschädigend gewesen sein. In unserer Zeit der Informationsgesellschaft ist es jedoch außergewöhnlich clever. Denn wenn Sie sich beispielsweise einen Traum erfüllen wollen und eine Fotosafari in Afrika buchen, wem würden Sie eher vertrauen: Dem Reisebüro, das lediglich behauptet, Spezialist zu sein, oder dem Anbieter von Afrikareisen, der eine umfangreiche Sammlung an Informationen zu Reisebestimmungen, Impfungen, Routenempfehlungen, Ausrüstungstipps und einen Fotokurs für Naturfotografie kostenlos anbietet? Sicherlich wird es auch viele Konsumenten dieser Information geben, die niemals ein Reisebüro beauftragen würden, aber diese sind ohnehin nicht als Kunden relevant.

Weshalb Sie dieses Buch lesen sollten und wie Sie am meisten profitieren
Dieses Buch ist in fünf Kapitel gegliedert. Im ersten Kapitel bekommen Sie einen Überblick über das Thema und lernen das Prinzip des Content Marketings kennen. Wenn Sie diesen Teil gelesen haben, verstehen Sie, was hinter Content Marketing steckt. Sie wissen dann, dass es ein relativ altes Prinzip ist, das schon Ende des 19. Jahrhunderts existierte, und Sie verstehen, warum es gerade jetzt so populär ist.

Im zweiten Kapitel behandeln wir, was zu tun ist, damit Content Marketing in der Praxis funktioniert. Dieser Teil des Buches gibt einen Überblick über die wesentlichen Zusammenhänge und bietet Führungskräften die Grundlage, um zu erkennen, was zu tun ist, um Content Marketing im eigenen Unternehmen einzusetzen.

Im dritten Kapitel geht es ein wenig detaillierter zu. Da behandeln wir die Funktionsweise und das Zusammenspiel einzelner Elemente des Content Marketings. Dieser Teil ist für Führungskräfte ein guter Einblick in die Funktionsweise, um die spätere Umsetzung besser zu verstehen, realistische Ziele setzen zu können und Messkriterien festzulegen.

Das vierte Kapitel bietet einen tiefen Einstieg in die unterschiedlichen Medien und Werkzeuge. Diesen Teil werden Sie vielleicht nicht am Stück lesen wollen. Stattdessen picken Sie sich heraus, was Sie umsetzen wollen, oder Sie delegieren die Umsetzung an einen Mitarbeiter oder Dienstleister.

Das fünfte Kapitel ist ein sehr ausführliches Glossar, das alle Begriffe erläutert, die im Content Marketing verwendet werden, damit Führungskräfte sich schnell Klarheit zu bestimmten Begriffen verschaffen können.

In manchen Kapiteln verweisen wir auf Arbeitsblätter, Checklisten oder andere zusätzliche Informationen, die Sie in elektronischer Form bekommen können. Dazu verwenden Sie bitte die Seite www.content-buch.de und tragen dort bitte Ihren Namen und Ihre E-Mail-Adresse ein. Sie bekommen dann eine E-Mail mit allen aktuellen Informationen und dem Link zu einer Übersichtsseite, mit allen zusätzlichen Inhalten zu diesem Buch. Weil das Thema Content Marketing sich im Moment rasant weiterentwickelt, ist das der beste Weg, um Sie mit aktuellen Informationen und Empfehlungen zu versorgen. Nutzen Sie diese Seite am besten gleich beim Lesen des Buches, und Sie bekommen kostenlos alle Ergänzungen und Neuerungen bequem in Ihren Posteingang.

Dieses Buch habe ich geschrieben, um mein komplettes Wissen über Content Marketing für alle Unternehmer zur Verfügung zu stellen. Damit tue ich genau das, was ich zuvor beschrieben habe und gebe meinen „Content" frei, um dadurch eine Beziehung zu potenziellen Interessenten zu schaffen.

Lassen Sie sich von diesem Buch inspirieren und lesen Sie die klare und umfassende Beschreibung des Konzepts und der besten Umsetzung. Damit Sie in Kürze auch im übertragenen Sinne ganz entspannt auf Ihrem Steg sitzen können und die besten Neukunden freiwillig in Ihren Fangkorb springen.

Trier, Deutschland   Stephan Heinrich
im Juni 2016

Inhaltsverzeichnis

Der Autor

 **Stephan Heinrich** Jahrgang 1964, ist als Autor, Trainer und Berater für komplexe Verkaufsprozesse seit 2001 tätig. Sein Buch „Verkaufen an Top-Entscheider" ist inzwischen in der dritten Auflage bei Springer Gabler erschienen. Angeregt durch Kollegen in den USA stellte er bereits 2013 sein komplettes Marketing für sein Bildungsunternehmen auf Content Marketing um. Zumindest kann man das aus der Retroperspektive sagen, denn damals wusste er noch nicht, dass es diesen Begriff gab. Angeregt vom Erfolg des eigenen Marketings gründete er Anfang 2015 eine Agentur, die das moderne Marketing als Dienstleistung für Unternehmen in die Tat umsetzt. Seither setzt er mit seinem Team für Kunden aus den unterschiedlichsten Geschäftsfeldern erfolgreiches Content Marketing in die Praxis um.

Wozu Content Marketing?

1

▶ In den letzten Jahren haben wir in den unterschiedlichsten Branchen erlebt, dass Newcomer ohne Historie am Markt und mit wenig Kapital den Platzhirschen so manchen Marktanteil in Windeseile gestohlen haben. Begünstigt durch das Internet und damit die Minimierung von Kosten für die Verteilung von Information, haben sie Kunden erobert, die bislang scheinbar sicher bei anderen Anbietern waren. Content Marketing ist ein Instrument, das dem herkömmlichen Marketing im Wirkungsgrad so sehr überlegen ist, dass es kaum noch eine Frage des Ob, als vielmehr eine Frage des Wann ist, wenn das herkömmliche Marketing verschwindet. Dieses Kapitel richtet sich an Unternehmer, Selbstständige und Entscheider, die schnell und fundiert erfahren wollen, was Content Marketing bietet und warum sie es einsetzen sollten.

1.1 Warum das „alte Marketing" immer weniger funktioniert

„Ich bin so toll im Bett, das musst du mal erlebt haben!" Es erfordert nicht viel Erfahrung, um zu erkennen, dass dieser Spruch bei der privaten Akquise von Liebespartnern wenig Erfolg versprechend ist. Und selbst wenn Sie anderer Meinung sind und denken, dass diese Methode wohl nur dann erfolgreich wäre, wenn der oder die Angesprochene im übertragenen Sinne am Verdursten sei – „desperate", wie ein schwer zu übersetzender Begriff es im Englischen so gut auf den Punkt bringt –, dann können wir uns vielleicht auf Folgendes verständigen: Es gibt bei Weitem bessere Möglichkeiten für den Beginn eines Flirts. Wenn wir jedoch auf die Machart der Sprüche in Werbung und Verkauf blicken, dann stellen wir fest, dass hier leider immer noch genau dieses Prinzip von „Ich bin so toll …" am meisten verbreitet ist. Es ist das aus der Ego-Perspektive behauptete

© Springer Fachmedien Wiesbaden 2017   1
S. Heinrich, *Content Marketing: So finden die besten Kunden zu Ihnen*,
DOI 10.1007/978-3-658-13899-8_1

Nutzenversprechen, das im Marketing noch immer dominiert. Gibt es nicht auch wesentlich bessere Ideen, eine Verbindung zum Kunden herzustellen?

Warum das „alte Marketing" nicht überleben kann

Das bisherige Marketing ist aus mindestens zwei Gründen nicht mehr überlebensfähig. Beide Gründe lassen sich ganz einfach erklären:

1. **Behaupteter Nutzen statt bewiesener Kompetenz:** Im alten Marketing steht die Behauptung eines Nutzens im Vordergrund. Produkte und Dienstleistungen werden beschrieben und deren Nutzen ausführlich angepriesen. Beweise fehlen komplett oder werden durch Referenzen und Prüfungssiegel lediglich angedeutet. Im Content Marketing kommen alle Karten auf den Tisch. Wissen wird transparent und Know-how kann bereits für den potenziellen Kunden dessen Probleme lösen, bevor eine Geschäftsbeziehung beginnt. Die Kompetenz des Anbieters wird durch wertvolle Inhalte bewiesen und es besteht bereits eine Vertrauensbeziehung, obwohl bislang noch kein direkter Kontakt bestand.
2. **Unerwünschte Störung statt gewollter Information:** Das alte Marketing stört den Konsumenten und unterbricht ihn bei seiner aktuellen Tätigkeit. Werbung wird eingeblendet und soll die Zielperson erreichen, obwohl diese im Moment eine andere Intention hat. Der Konsument wird gestört und nutzt Möglichkeiten, um die unerwünschte Werbung zu umgehen.

Das neue Marketing ist zurückhaltend und wird nur dann aktiv, wenn der Interessent Inhalte anfordert. Und es verstummt auf Wunsch des Konsumenten wieder. So obliegt dem Interessenten die Steuerung der Intensität und Quantität der Marketing-Botschaften.

1.2   Warum Content Marketing nachhaltig ist und sich langfristig auszahlt

1.2.1   Content Marketing sorgt für den steten Zufluss neuer Kunden

Wenn Sie sich nun fragen, ob Content Marketing lediglich ein neuer Hype ist, der auch wieder vorübergehen wird, dann berücksichtigen Sie bitte, dass Content Marketing gar nicht neu ist. Es existiert schon seit Generationen, nur wurde es bisher nicht so genannt. Der erste Unternehmer, der das Prinzip des Verschenkens von wertvollen Inhalten anwendete, um seine Produkte aufzuwerten, war ein promovierter Apotheker mit dem Namen Oetker. Zum Beginn seiner Geschäftstätigkeit hatte er auf die Verpackung seines

Backpulvers „Backin" Backrezepte seiner Frau drucken lassen, die akribisch getestet wurden. Die Kunden nutzten das Produkt und die Rezepte. Der schnelle Erfolg des Unternehmens ist vielleicht wirklich auf diese Backrezepte zurückzuführen.

Kurz darauf begannen noch weitere Unternehmen damit, relevanten Content für ihre Zielgruppen kostenlos herauszugeben, dadurch eine gewisse Bindung zu ihren potenziellen Kunden zu erzeugen und auch den Absatz der Produkte zu fördern. Beispiele dafür sind der Landmaschinenhersteller „John Deere", der eine Zeitung für Landwirte in den USA herausgab. Im Gegensatz zu vielen Unternehmenspublikationen oder der modernen Variante, den Newslettern, stand bei John Deere keine Werbung im Vordergrund seiner Publikation. Es ging nur um die Information, die für die Zielgruppe – in diesem Fall Farmer – hilfreich und relevant war. Oder der Reifenhersteller „Michelin", der einen Reiseführer herausgab, der sich bis heute zu einer Institution etabliert hat. Anfangs war er vermutlich nur dazu gedacht, die potenziellen Kunden zu mehr Reisen zu animieren und dadurch die (Ab-)Nutzung der Reifen zu steigern.

Die große Schwachstelle vieler Marketingkonzepte war und ist die Rückmeldung der potenziellen Kunden. In grauer Vorzeit musste man seine Kunden bitten, Coupons aus Zeitungsanzeigen einzusenden, um eine Rückmeldung zu bekommen. Mit der Verbreitung des Telefons konnte man die Kunden auch bitten, eine Telefonnummer anzurufen, um Kontakt aufzunehmen und eine Kundenadresse zu erfragen. Aber erst seit kurzer Zeit, seitdem das Internet ein allgemein akzeptierter Gebrauchsgegenstand wurde, gelingt es, eine Rückmeldung von Kunden zu erhalten, ohne dass ein Medienbruch im Wege steht.

Menschen nutzen Suchmaschinen, wenn sie ein Problem haben, und finden Lösungen dazu. Lösungsanbieter werben auf Suchmaschinen oder stehen oben in den Suchergebnissen mit wertvollen Informationen. Interessenten sind bereit, im Tausch gegen ihre Adresse weitere, tiefer gehende Informationen per E-Mail zu bekommen. Man kann messen, wer wann welche E-Mail-Nachricht erhalten und geöffnet hat, und man kann sogar feststellen, welchen Link der Empfänger angeklickt hat. So lässt sich das Verhalten einzelner Empfänger sondieren und bestimmte automatisierte Methoden können angewendet werden, um potenzielle Kunden schneller zu identifizieren.

Außerdem besteht seit kurzer Zeit die Möglichkeit für Unternehmen jeder Größe, diese Methoden anzuwenden, ohne aufwendige Softwaresysteme zu kaufen, zu installieren und zu betreiben. Erst seit Kurzem kann man Dienste in der Cloud mieten, statt sie teuer als Softwarelizenz anzuschaffen und auf dem eigenen Server zu betreiben. Deshalb schlagen zurzeit auch viele kleine Unternehmen diesen Weg ein, um mit ihren wertvollen Inhalten neue Kunden zu gewinnen.

1.2.2   Content Marketing wirkt mittelfristig auf den ROI

Wenn Sie Ihr Marketing ganz oder teilweise auf Content Marketing umstellen, werden Sie eincn steten Zustrom neuer potenzieller Kunden erreichen. Allerdings ist es kein kurzfristiges Mittel. Sie sollten mindestens zwölf Monate intensiv mit Content Marketing arbeiten, bevor Sie einen Return on Invest erwarten. Es ist in Einzelfällen möglich, auch wesentlich schneller Ergebnisse zu erzielen, aber in den meisten Fällen sollten Sie ein Jahr Durchhaltevermögen einplanen. In acht Schritten können Sie den Erfolg Ihres neuen Marketings planen:

Acht Schritte zum erfolgreichen Content Marketing
1. Sie definieren Ihre Kernzielgruppe, wenn Sie das nicht schon längst getan haben, und finden heraus, welches konkrete Problem diese Zielgruppe hat.
2. Sie übersetzen das Problem in die typische Sprache des Kunden und finden die Worte, die dem Kunden im Zusammenhang mit seinem Problem durch den Kopf gehen.
3. Sie verbreiten – unabhängig von Ihrem Produktangebot – hilfreiche und wertvolle Inhalte. Diese werden von Ihrer Kernzielgruppe gefunden, weil Sie eines der Probleme der Zielgruppe lösen oder lindern.
4. Sie bieten im Tausch gegen eine Kontakterlaubnis zusätzliche wertvolle Inhalte, die Sie an die Personen senden, die freiwillig ihre Kontaktdaten abgegeben haben.
5. Sie bauen Vertrauen und in gewisser Weise eine Beziehung auf, weil Sie verlässlich und regelmäßig weitere wertvolle Inhalte kostenlos liefern.
6. Sobald eine gewisse Vertrauensbasis aufgebaut ist, festigen Sie die Beziehung, indem Sie eine erste vorsichtige Bitte an den Interessenten richten. Das kann beispielsweise die Beantwortung einer kurzen Frage sein oder die Mitarbeit bei einer ausführlichen Umfrage.
7. Im weiteren Verlauf bewähren Sie sich als Problemlöser, indem Sie weiterhin wertvolle Inhalte liefern. Nach und nach werden Sie ein wenig fordernder und beginnen ein erstes kostenpflichtiges Produkt oder eine Dienstleistung anzubieten, um die ernsthafte Bereitschaft der Interessenten auf die Probe zu stellen, auch wirklich etwas für die Lösung des Problems zu investieren – sei es im Moment auch nur ein symbolischer sehr geringer Betrag.
8. Sie messen das Verhalten der angesprochenen Personen und führen sie weiteren Schritten im Vertriebsprozess zu. Das kann sowohl ein Onlineshop als auch ein Vertriebsmitarbeiter sein.

Einige Empfänger werden sich im Laufe des Prozesses wieder abmelden und weitere Nachrichten ablehnen, was nicht schlimm ist, da sie vermutlich ohnehin keine zahlenden Kunden geworden wären. Die Mehrzahl der Empfänger wird wenig oder nicht auf Ihre Angebote reagieren. Unser Fokus liegt auf dem kleinen Anteil derer, die sich bereit erklären, Geld für Ihre Leistungen zu bezahlen. Auch wenn es zunächst nur ein symbolischer Betrag ist, lässt sich daraus schließen, dass bei diesem potenziellen Kunden die Bereitschaft, für Ihre Leistungen zu zahlen, bereits gegeben ist.

Genau diese Individuen, die Ihnen einerseits die Erlaubnis erteilt haben, Kontakt aufzunehmen und die andererseits bereits gezeigt haben, dass sie Ihre Leistungen wertschätzen, wollen wir einem weiteren Vertriebsprozess zuführen. Je nach Ihrem Geschäftsmodell könnte das eine von vielen Möglichkeiten sein. Fünf davon sind hier skizziert:

1. Gutschein: Sie senden der Person einen Gutschein, mit dem befristet auf einen bestimmten Zeitraum ein bestimmtes Produkt in Ihrem Ladengeschäft oder Ihrem Onlineshop günstiger zu beziehen ist.
2. Einladung: Sie laden die Person zu einer Veranstaltung ein, auf der Sie Ihre Dienste erklären und eine Kaufentscheidung bewirken.
3. Anruf: Sie geben den Kontakt an Ihre Verkaufsabteilung weiter, und dort wird ein erster telefonischer Kontakt hergestellt, um zu verstehen, welche Art von Leistungen der potenzielle Kunde im Moment benötigt.
4. Bewertung einfordern: Sie bitten den Kunden, ein kurzes Statement abzugeben und Ihre bisherige Leistung zu bewerten.
5. Situation analysieren: Der potenzielle Kunde durchläuft telefonisch oder online einen Fragebogen, der seine aktuelle Situation und Bedürfnislage genau erfasst, damit Sie die weitere Kommunikation gestalten und eine thematische Fokussierung vornehmen können.

Im Vergleich zu den Erfolgsquoten herkömmlicher Maßnahmen zur Neukundengewinnung können Sie bei dieser bereits „destillierten" Menge von Interessenten fast schon märchenhafte Erfolgsquoten von weit über 20 % erwarten. In der herkömmlichen Kaltakquise am Telefon sind selten bessere Quoten als fünf Prozent erreichbar, und in den meisten Massenaussendungen sind Erfolgsquoten oberhalb von 0,5 % bereits als Erfolg zu werten.

Die Ergebnisse mit Content Marketing sind da weitaus effizienter. In einem konkreten Fall weiß ich von einer Content-Marketing-Kampagne im deutschsprachigen Raum, die im Spätsommer 2015 bei einem Mitteleinsatz von etwa 2500 EUR acht Verträge mit Neukunden erbracht hatte und dadurch ein zusätzlicher Erlös von mehr als 120.000 EUR realisiert wurde.

1.2.3   Content Marketing und Vertrieb gehen Hand in Hand

Ist Marketing eine Hilfsfunktion für den Vertrieb oder umgekehrt der Vertrieb nur der Handlanger für das Marketing? Über diese Frage lässt sich trefflich diskutieren. Vielleicht können wir uns darauf einigen, dass es vor allem darauf ankommt, was für Ihr Unternehmen am Ende herauskommt. Lassen Sie uns konkretisieren, was Sie als zählbares Ergebnis erwarten können, wenn Sie professionelles Content Marketing in Ihrem Unternehmen einsetzen.

Vor allem dann, wenn Ihr Unternehmen keine direkten Geschäfte mit privaten Konsumenten macht, sondern mit anderen Unternehmen, ist es nicht immer sofort klar, ob ein Interessent auch wirklich entscheiden wird. Oft ist es so, dass der erste Kontakt lediglich eine Sondierung der Möglichkeiten ist. Die Person im Unternehmen, die später entscheiden wird, ist zu Beginn in vielen Fällen noch nicht involviert.

Leads oder nur Demand – Neue Kunden oder nur Aufmerksamkeit?
Robert Weller legte kürzlich in seinem Blog toushenne.de seine Sicht auf den Zielkonflikt im Content Marketing dar. Ausgehend von der Frage, ob man seine Botschaften an Einzelpersonen oder an Gruppen wendet, stellt er die Problematik so dar:
Die Unterscheidung ergibt sich aus der Sicht von Weller vor allem deshalb, weil in Unternehmen mehrere Personen in den Entscheidungsprozess involviert sind und daher die Wahrscheinlichkeit, dass eine Entscheidung wirklich gefällt wird, mit zunehmender Gruppengröße deutlich sinkt. Das stützt sich auf eine Untersuchung aus dem Jahr 2015 von CEB Analysis. Demnach ist bei der durchschnittlichen Gruppengröße von 5,4 die Entscheidungswahrscheinlichkeit bereits auf unter 50 % gesunken, während bei einem einzelnen Entscheider noch 81 % angegeben wurden.

Es gibt immer nur einen Entscheider – egal, wie viele Personen beteiligt sind
Meine These ist, dass unabhängig von der Anzahl der involvierten Personen ohnehin immer nur ein Entscheider existiert. Die Überlegungen dazu sind ausführlich in meinem Blog über den Verkauf an Geschäftskunden auf stephanheinrich.com/blog dargestellt. Lassen Sie mich dennoch hier kurz zusammenfassen, was das mit Content Marketing und Zielgruppen zu tun hat.

Vier unterschiedliche Rollen bei Unternehmenskunden
Wir unterscheiden bei den vielen möglichen Ansprechpartnern in Unternehmen zwischen nur vier Rollen, die diese bei der Entscheidungsfindung einnehmen werden. Dabei ist das Modell der vier Rollen bewusst so gewählt, dass es keine Überschneidungen und Mischformen zwischen den Rollen gibt. Jede beliebige Person, die im Rahmen einer geschäftlichen Beschaffungsentscheidung beteiligt ist, kann eindeutig einer der Rollen zugeordnet werden. Aus dieser eindeutigen Zuordnung ergibt sich in der Folge eine klare Empfehlung, welche Art der Kommunikation aus Sicht von Vertrieb und Marketing für jede der vier Rollen angemessen ist. Sehen wir uns die vier Rollen im Detail an:

Entscheider

Diese Rolle gibt es logischerweise bei jeder Entscheidung. Diese Person ist im Gegensatz zu den anderen Rollen immer im Singular. Es gibt keine Situation, in der mehrere Entscheider gegeben sind. Immer nur eine Person ist letztlich für das Gelingen der Entscheidung verantwortlich. Andere sind an der Entscheidung beteiligt, aber nur eine Person ist verantwortlich. Das ist der Entscheider. Selbst, wenn ein sogenanntes Gremium an einer Entscheidung beteiligt ist, scheint es offensichtlich, dass bei einer krassen Fehlentscheidung wohl kaum das Gremium gefeuert wird, sondern nur ein Verantwortlicher – und das ist der Entscheider. Daraus ergibt sich, dass der Entscheider am Nutzen, am Return on Investment und an der Risikobewertung interessiert ist.

Empfehler

Der Empfehler ist wie der Entscheider am Nutzen interessiert, hat jedoch keine Entscheidungsmacht. Sein Nutzerinteresse bezieht sich in erster Linie auf die Gestaltung seiner Arbeitsumgebung. Einfachheit, Zeitersparnis und Bequemlichkeit prägen sein Interesse. Oft ist der Empfehler derjenige, der als erster Kontakt zu möglichen Lieferanten aufnimmt und sich für potenzielle Lösungen interessiert. Der Empfehler geht also auf die Suche nach Lösungen für sein Problem, ohne dass er später die Entscheidung dafür treffen wird. Es kann einen Empfehler geben, es muss aber nicht.

Beeinflusser oder Evaluation

Eine weitere Rolle ist der Beeinflusser, der später die unterschiedlichen Optionen fachmännisch vergleichen und bewerten wird. Ähnlich wie bei einer Marktübersicht in einer Testzeitschrift wird der Beeinflusser die zur Verfügung stehenden Optionen bewerten oder gar testen und danach eine Reihenfolge der Optionen herstellen. Diese Rolle ist nicht auf der Suche nach Lösungen, sondern erfüllt seine Aufgabe als Dienstleister für den Entscheider. Auch den Beeinflusser muss es nicht bei jeder Investitionsentscheidung geben. Wir treffen ihn jedoch in größeren Unternehmen an. Dort oft im Einkauf, in technischen Funktionen oder in Stabsabteilungen.

Abzeichner

Der Vierte im Bunde ist eine Rolle, die ebenfalls nicht immer gegeben sein muss. Es handelt sich um eine Instanz, die später die Entscheidung des Entscheiders bewertet und dann genehmigt oder ablehnt. Diese Rolle könnte von einer höher gelagerten Hierarchie besetzt werden. Es könnten auch Gremien wie der Betriebsrat, ein Compliance-Ausschuss oder schlicht ein Controller sein, der die Budgets überwacht. Der Abzeichner interessiert sich nicht für Alternativen und eine Entscheidung zwischen mehreren Optionen, sondern nur für die Frage, ob eine getroffene Entscheidung ausgeführt werden soll. Der Abzeichner ist eine Instanz, die zur Qualitätssicherung vor allem in größeren Unternehmen genutzt wird.

Nur Entscheider und Empfehler sind empfänglich für Content Marketing
Wenn wir nun dieses Modell akzeptieren und daraus ableiten, für wen wir Content Marketing anbieten wollen, dann wird schnell klar, dass sowohl Beeinflusser als auch Abzeichner als Zielgruppe für Marketing ausfallen. Warum? Nun, weil der Beeinflusser als Fachspezialist sich eben nicht von Botschaften aus dem Markt, sondern in erster Linie von seinem Fachwissen und den ermittelten Testwerten leiten lässt. Er wird sich nicht initiativ für eine Beschaffung interessieren, sondern lediglich dem Entscheider später dabei assistieren, die Marketing-Botschaften zu filtern und die (vermeintlich) wahren Qualitäten zu bewerten. Ebenso hat der Abzeichner eine Rolle, die erst später zum Tragen kommt, wenn bereits eine Entscheidung getroffen wurde. Er hat kein Problem und daher auch kein Interesse, nach einer Lösung zu suchen.

▶   Marketing-Botschaften und insbesondere der Problemlösungsansatz des Content Marketings, richten sich also immer an Entscheider und Empfehler.

Allerdings lässt sich bei der Produktion von Content kaum vorher festlegen, ob dieser wertvolle Inhalt von Empfehlern oder Entscheidern konsumiert werden wird. In der Praxis hat sich gezeigt, dass es sogar im professionellen Vertrieb sehr oft sehr schwer fällt – selbst bei direktem persönlichem Kontakt –, eine klare Unterscheidung von Empfehlern und Entscheidern zu treffen.

1.2.4   Content Marketing produziert immer Leads

Wenn gut gemachtes Content Marketing professionell aufgesetzt ist, wird es immer einen Prozess auslösen. Die Zielgruppe findet zunächst relevante Lösungsideen für wesentliche Probleme. Der Anbieter von Content wird dadurch bekannt. Wenn die Zielgruppe sich entscheidet, sich namentlich bekannt zu machen, folgt weiterer wertvoller Content und es entsteht eine Präferenz oder gar eine emotionale Zuwendung. Erst dadurch kann im weiteren Verlauf der Kommunikation Vertrauen wachsen. Erst kennen, dann mögen und schließlich Vertrauen ist der ideale Verlauf der Beziehungsentwicklung zwischen dem Anbieter von Content und dem potenziellen Kunden.

Ob das interessierte Individuum auch wirklich ein potenzieller, zahlungskräftiger Entscheider ist, kann bei der Produktion des Contents nicht bekannt sein. Ob der Angesprochene ein Empfehler oder ein Entscheider sein wird, ist nicht planbar. Beide sind potenziell an einer Lösung interessiert. Deren Macht in Bezug auf die zu treffende Entscheidung ist in dieser Phase des Entscheidungsprozesses nicht bekannt.

Vertriebsarbeit selektiert Leads zu Verkaufschancen
Im Geschäftskundenvertrieb ist es möglich, dass bestimmte Verkaufsprozesse lediglich online stattfinden und kein menschlicher Verkäufer involviert sein muss, weil der

Leadqualifizierungsprozess so ausgelegt ist, dass er den potenziellen Kunden durch einen automatischen Prozess bis direkt zur Kaufentscheidung in einem Onlineshop führt. Allerdings ist es vermutlich in vielen Fällen eher vorstellbar, dass der Lead zu einem bestimmten Zeitpunkt an einen Vertriebsmitarbeiter übergeben wird, der anschließend weitere Aktivitäten umsetzt, um einen persönlichen Kontakt zum Interessenten herzustellen und später eine Kaufentscheidung zu bewirken.

Dabei gehört es zu den wichtigsten Aufgaben des Vertriebs, die Entscheidungslandschaft zu untersuchen und den Entscheider zu identifizieren. Der Entscheider könnte in Personalunion der Lead sein, aber jeder erfahrene Verkäufer weiß, dass das bei Weitem nicht immer so ist. Zuvor hatte ich schon erwähnt, dass der Empfehler zumeist derjenige ist, der anfangs den Kontakt zu potenziellen Anbietern sucht. Also ist es häufig so, dass der oder die Leads, lediglich Hinweise auf einen Bedarf im Unternehmen sind. Ob es also wirklich Bedarf aus Sicht des Entscheiders gibt, lässt sich nur ermitteln, wenn der direkte Dialog mit dem Entscheider gesucht wurde.

Fallbeispiel: Sicherheitstechnik

Nehmen wir ein Beispiel aus der Praxis. Sagen wir ein Unternehmen für Sicherheitstechnik entscheidet sich für Content Marketing. Das Unternehmen bietet Überwachungskameras, Zutrittstechnik, automatische Tore und Türen, Anwesenheitsauswertung und viele weitere Elemente, um professionelle Sicherung von Betrieben zu ermöglichen. Nehmen wir an, der erstellte Content enthält Anleitungen für die Planung von Videoüberwachungssystemen, Konzepte zur Bemessung von lückenloser Videoüberwachung und weitere relevante Anleitungen. Wenn also durch Content Marketing ein Lead produziert wurde, ist bis zu einem persönlichen Kontakt völlig offen, ob es sich um einen Empfehler oder einen Entscheider handelt.

Der Kontakt könnte von einem Mitarbeiter an der Pforte hergestellt werden, der seine Arbeit besser machen will, aber keine Entscheidungsmacht hat. Es könnte aber auch der Entscheider sein, sagen wir einer der Geschäftsführer, der bereits beschlossen hat, einen nennenswerten Betrag in ein neues System zu investieren, und jetzt auf der Suche nach Lieferanten ist. Welcher der beiden Fälle vorliegt, wissen wir erst, wenn ein persönlicher Kontakt stattgefunden hat, und die wahre Entscheidungssituation geklärt ist.

Selbst wenn wir als Persona – also als Zielgruppe für die Erstellung von Content – den Geschäftsführer eines Produktionsbetriebes ausgewählt haben, wird sich kaum vermeiden lassen, dass der gleiche Content auch vom Pförtner, dem Leiter des Pförtnerteams oder sonstigen Empfehlern konsumiert wird.

Content Marketing vereinfacht den professionellen Vertrieb

Das Fazit dieser Überlegung ist, dass professionelles Content Marketing nicht den Vertrieb ersetzt, aber den Vertrieb erheblich erleichtert. Weil die so erzeugten Leads einen akuten Bedarf anzeigen, ist die Wahrscheinlichkeit, dass tatsächlich auch Bedarf beim

Entscheider erzeugt werden kann, sehr hoch. Auch wenn der Entscheider nicht selbst die Person war, die zunächst durch den Content angezogen wurde, ist eine intensive Reaktion auf den Content ein deutliches Indiz, dass in dieser Organisation tatsächlich ein Problem besteht, das gelöst werden kann. Und wenn das der Entscheider im weiteren Verlauf der Anbahnung auch so sieht, hat sich die Kontaktaufnahme gelohnt.

Der Prozess Kennen -> Mögen -> Vertrauen liegt allen Überlegungen im Content Marketing zugrunde. Ob durch diese Entwicklung auch wirklich Entscheider oder nur interessierte Empfehler ohne Entscheidungsmacht oder Budget angezogen werden, ist bei der Erstellung des Contents nicht relevant. Auch deshalb nicht, weil die Rollen sich ändern können. Wenn der Interessent zu Beginn des Kontakts noch ein Empfehler ohne Budget und Macht ist, kann er schon bald im Rahmen einer Neustrukturierung im Unternehmen zum zentralen Entscheider werden.

▶   Content Marketing ist die Form des Marketings, die dem Unternehmen den besten Wert bietet, weil das Zusammenspiel aus Vertrieb und Marketing dadurch verbessert wird und das Unternehmen maximal profitiert.

1.3   Welche Fragen Unternehmer zu Content Marketing am häufigsten stellen

Manchmal ist es zielführend, die drängendsten Fragen zuerst zu beantworten, damit der Entscheider schnell erkennen kann, ob es sich lohnt, sich auf längere Erklärungen und Darstellungen einzulassen. Deshalb hier eine Auswahl der häufigsten Fragen, die ich in den letzten Monaten immer wieder hörte, wenn ich mit Unternehmern und Selbstständigen über Content Marketing gesprochen habe.

Was ist der wesentliche Unterschied zum „normalen" Marketing?
Das klassische Marketing bezeichnet man auch als „Unterbrechungsmarketing", weil die an den Empfänger gerichteten Botschaften ihn bei einer anderen Tätigkeit unterbrechen. Fernseh- und Radiowerbung unterbricht das Programm. Anzeigen in Magazinen unterbrechen den Lesefluss, und Telefonmarketing stört den Angerufenen bei seiner Tätigkeit.

Im Gegensatz dazu steht das „Erlaubnismarketing". „Permission Marketing" ist der Titel einer Publikation von Seth Godin (https://en.wikipedia.org/wiki/Permission_marketing). Hierbei legt Seth Godin großen Wert auf den Unterschied zu „Interruption Marketing", bei dem der potenzielle Kunde durch eine Werbung gestört wird, ohne das zu wollen.

Noch länger gibt es den Begriff „Content Marketing", der vermutlich erstmals 1996 verwendet wurde, als John F. Oppedahl eine Gesprächsrunde mit Journalisten in der „American Society for Newspaper Editors" abhielt (https://en.wikipedia.org/wiki/Content_marketing). Hier steht der wertvolle, relevante und konsistente Inhalt im Zentrum, der von einer genau umrissenen Zielgruppe gesucht, gefunden und konsumiert wird.

Etwas später prägte sich der Begriff des Inbound Marketings. Im Buch *Inbound Marketing: Get Found Using Google, Social Media, and Blogs von Brian* von Halligan und Dharmesh Shah (2009) geht es im Wesentlichen um den Effekt, dass die durch Content entstehenden Kontakte Schritt für Schritt einer Kaufentscheidung zugeführt werden (https://en.wikipedia.org/wiki/Inbound_marketing). Dieser Begriff wird von dem Unternehmen „hubspot" stark geprägt, das eine Software-Plattform für Inbound-Marketing anbietet. Wikipedia bezeichnet den Begriff als Synonym zu „Permission Marketing".

Für mich ist der Begriff „Content Marketing" der relevanteste, weil vor allem der wertvolle Inhalt den Erfolg der Maßnahme ausmacht. Die Erlaubnis ist eine logische Folge des Contents. Und die weitere Ansprache des Kunden ist nach der erfolgten Erlaubnis durchaus auch „outbound" möglich.

Viele Marketingstrategen sind sich einig, dass das „alte Marketing" aussterben wird. Auch deshalb, weil moderne Werbeformen immer häufiger den Preis für Anzeigen dynamisch an die Reaktionen der Zielgruppe anpassen: Je weniger die Zielgruppe auf die Anzeige positiv reagiert, desto stärker steigen die Anzeigenkosten. Das ist nur logisch, weil vor allem Online-Werbeplattformen wie Google, Facebook und andere Anzeigennetzwerke die Zufriedenheit des Benutzers mit dem Medium hochhalten wollen.

Je mehr irrelevante Werbung ein Mensch ertragen muss, desto weniger wird er sich wohl fühlen. Und die nächste Publikation ist nur einen Klick entfernt. Es ist also nur im Sinne der Anbieter von Werbeplattformen, dass der Nutzer insgesamt ein positives Erlebnis erfährt und nur solche Informationen angeboten bekommt, die er haben will und begrüßt. Diese Strömung wird den klassischen Anzeigenverkauf, wie wir ihn kennen, revolutionieren und hat bereits erste spürbare Auswirkungen auf den Anzeigenmarkt.

▶ Marketing über relevante Inhalte ist der einzige Weg, um aus der Flut an Informationen diejenigen herauszufiltern, die für den potenziellen Kunden wirklich hilfreich sind.

Was kostet Content Marketing für mein Unternehmen?
Die Kosten zur Einführung von Content Marketing in Ihrem Unternehmen hängen selbstverständlich von einigen Faktoren ab. Vor allem davon, ob Sie bereits Mitarbeiter in Ihrem Team haben, die Texte verfassen können und die die modernen Medien beherrschen. In der Vollkostenbetrachtung lassen sich bereits ab 3500 EUR monatlich sehr gute Ergebnisse erzielen. Wenn Sie keine eigenen Vollzeit-Mitarbeiter einsetzen können oder wollen, ist in den allermeisten Fällen eine Investition von monatlich 5000 EUR oder weniger völlig ausreichend, um einen steten Strom neuer Verkaufschancen zu erzeugen, ohne dass eigene Arbeitskraft investiert werden muss.

Sie können vermutlich selbst am besten einschätzen, welchen Wert ein neuer Kunde für Sie hat. Um die Rentabilität zu bestimmen, müsste man nur noch wissen, wie viele neue Kunden sich durch Content Marketing erzeugen lassen. Lassen Sie uns ein Rechenbeispiel betrachten, das auf den Erfahrungen mehrerer B2B-Kampagnen beruht:

- Rechnen wir damit, dass je nach Mitteleinsatz zwischen 1000 und 20.000 neue Kontakte pro Jahr durch Content Marketing generiert werden.
- Von diesen Kontakten können zwischen ein und zehn Prozent in zahlende Kunden konvertiert werden.
- Je nach Art der Zielgruppe und dem Erlöswert einzelner Kunden ist es gemäß diesem Rechenbeispiel realistisch zu erwarten, zwischen 10 und 2000 neue Geschäftskunden pro Jahr durch Content Marketing aufzubauen.

Die hier aufgezeigte Spanne mag sehr breit sein. Allerdings gibt es viele Unternehmen, die mit zehn Neukunden pro Jahr bereits überfordert sind, während andere selbst bei tausend Neukunden noch hungrig bleiben. Abhängig vom durchschnittlichen Ertragswert Ihrer typischen Neukunden können Sie ganz leicht ermitteln, wie viele dieser Neukunden Sie durch Content Marketing finden sollten, um die jährliche Investition zu refinanzieren.

Wie lange dauert es, bis die ersten Ergebnisse sichtbar werden?
Es kann durchaus sein, dass Sie bereits wenige Monate nach dem Beginn Ihrer Content-Marketing-Strategie zählbare Erfolge vorweisen können. Wir haben in einzelnen Projekten zum Teil schon nach zwei Monaten erfolgreiche Kampagnen umgesetzt.

Weit realistischer ist es, dass es etwa ein Jahr dauert, bis Sie im Vertrieb eine deutlich messbare Verbesserung der Qualität und Quantität von Leads, also Anfragen von potenziellen Zielkunden, messen können.

Die wichtigste Größe für die Geschwindigkeit des Erfolgs ist die aktuelle Reichweite. Je mehr Adressen von potenziellen Kunden Sie bereits haben und nutzen dürfen, desto schneller wird Content Marketing zählbare Ergebnisse liefern. Wenn Sie mit einem kleineren Adressstamm starten, können Sie die Geschwindigkeit des Erfolgs durch gekaufte Reichweite steigern. Es ist möglich, selbst bei kleineren Werbebudgets von 2000 EUR oder weniger, deutliche Erfolge zu erzielen. Das gelingt, weil Onlinewerbung über verschiedene Anbieter sehr zielgerichtet und ohne nennenswerte Streuverluste geschaltet werden kann. Im Vergleich zu den Kosten einer einzigen gedruckten Anzeige in einem Fachmagazin und den damit verbundenen oft nur schwer zählbaren Resultaten ist das sicher eine sehr attraktive Alternative.

Welche ersten Schritte sind sinnvoll, um effektiv zu starten?
In diesem Buch stellen wir verschiedene Strategien zur Umsetzung vor. Der grundsätzliche Ablauf ist dieser:

1. **Kundenpotenzial definieren:** Legen Sie fest, wen Sie ansprechen wollen. Oft ist es zielführender, statt einer Zielgruppe eine Zielperson festzulegen. Diese virtuelle Person wird so genau wie möglich beschrieben.

2. **Recherche:** Machen Sie sich ein Bild vom Interesse der potenziellen Kunden und finden Sie die Worte, mit denen die Zielgruppe ihre Sorgen, Nöte und Bedürfnisse beschreibt.
3. **Produzieren:** Erstellen Sie Inhalte, die relevante Fragen, Probleme und Informationsbedürfnisse Ihrer Zielperson beantworten oder wenigstens teilweise lösen.
4. **Auffindbar sein:** Sorgen Sie dafür, dass Ihre Zielperson diese Inhalte findet und beachtet.
5. **Zusatznutzen gegen Kontaktdaten:** Bieten Sie der Zielperson zusätzliche Inhalte als Erweiterung der bereits gelieferten Inhalte im Tausch gegen eine Kontaktmöglichkeit an.
6. **Selektieren:** Bedienen Sie die so gesammelten Adressen mit einer Abfolge von Nachrichten, und filtern Sie diejenigen heraus, die sich engagieren und tiefer einsteigen.
7. **Hinführen:** Sorgen Sie dafür, dass die interessantesten Kontakte direkt an eine Kaufentscheidung herangeführt werden – online oder durch einen direkten, menschlichen Kontakt.
8. **Reifen lassen:** Diejenigen Kontakte, die sich weder abgemeldet noch zu einem Kauf entschlossen haben, sollten Sie weiter reifen lassen. Dazu bekommen diese in reduzierter Form weitere Nachrichten, weil sie zwar grundsätzlich interessiert sind, aber im Moment noch nicht entscheidungsreif sind.

Wie findet man die passenden Mitarbeiter?
Wenn dieses Buch erscheint, ist Content Marketing zwar vielerorts ein Schlagwort, aber weitestgehend nicht oder nur theoretisch bekannt. In einer Umfrage, die wir im Frühjahr 2016 in Deutschland durchführten, sagten rund 30 % der Befragten, dass sie nicht wüssten, was Content Marketing sei und weitere 35 % kannten den Begriff, nutzen es jedoch nicht. Von den rund 35 %, die Content Marketing nutzten, waren immerhin 75 % mit den Ergebnissen zufrieden.

Aus diesen Zahlen lässt sich ableiten, dass diese Form des Marketings im Moment noch nicht weit verbreitet ist. Deshalb gibt es kaum erfahrene Mitarbeiter in diesem Fachgebiet. Allerdings ist es an sich kein Hexenwerk. Auf dem Markt gibt es viele erfahrene Textarbeiter, wie Journalisten, Redakteure und Werbetexter. Sie können dabei helfen, den wichtigsten Baustein für Ihr Content Marketing zu legen: Wertvolle Inhalte, die für den potenziellen Nutzer geschrieben sind und nicht aus der Perspektive des Anbieters verfasst wurden. Gute Journalisten können das, weil sie das in ihrer Ausbildung gelernt haben.

Der Rest des Wissens ist ohnehin dynamisch, weil die Werkzeuge und Systeme, vor allem in der Onlinewelt, sich andauernd verbessern, erweitern und verändern. Hier brauchen Sie lernfreudige Menschen, die in Zusammenhängen und Systemen denken können. Dann haben Sie die richtigen Mitarbeiter, um die ersten Erfahrungen mit Content Marketing zu machen.

Wenn Sie zunächst nur testen wollen, ob die Strategie für Sie aufgeht, dann nehmen Sie das Äquivalent für die jährlichen Gehaltskosten eines Marketingmitarbeiters und geben Sie diesen Betrag als Budget an eine Content-Marketing-Agentur. Ein Jahr später können Sie dann auf der Basis von fundierten Zahlen entscheiden, ob Sie eigene Mitarbeiter einstellen wollen, die Agentur weiter beschäftigen oder ganz auf Content Marketing verzichten wollen.

Ist Content Marketing die passende Strategie, wenn die Entscheider meiner Kunden nicht internetaffin sind?
Sehr oft höre ich: „Meine Kunden sind nicht auf Facebook." Oder: „Die Entscheider meiner Kunden lassen sich sogar die E-Mails noch ausdrucken. Die sind nicht online." Nehmen wir diese Behauptung einmal als Tatsache an, auch wenn solche Führungskräfte sicher mehr und mehr durch modernere Manager ausgetauscht werden. In den Zielunternehmen finden sich mit hoher Wahrscheinlichkeit andere Ansprechpartner, die eben doch online sind und sich dort informieren, bevor sie später eine Investition anstoßen. Selbst wenn diese Investition letztlich von einem Entscheider beurteilt wird, der nicht online ist, kann das Kundenunternehmen über Content Marketing gefunden werden. Den Zugang zu einem Empfehler finden wir mit Content Marketing, und wenn schließlich der Vertrieb den Lead übernimmt, kann er immer noch auf klassischem Weg Kontakt mit dem Unternehmen aufnehmen, den wirklichen Entscheider kontaktieren und ein Vertriebsprojekt starten.

Wie kann ein Unternehmen nebenbei den Zeitaufwand leisten, um so viel Content zu erzeugen?
Ein Artikel mit 10.000 Zeichen entspricht etwa einer Lesedauer von acht bis neun Minuten und einer Sprechdauer von zwölf bis 15 min. Wenn Sie sich vornehmen, einmal pro Woche eine Stunde über ein Thema zu sprechen und dies aufzuzeichnen, ist das genug.

Es genügt, wenn Sie oder andere Wissensträger in Ihrem Unternehmen eine Stunde lang selbst aufzeichnen oder von einem Redakteur per Telefon interviewt werden. Die Aufzeichnung des Gespräches dient als Grundlage für eine Abschrift und diese dient dem Texter als Materialsammlung, um einen passenden Artikel zu erzeugen. Die meisten Unternehmer und Selbstständige sind mehrmals pro Woche in einer Situation, wo sie Zeit haben, ein Telefonat zu führen. Daraus kann Content entstehen, ohne dass zusätzliche Zeit aufgewendet werden muss.

Irgendwann ist alles über unser Fachgebiet gesagt. Wo soll dann noch der Content herkommen?
Nehmen wir an, Ihr Hobby ist das Radfahren. Dann haben Sie vielleicht „Bike" oder „Tour" abonniert, je nachdem, ob Sie mehr Mountainbike oder Rennrad fahren. Dann wissen Sie, dass im Frühjahr immer Artikel erscheinen, die das Thema „Wieder fit für den Sattel" behandeln und im Herbst das Thema „Wie bereite ich das Bike auf den

Stillstand vor?" Jahr für Jahr. Weil es eben nicht um die Anbieterperspektive geht à la „Das haben wir letztes Jahr schon geschrieben", sondern um die Kundenperspektive „Was ist jetzt relevant und hilfreich?".

Es gibt immer wieder neue Aspekte, um das Interesse der potenziellen Kunden zu treffen, weil immer neue Interessenten nachwachsen. Und selbst die bestehenden Kontakte und Interessenten sind eben noch immer interessiert.

Literatur

CEB Analysis. (2015). https://www.cebglobal.com/content/dam/cebglobal/us/EN/top-insights/exe-cutive-guidance/pdfs/eg2015q3-winning-consensus-based-sales.pdf.

Godin, S. (2000). *Permission Marketing: Kunden wollen wählen können*. München: FinanzBuch.

Halligan, B., & Dharmesh, S. (19. October 2009). *Inbound marketing: Get found using google, social media, and blogs* (1. Aufl.). New york: Wiley. ISBN-13: 978-0470499313.

Oppedahl, J. F. Gesprächsrunde mit Journalisten in der „American Society for Newspaper Editors". http://files.asne.org/kiosk/editor/june/doyle.htm.

Weller, R. toushenne.de. http://www.toushenne.de/newsreader/content-marketing-demand-vs-lead-generation.html.

Wie betreibt man erfolgreiches Content Marketing?

2

▶ Im zweiten Kapitel erklären wir die wesentliche Wirkungsweise von Content Marketing. Dabei ersetzen wir das Anbieterdenken durch die Perspektive der Zielperson. Hier sind zwei wesentliche Änderungen zum klassischen Marketing auffällig. Zum einen denken wir nicht über eine Zielgruppe nach, sondern über eine einzelne Zielperson. Und zum anderen erweitert das Content Marketing den Begriff des Nutzens erheblich. Im klassischen Marketing denken wir über den konkreten Nutzen des Produktes für den Kunden nach. Das ist auch nach wie vor ein wichtiger Faktor, wie wir gleich zeigen werden. Allerdings ist der Nutzen eines Produktes nur ein Teil des Interessensspektrums einer Zielperson. Wenn wir sie erreichen wollen, sollten wir deren Perspektive einnehmen und das komplette Spektrum adressieren, auch wenn wir mit unserem Produkt oder unserer Dienstleistung nur einen Ausschnitt davon bedienen können.

2.1 Wie Sie Angebot und Bedarf passend machen

Das Prinzip erfolgreicher Verbindungen im Geschäftsleben ist ganz einfach. In der Natur nennt man es Symbiose. Beide Beteiligten bekommen aus der Verbindung mehr als sie geben – zumindest aus der jeweiligen Perspektive. Die Beispiele dafür sind mannigfaltig. Zwei Partner finden sich und geben dem anderen etwas, das dieser gut gebrauchen kann, obwohl es für den Gebenden eher ein wertloses Gut oder ein Nebenprodukt ist. Die Laus, die die Ameise mit Sekreten füttert und dafür Schutz genießt. Das Nilpferd, das sich putzen lässt und dafür dem Putzervogel Nahrung bietet. Diese Verbindungen lassen sich nicht beliebig kombinieren. Nur wenn es wirklich passt, funktioniert die Symbiose.

© Springer Fachmedien Wiesbaden 2017
S. Heinrich, *Content Marketing: So finden die besten Kunden zu Ihnen*,
DOI 10.1007/978-3-658-13899-8_2

Wenn wir dieses Prinzip auf unsere Geschäftswelt übertragen, stellen wir fest, dass der erste Schritt das Verständnis ist. Es geht darum, wirklich und tiefgründig zu verstehen, was den Kunden tatsächlich interessiert. In seinem Buch „Value Proposition Design" hat dies Alexander Osterwalder (2015) mit seinen Co-Autoren sehr einprägsam auf den Punkt gebracht: Man kann die Empfänglichkeit des Kunden auf drei Fragestellungen reduzieren:

- A1. Bei der Erledigung welcher Aufgaben kann ich meine Zielgruppe wesentlich unterstützen?
- A2. Welche Probleme, Unannehmlichkeiten und Schmerzen will meine Zielgruppe vermeiden?
- A3. Welche Verbesserungen, Erfolge und Lustgefühle kann ich für meine Zielgruppe herbeiführen?

Es hat sich bewährt, diese drei Fragen mehrfach an verschiedene Menschen zu richten, die mit unterschiedlichen Sichtweisen auf die Fragestellung blicken. In einem Unternehmen könnten das der Verkäufer, der Produktionschef, der Marketingspezialist, der Kundendienst, der Produktentwickler, der Controller oder die Unternehmensführung sein.

Gleichen Sie Angebot und Bedarf ab
Was so selbstverständlich klingt, findet in der Praxis oft nicht statt. Es lohnt sich, die Ideen der einzelnen Bereiche zu den drei Fragestellungen zu sammeln und zu konsolidieren. Schließlich kann man die gefundenen Punkte nach ihrer Wichtigkeit sortieren. Dieser Findungsprozess kann ganz bewusst auf mehrere Tage ausgedehnt werden, um kurzfristige positive oder negative Eindrücke richtig zu bewerten.

Als Ergebnis bekommt man ein hohes Verständnis von dem, was aus Kundensicht der Bedarf ist. Jetzt geht es darum, diesen Bedarf geschickt mit einem passenden Angebot zu verbinden. Auch hier kann man diese Aufgabe mit drei einfachen Fragestellungen sehr gut lösen:

- B1. Welche besonderen Eigenschaften, Merkmale und Beschaffenheit hat unser Angebot (Produkt oder Dienstleistung)?
- B2. Wie lösen, heilen oder lindern wir bestimmte Kundenprobleme? Welchen Schmerz oder Druck können wir abstellen?
- B3. Wie machen wir unsere Kunden glücklicher, erfolgreicher, schneller, gesünder oder auf sonstige Art und Weise besser? Wie erfüllen wir deren Sehnsüchte und vielleicht sogar unausgesprochenen Träume?

Längst haben Sie erkannt, dass die jeweiligen Antworten auf die beiden Fragen 2 (pain = Schmerz) und 3 (gain = Zuwachs) später zusammenpassen sollten, um einen guten Vermarktungserfolg herzustellen. Im Idealfall können wir herausfinden, welche Schmerzen in welcher Wichtigkeit von unserer angestrebten Kundengruppe wahrgenommen werden.

Und wir ermitteln, welche Wünsche und Träume besonders weit oben stehen und von unserer Zielgruppe als wichtig empfunden werden.

Unser Angebot wird dann besonders erfolgreich sein, wenn aus der Sicht der potenziellen Kunden sofort erkennbar wird, dass es genau diese Prioritäten adressiert. Der Kunde kauft ja bekanntlich nicht ein Produkt oder eine Dienstleistung, sondern die Hoffnung, dass durch den Kauf seine Probleme gelöst und/oder seine Träume erfüllt werden.

So vermeiden Sie zwei typische Fehler beim Abgleich von Angebot und Bedarf

- **Fehler I:** Die Punkte in Frage 3 sind lediglich Umkehrungen der Punkte in Frage 2. Sicherlich ließe sich jede Verbesserung auch als behobenes Problem darstellen. Allerdings geht es hier um die tatsächlich und ursprünglich wahrgenommenen Probleme und die – auch ohne Problem – erwünschten Erfolge. Sicherlich bin ich auch glücklicher, wenn bestimmte Probleme abgestellt sind. Das ist aber nicht der Kern der Frage an dieser Stelle. Wenn ich als Hobby-Rosenzüchter akute Probleme mit Läusen habe, dann liegt auf der Hand, dass dies ein Problem ist, das ich lösen will. Und irgendwie ist es bestimmt auch ein Traum von mir, keine Läuse mehr zu haben. Allerdings kann ich mir eher den Traum von einem duftenden Rosengarten vorstellen, der den ganzen Sommer über Freude bereitet.
- **Fehler II:** Die Fragestellungen nach den Eigenschaften und Leistungsmerkmalen des Produktes werden im direkten zeitlichen Zusammenhang mit der Frage nach den Kundenbedürfnissen gestellt. Dadurch entsteht nur eine verklausulierte Rechtfertigung des Status quo. Wenn Sie einige Tage verstreichen lassen, bevor Sie die gleiche Gruppe von Menschen erneut befragen, bekommen Sie bessere Ergebnisse. Und natürlich sollten Sie die zuletzt erarbeiteten Ergebnisse nicht zu Beginn der neuen Befragung erneut diskutieren.

Verbinden Sie die Punkte

Wenn Sie jetzt die gefundenen Punkte zu den Fragen A2 und B2 sowie A3 und B3 miteinander verbinden und die besten Passungen herausarbeiten, dann ist die erfolgreiche Vermarktung nur noch eine logische Übung:

Sie dürfen die Aufgabenstellung des Kunden und die wichtigsten Antworten aus A2 und A3 heraussuchen, die passenden Punkte aus B2 und B3 wählen und das Ganze dann mit den wichtigsten Eigenschaften aus B1 begründen. Etwa nach dem Muster „Wichtige Problematik (A1) bedeutet oft Schmerz (A2) obwohl Sie doch Erfolg (A3) wollen. Hier bekommen Sie Ergebnis (B3) wobei Schmerz (B2) verhindert wird, indem Sie Beschaffenheit (B1) nutzen." Das ist nur ein allgemeines Muster, jedoch steht hier der Kunde und seine Perspektive im Mittelpunkt.

Als Beispiel des Rosenzüchters könnte hier stehen: „Die private Rosenzucht im heimischen Garten kann viel Ärger und Sorgen mit Schädlingen und hässlichen Pilzen bedeuten, wo Sie doch nur einen duftenden und farbenfrohen Blickfang für sich und die Familie wollen. Mit dieser Methode bekommen Sie einen gesunden Rosengarten, ohne schädliche Giftstoffe mit den rein pflanzlichen Rezepten der Profizüchter für engagierte Hobbygärtner."

Wenn Sie die Vermarktung Ihrer Produkte und Leistungen an diesem einfachen Schema ausrichten, wird sich die Quote Ihrer erfolgreichen Kampagnen sicherlich erheblich verbessern.

▶   Content Marketing fokussiert sehr stark auf den Nutzen jedes einzelnen Inhaltelements für den Nutzer.

Warum „Corporate Blogging" nicht funktioniert

Die Tatsache, dass ein Unternehmen oder eine Person bekannt ist, hat im Zusammenhang mit dem Erfolg des Marketings kaum Bedeutung. Dennoch sind viele Unternehmensblogs so aufgebaut wie der Blog eines Teenager-Stars: Nur Geschichten und Belangloses über den vermeintlichen Star.

Niemand interessiert sich für Sie

Es ist für die Mehrzahl der potenziellen Interessenten nicht so wichtig, was der CEO über die Geschäftszahlen des 3. Quartals sagt. Das mag für Anleger oder für die Wirtschaftspresse relevant sein, aber ein potenzieller Kunde wird das höchstens schulterzuckend zur Kenntnis nehmen.

Ebenso wenig relevant ist, dass Sie eine neue Filiale in Hinterdupfing eröffnet haben (außer vielleicht, wenn wenigstens klar wird was die Hinterdupfinger davon haben) oder dass Sie einen neuen Geschäftsführer im Unternehmen haben oder dass Ihr Logistikzentrum sein fünfjähriges Bestehen feiert. Das sind Themen, die in die Mitarbeiterzeitung gehören, aber nicht in einen Blog, der an die breite Öffentlichkeit gerichtet ist.

Informationen für alle sind für niemanden interessant

Der oder die Zielperson ist der Fokus Ihrer Aktivitäten im professionellen Content Marketing. Grundsätzlich spricht nichts dagegen, bestimmte Zielpersonen, wie einen Anleger oder Ihre eigenen Mitarbeiter mit in die Marketingstrategie einzubeziehen – ganz im Gegenteil: Wenn Sie für diese Zielgruppen eine klare Strategie und Kommunikationsziele entwickelt haben, dann kann auch hier Content Marketing das passende Werkzeug sein.

Ein spezieller Blog für die Mitarbeiter, die dann auch eingeladen sind, dort zu kommentieren und Fragen zu stellen, kann sehr gute Dienste leisten und die Beziehungen und das Vertrauen zur Belegschaft erheblich verbessern. Dann aber bitte auch nicht als öffentlicher Blog, sondern ein Blog im geschützten Netzwerk des Unternehmens.

Auch wenn Sie die Kommunikation zu den Finanzen des Unternehmens an die Zielpersonen Finanzredaktion und Anleger ausrichten wollen, ist das eine gute Idee. Dann kann so etwas ebenfalls in einem besonderen Bereich der Webseite stehen, eben da, wo Anleger sich informieren und Journalisten recherchieren.

Die Corporate-Perspektive kommt beim Kunden nicht an

Die meisten Corporate Blogs sind so geplant, dass interessierte Mitarbeiter ihre Erlebnisse oder Sichtweise formulieren. Diese Art von Blog ist von Anfang an zum Scheitern verurteilt, weil sich keine relevante Leserschaft bilden wird. Selbst renommierte Unternehmen mit eigenen Blogs „berichten" auf ihren Blogs lediglich über die eigenen Themen. Produkte werden dort vorgestellt und Anzeigenmotive getestet. Gegendarstellungen zu Presseberichten und eigene Pressemitteilungen sind dort zu finden. Ankündigungen zu neuen Produkten findet man dort ebenso wie kleine Anekdoten. Aber wen interessiert das?

Wenn Sie bereits großer Fan einer Marke sind, dann kann das für Sie spannend sein, aber wirklich nur dann. Weil die Entscheider und viele Mitarbeiter in den Unternehmen per Definition Fan des eigenen Unternehmens sind, fällt diesen Personen das vermutlich nicht direkt auf: Unter den Fans findet man keine Neukunden.

Wenn Sie statt eines „Corporate Blog", bei dem im Begriff schon die Ausrichtung erkennbar ist, einen „Customer Blog" oder noch besser „Zielpersonen-Blog" konzipieren, ist das Gelingen viel wahrscheinlicher.

2.2   Warum Sie Ihrer Zielgruppe einen Vornamen geben sollten

Viele Schriftsteller und speziell deren moderne Ausprägung, die Blogger, berichten, dass sie sich eine ganz bestimmte Person vorstellen, für die sie schreiben. Manche geben dieser Figur sogar einen Namen. Und immer ist diese fiktive Person eine ideale Beschreibung der Zielgruppe, die von dem Content profitieren soll.

Bitte begehen Sie nicht den Fehler, den die meisten Menschen an dieser Stelle machen: Denken Sie nicht, dass Sie auf mögliche Kunden verzichten, wenn Sie Ihre Auswahl der Zielperson sehr präzise und klar umreißen. Denn wenn Sie eine einzelne Person präzise ansprechen, dann gewinnen Sie diese mit einer hohen Wahrscheinlichkeit. Und Sie bekommen zusätzlich viele andere Interessenten, die „eigentlich" gar nicht passen, aber sich dennoch angesprochen fühlen.

Umgekehrt, wenn Sie pauschal und diffus in der Ansprache sind, werden Sie niemanden wirklich ansprechen. Also machen Sie sich zunächst ein möglichst klares Bild von Ihrer Zielgruppe. Nehmen wir ein Beispiel:

Beispiel

Ingenieure

Das ist sicher noch nicht spezifisch genug. Anfangs machen viele über der Zielgruppendefinition den Fehler, sich nicht festlegen zu wollen. Man will möglichst viele Personen ansprechen und niemanden ohne Grund ausschließen. Diese Verhaltensweise ist verständlich, aber gleichzeitig verhindert sie eine griffige Definition. Und diese muss gefunden werden, denn je beliebiger die Zielgruppe ist, desto weniger passt der Content. Versuchen wir den Ingenieur ein wenig besser zu beschreiben:

Ingenieure in der Kunststoffindustrie

Schon besser. Jetzt ist die Zahl der möglichen Personen in der Zielgruppe schon deutlich eingeschränkt, doch ist das Bild wesentlich klarer: Wir wollen nur Ingenieure in der Kunststoffbranche ansprechen. Sicherlich gibt es in dieser Branche völlig andere Problemstellungen als etwa in der Stahlindustrie. Vielleicht könnte die Eingrenzung aber auch ganz anders aussehen:

Ingenieure, die Karriere machen wollen oder bereits seit Kurzem eine Führungsrolle haben

Diese Definition ist weniger auf die Branche als auf die Haltung und Ziele der Person ausgerichtet. Ingenieure, die sich für ihre Karriere stark machen wollen, sind sicherlich an anderen Dingen interessiert als solche, für die Fachwissen wichtig ist oder die sich bereits damit abgefunden haben, dass sie bis zur Rente keinen Karrieresprung mehr machen werden.

Selbstverständlich können Sie auch eine Kombination verschiedener Kriterien nutzen, um die Zielgruppe wirklich genau anzusprechen. Hier einige Ideen, wonach Sie Ihre Zielgruppe einschränken können:

- **Alter und Geschlecht:** Auch wenn die geltenden Gesetze zur Gleichbehandlung beispielsweise bei Stellenausschreibungen diese Kriterien verbieten, ist eine Frau Mitte 20 sicherlich an völlig anderen Inhalten interessiert als ein Mann in den Fünfzigern.
- **Hobbys und Interessen:** Menschen tendieren dazu, für ihre privaten Interessen einen großen Teil ihres verfügbaren Einkommens auszugeben. Wenn Sie sich an Privatpersonen wenden, kann diese thematische Ausrichtung sehr lukrativ sein.
- **Unternehmensdaten:** Wenn Sie eine berufliche Zielgruppe ansprechen, können Sie diese quantitativen Kriterien nutzen. Legen Sie am besten eine Unter- und eine Obergrenze fest. Umsatzgröße, Anzahl Mitarbeiter, Anzahl Niederlassungen, Anzahl der Geschäftsvorfälle.
- **Regionale Kriterien:** Diese Art der Kriterien beziehen sich auf die Erreichbarkeit der Kunden und die Einfachheit der Warenlieferung oder Dienstleistungserbringung. Zum Beispiel: Entfernung von Ihrem Unternehmen, Landesgrenzen, Sprachräume, gemeinsame Währungen oder Wirtschaftsräume.
- **Branchenkriterien:** Diese beziehen sich auf das Tätigkeitsfeld der Zielunternehmen oder Branchengemeinsamkeiten. Ganz unterschiedliche Branchen können an Tankstellen

liefern, und eben diese Gemeinsamkeit schafft ein Kriterium als Zielkunde. Ebenso ist es umgekehrt denkbar, dass alle Unternehmen, die beispielsweise im Stahlgroßhandel einkaufen, aufgrund dieses Beschaffungsweges eine Zielgruppe bilden.

- **Bestimmte Verhaltensmuster oder Unternehmensphilosophien:** Diese können ebenfalls relevante Kriterien bilden. Ein Unternehmen kauft so ein, wie es gewohnt ist zu verkaufen. Diese Maßgabe gilt zumeist. So wird ein Discountanbieter wohl bei seiner Beschaffung eher pragmatische und günstige Lösungen wählen. Und ein Luxusartikelhersteller dürfte wohl eher nicht die allergünstigsten Anbieter bevorzugen. Unternehmen, die nachhaltige und umweltfreundliche Produkte herstellen, werden sich auch bei ihren Lieferanten entsprechend orientieren.
- **Besondere Ereignisse:** Mögliche Ereignisse sind Wechsel von Führungskräften, Filialeröffnungen oder Schließungen, besondere Investitionen oder Projekte, etwa den Wechsel der Unternehmenssoftware. Dabei kann es auch richtig sein, einen bestimmten Abstand zu dem Ereignis abzuwarten. Bei einem Wechsel des CEO ist es vielleicht sinnvoll, die ersten drei Monate abzuwarten, aber nicht länger als sechs Monate, um ein bestimmtes Thema anzusprechen. Aber auch private Ereignisse, wie Heirat, Geburt eines Kindes, Umzug, Scheidung, Erkrankungen oder Verlust des Arbeitsplatzes sind einschneidende Veränderungen, die eine Zielgruppe sehr gut festlegen können.

Wenn Sie die Zielgruppe zugespitzt haben, sollte ein nächster Schritt nicht fehlen: Geben Sie Ihrer Zielgruppe ein Gesicht! Auch wenn das für rational orientierte Menschen auf den ersten Blick albern klingen mag – selbst nüchterne Betrachter erkennen auf den zweiten Blick die besondere Kraft dieser Idee. In Content-Marketing-Kreisen spricht man von „Personas". Das sind virtuelle Figuren, mit Namen, Foto, Beruf, Altersklasse, Familienstatus und Wohnort, die wie eine reale Person allen Beteiligten bekannt sind.

Beispiel

Dieter ist ein Ehemann Anfang 50, der auf sein Äußeres achtet. Die Kinder sind aus dem Haus und die entstandene Leere hat die Ehe einer Belastungsprobe unterzogen, die jedoch schließlich eine gute Entwicklung genommen hat: Dieter hat erkannt, dass er die letzten zehn oder 15 Jahre seiner beruflichen Schaffenskraft nicht mehr so sehr fremd bestimmt bewältigen will. Er will seine kommunikativen Fähigkeiten weiterentwickeln, denn er hat erkannt, dass dies auch in seinen privaten Beziehungen eine deutliche Verbesserung gebracht hat, obwohl er bisher dachte, dass Fakten das Wichtigste sind. Privat nimmt er sich deutlich mehr Zeit, um das Leben mit seiner Frau zu genießen, und er freut sich insgeheim darauf, seinen noch nicht geborenen Enkeln die Aufmerksamkeit zu schenken, die er seinen Kindern karrierebedingt nicht schenken wollte.

Wie viel einfacher ist es, für so eine konkrete Person wertvolle Inhalte zu produzieren als für eine nur abstrakt beschriebene Zielgruppe? Wenn Sie sich eine oder mehrere solcher klar umrissenen Zielpersonen schaffen, dann werden Ihre Inhalte wesentlich ansprechender und reizvoller für die Zielgruppe. Sie werden mehr Resonanz in der speziellen Zielgruppe erreichen und sogar noch mehr Attraktivität für Ihre Inhalte auch bei den Personen erreichen, die nur am Rande der scharf umrissenen Zielgruppe stehen.

2.3   Wie Sie das wichtigste Problem aus Zielgruppensicht definieren

Menschen entwickeln eine geradezu unzähmbare Energie, wenn sie ein Problem haben, das wirklich stört. Sie verwenden Zeit, Geld und jede Menge ihrer Lebensenergie, um das Problem selbst zu lösen oder jemanden zu finden, der es löst. Je schmerzhafter das Problem sich im einzelnen Fall auswirkt, desto größer die Anstrengungen zur Lösung.

Viele Menschen, die sich selbst zuschreiben, im „Lösungsverkauf" zu arbeiten, vergessen leider sehr oft, dass es jede Menge Probleme gibt, die zwar aus der Perspektive des Lösungsanbieters relevant erscheinen, jedoch aus der Sicht des Betroffenen gering oder irrelevant sind. Es gibt beispielsweise viele Anbieter von Rauchentwöhnungsprogrammen, die das gesundheitliche Problem der Raucher extrem einschätzen, aber wir wissen, dass es viele Raucher gibt, die damit sehr gut leben können – zumindest eine Weile lang.

Und andererseits ist es sicherlich so, dass Menschen, die sich gerade entschlossen haben, aufzuhören, aber nicht wissen, wie das gehen soll, bestimmt händeringend nach einer Lösung suchen. Obwohl beide Raucher sind und obwohl beide eine Rauchentwöhnung gut gebrauchen könnten (Konjunktiv), ist nur derjenige der beiden Raucher ein potenzieller Kunde, der das objektiv vorhandene Problem auch subjektiv wahrnimmt.

Kunden müssen ihre Probleme kennen und lösen wollen
Die meisten Vertriebs- und Marketingkonzepte – vor allem in Bezug auf Geschäftskunden – scheitern am Konjunktiv. Man hat eine perfekte Lösung für ein Problem, das auch nachweislich am Markt existiert. Allerdings ist die subjektive Wahrnehmung zum Problem sehr differenziert, Manche Unternehmen haben das Problem erkannt, sehen und spüren die unangenehmen Auswirkungen. Andere Unternehmen haben das gleiche Problem, schätzen es jedoch als nachrangig und unwesentlich ein. Dasselbe Problem – unterschiedliche Bewertungen.

In der Welt vor Content Marketing war es so, dass es die Aufgabe des Vertriebs war, in vielen 1:1-Kontakten aus potenziellen Kunden wirklich kaufwillige Kunden herauszufiltern. Aus 30, 50 oder 100 Erstkontakten wurde so letztlich ein zahlender Kunde. Die Tendenz ist ganz klar so, dass die Quote im Lauf der Jahre immer schlechter wurde. Wenn früher 40 Kontakte nötig waren, um einen Kunden zu bekommen, sind es heute häufig 70, 100 oder gar 200 Kontakte, bis wirklich ein Vertrag entsteht.

Wie wäre es, wenn man die alten Quoten wieder zurückbekäme? Oder gar bessere? Wenn man die Anzahl der Fehlversuche reduziert, weil man einen Automatismus findet, der die weniger Erfolg versprechenden Adressen einfach aussortiert und nur die besten potenziellen Kunden vorsortiert auf einem Tablett serviert? Wie wäre es, wenn man den Frust reduziert und den Erfolg maximiert? Diese rhetorische Frage hat sich längst erübrigt, und die Profis im Content Marketing präsentieren die Antworten.

Menschen, die ein Problem haben, suchen nach Antworten. Und das tun sie in unserer Zeit, indem sie ihr Problem Google anvertrauen. Sie stellen ihre Frage in ein Suchformular ein und warten Millisekunden auf eine kompetente Antwort. Die Tatsache, dass inzwischen das Internet als fast unerschöpflicher Fundus für Wissen akzeptiert ist, schafft die Grundlage für erfolgreiches Content Marketing.

▶ 100 % Nichtraucher ist wie 100 % Marktanteil – leider nur ein Traum.

Wenn wir noch mal zum Beispiel der Raucherentwöhnung zurückkehren: Nicht jeder, der das Problem hat, sucht jetzt und in diesem Moment nach einer Lösung. Aber jeder, der nach einer Lösung sucht, sollte die Lösung einfach finden können. Stellen wir uns vor, es gäbe eine Fachzeitschrift für gesundheitsbewusste Raucher oder das elektronische Pendant dazu: einen Blog. Jeder Raucher, der sich seiner Gesundheit besinnt, wird früher oder später über diesen Blog stolpern. Vielleicht, weil er ihn selbst über die besagte Suchmaschine fand. Oder weil ein wohlmeinender Freund ihn empfohlen hat. Oder vielleicht auch, weil der Blog seine Artikel zielgruppenspezifisch bewirbt. Wenn diese Fachzeitschrift interessante Artikel aus der Perspektive des hier als Beispiel angenommenen „Fast-Nicht-Rauchers" schreibt, wird er oder sie das interessieren. Interesse weckt die Gier auf mehr. Vermutlich wird er oder sie seine E-Mail-Adresse im Tausch gegen noch mehr wertvolle Informationen anbieten.

Und das ist – an einem einfachen Beispiel erklärt – der Grundgedanke des Content Marketings. Der entscheidende Unterschied zu PR und gewöhnlichem Marketing? Das Produkt oder Dienstleistungsangebot taucht nicht oder nur sehr versteckt auf. Nichts wird angepriesen – zumindest nicht in den ersten Phasen. Denn anfangs legen wir größten Wert darauf, ohne Gegenleistung zu geben. Einfach Wertvolles anbieten. Erst später, wenn sich durch die einseitige Güte eine Beziehung entwickelt hat, prüfen wir die Belastbarkeit dieser Beziehung. In einigen Fällen wird sich herausstellen, dass es sich nicht um eine wirklich belastbare Beziehung handelt. Vielleicht sogar in der Mehrzahl der Fälle. Aber in anderen Fällen, möglicherweise nur fünf oder zehn Prozent, hält der dünne Faden der ersten Beziehung und der potenzielle Kunde wird zum Kunden.

Content Marketing lebt von der großen Zeitspanne. Anders als bei der vertrieblichen Kaltakquise, die sicherlich für sehr viele Geschäftsmodelle erhebliche Vorteile bietet, ist das Content Marketing losgelöst vom Moment. Wenn ich einen Kunden anrufe, dann kann er in diesem Moment genau über ein Problem grübeln, das ich lösen könnte. Das ist die Hoffnung der Akquisiteure. Aber vielleicht wird er erst in ein paar Monaten das Problem erkennen. Oder er hat das Problem bereits anderweitig gelöst. In beiden Fällen ist die Akquise im Prinzip das richtige Werkzeug, aber dennoch nicht erfolgreich.

Content ist der Köder

Ganz von der zeitlichen Synchronisierung losgelöst, ist der wertvolle Content, der einem Köder gleich ausgelegt wird, ein Effekt, der immer und dauernd funktioniert. Ein Köder, der dann geschluckt wird, wenn der Fisch genau groß genug ist, um zur Zielgruppe zu gehören (um das Bild des Anglers weiter zu spinnen). Man könnte sagen, es ist wie „Dauer-Angeln". Oder wie der alte Werbespruch von Danone lautete: „Früher oder später kriegen wir Sie!"

In der Methode von Mewes ging es bereits um die Idee, ein besonders relevantes Problem zu identifizieren, das für eine bestimmte Zielgruppe wichtig ist. Die Konzentration auf das Kundenproblem macht seine Methode so stark und bietet gleichzeitig die Grundlage für Content Marketing. Das Problem ist der Köder, denn die Lösung ist nur in Bezug auf ein spezifisches Kundenproblem relevant. Zu behaupten, man habe die Lösung, ohne über das Problem gesprochen zu haben, ist ähnlich lachhaft, wie die Lösung für eine Rechenaufgabe anzubieten, ohne die Aufgabe zu kennen. Wenn Content das Problem beschreibt und darauf basierend eine Lösung nennt, wird es funktionieren.

Inzwischen gibt es moderne Methoden zur Entwicklung von Geschäftsmodellen und „Value Propositions", was nichts anderes bedeutet als „Nutzenversprechen". Und alle diese Methoden benötigen als Grundlage dieses eine, gedachte, erhoffte und in der harten Realität des Alltags tatsächlich empfundene, zentrale und schmerzhafte Kundenproblem.

Goethe hatte es gut!

Die einfachste Methode, dieses Problem zu finden, ist es, danach zu fragen. Auch hier ist die Lösung so einfach, dass mancher sich schämen würde, sie als Antwort in ein Buch zu schreiben. Ich halte es mit Goethe. Fragen kann man sehr gut mit Surveys, Umfragen, Abstimmungen und der Kommentarfunktion in Blogs oder Social Media. Was sollte uns davon abhalten, unsere Zielgruppe direkt zu befragen? Die Menschen werden, wenn man ehrliche Fragen stellt, in der Regel antworten, was sie denken. Vor allem dann, wenn man echtes Interesse zeigt und nichts „abspult" oder nur „abhaken" will.

Wenn es gelingt das, die oder einige entscheidende Probleme der Zielgruppe zu identifizieren, dann ist es richtig, über dieses Problem zu schreiben. Allerdings nicht nur über das Problem selbst, sondern auch über die Lösung. Oder wäre das schon zu viel des Guten? Sollte man sich die Lösung nicht für die zahlenden Kunden aufheben?

2.4 Wie Sie Lösungen für die wichtigsten Probleme Ihrer Zielgruppe anbieten

„Never confuse value with vanity!" Dieses Zitat meiner kanadischen Kollegin Toni Newman ist eines der wichtigsten Zitate, die ich für mich von der Speaker Convention aus San Diego im Jahr 2014 mitnehmen durfte. Sinngemäß übersetze ich das für mich so:

Bekannt sein reicht nicht – Wir müssen wertvoll sein

Oder noch weiter gefasst: Es ist nicht so wichtig, bekannt zu sein. Viel wichtiger ist es, einen bestimmten Wert für eine Zielgruppe darzustellen. Der Wert, den wir schon vor der Entscheidung für ein Produkt oder eine Dienstleistung bieten, schafft die Vertrauensgrundlage für die spätere Kaufentscheidung. Meine persönliche Meinung ist, dass die Bekanntheit von alleine kommt, wenn die Wertigkeit stimmt. Dass Bekanntheit ohne Wert sehr flüchtig ist, durften schon so manche Stars aus Casting-Sendungen feststellen. Es genügt einfach nicht, wenn die Zielgruppe nur deinen (Produkt-)Namen kennt. Die Menschen wollen Antworten auf ihre Herausforderungen, Probleme und Schwierigkeiten. Wenn es gelingt, hierfür gute Lösungen zu bieten, dann baut man sich eine treue Gefolgschaft auf.

Kennen – Mögen – Vertrauen

Das ist die Reihenfolge, in der sich tragfähige Beziehungen von Marktteilnehmern entwickeln. Durch Content Marketing bietet sich für Unternehmen, Produkte und Dienstleistungen die Möglichkeit, Vertrauen bereits vor dem ersten Kauferlebnis aufzubauen. Einer unserer Klienten schilderte mir ein Gespräch mit einem Interessenten, bei dem der potenzielle neue Kunde sich sinngemäß so äußerte: „Gefunden habe ich Sie über Google, als ich nach einer Lösung für mein Problem suchte. Die Tipps, die ich bekam, haben mir weitergeholfen. Als es beim ersten Mal klappte, dachte ich noch: ‚Das könnte Zufall gewesen sein.‘ Aber als es dann auch beim zweiten, dritten und vierten Mal klappte, wusste ich, dass ich auf Sie vertrauen kann."

Berechtigte Kritik an Content Marketing

Kritiker werden vielleicht sagen, dass durch Content Marketing Wissen verschenkt wird, für das man in der alten Weltordnung vor der Digitalisierung noch Geld verlangt hätte. Es entsteht zunächst keine tragende Kundenbeziehung und keine Wertschöpfung. Anfangs wird lediglich Wissen kostenlos abgegeben, ohne eine Gegenleistung des Kunden einfordern zu können. Das stimmt grundsätzlich, und deshalb scheint diese Kritik berechtigt. Nur falls jetzt oder später dieser eine Kunde eines der Produkte oder Leistungen unseres Klienten benötigt, wird er sicher auf diese durch kostenlose Wissensabgabe untermauerte Vertrauensbeziehung zurückgreifen.

Ein geringer direkter kausaler Bezug zwischen den Marketingaufwänden und dem Nutzen für die werbetreibenden Unternehmen ist der häufigste Kritikpunkt, der immer wieder vor allem von Marketing-Profis in großen Unternehmen hervorgebracht wird. In Konzernen muss nicht selten ein direktes Kosten-Nutzen-Verhältnis zwischen einzelnen Kampagnen und dem darauf zurückzuführenden Umsatz in kurzen Zeitabschnitten dargestellt werden.

Diese Betrachtungsweise ist vielleicht gleichzeitig die große Chance für kleinere Unternehmen und den Mittelstand, denn dort ist zumeist der unternehmerische Sachverstand wichtiger als so manche Kennzahl aus dem Controlling. Wenn große Konzerne noch in das alte „Ich-bin-so-toll-Marketing" investieren, weil dort auch im quartalsweisen Berichtswesen der Einsatz des Marketingbudgets mit Umsatzergebnissen verglichen werden kann, sind clevere Unternehmer längst dabei, sich eine treue Gefolgschaft aufzubauen, die den Produkten und Leistungen des Unternehmens zugewandt ist.

Angst vor Content-Klau

Viele Anhänger des alten Marketings haben Angst davor, zu viel Inhalt preis zu geben. Inhalt, der bislang nur gegen Bezahlung an Kunden herausgegeben werde. Und daraus entsteht die Angst, dass man etwas, das man frei zur Verfügung stellt, später kaum noch gegen Geld anbieten kann. Wie kann man beispielsweise ein Buch, das bislang in Form einzelner Blogartikel frei verfügbar war, später kostenpflichtig vermarkten? Diese Angst hält viele Unternehmer davon ab, wertvollen Inhalt mit Content Marketing frei zu geben. Aber ist diese Angst berechtigt?

Der Kylie Minogue Effekt

Ich denke, diese Angst ist unberechtigt. Und ich erkläre das mit einem Effekt, den ich frecherweise nach Kylie Minogue benannt habe. Was verbirgt sich dahinter? Angenommen, Sie sind Fan dieser Dame und hören und sehen gerne ihre musikalischen Beiträge. Dann können Sie auf YouTube „Kylie Minogue" eingeben und Sie bekommen rund 200.000 Filmbeiträge angezeigt. Sie können vermutlich bis zum Ende Ihrer Tage die Musik von ihr hören, ohne dafür zu bezahlen. Aber die kleine Zahl von Ihnen, die ihre Musik richtig gut findet, werden sicherlich zusätzlich noch zehn bis zwanzig Euro ausgeben und eine CD kaufen oder bei iTunes einen Download. Und die wirklichen Fans werden wohl auch für 100 EUR oder mehr ein Ticket für die Stadthalle kaufen. Und bestimmt ist niemand enttäuscht, wenn Kylie Minogue auf dem Konzert und der CD das Gleiche singt wie bei den kostenlosen YouTube-Beiträgen.

Nicht der Content alleine stellt den Wert für den Kunden dar, sondern der Inhalt in Verbindung mit der Darreichungsform. Es ist also nicht so, dass Kylie Minogue wegen der kostenlosen Musik weniger Tickets verkauft. Diejenigen, die sich kein Ticket kaufen, *weil* der Content auch kostenlos verfügbar ist, sind ohnehin nicht diejenigen, die sich ein Ticket leisten wollen. Es ist eher so, dass durch die Verbreitung und die Bekanntheit viele Fans überhaupt erst zu der Musik eines Künstlers finden.

Welche Unterschiede sich bei Geschäftskunden und Konsumenten als Zielpersona ergeben

Wir hatten uns mit der konkreten Zielgruppe beschäftigt, für die wir wertvollen Content produzieren wollen. Der Fachbegriff dafür ist bekanntlich „Persona", weil es eine konkrete Person mit Namen, Alter und anderen eindeutigen Lebensumständen ist. Wir nehmen an, dieser Mensch, den wir uns bildlich vorstellen, hat ein bestimmtes Problem oder eine Aufgabe, die er lösen will. Dabei gehen wir davon aus, dass dieses Problem wichtig genug ist, dass diese Person eine Lösung dafür suchen wird. Nehmen wir uns zwei unterschiedliche Bespiele vor:

Content Marketing für Konsumenten

Das Beispiel mit der Bäckerei hatte ich schon einmal erwähnt: Der Inhaber einer kleinen Bäckerei mit Café hatte begonnen, regelmäßig seine Rezepte für Kuchen und Plätzchen zu veröffentlichen und eine große Fan-Gemeinde geschaffen. Die Leser hatten die ausführlichen Rezepte und konkreten Anleitungen für gelungene Backrezepte förmlich verschlungen. Videos mit weiteren Erklärungen gehörten ebenfalls zur Strategie. Die wachsende Zuhörerschaft wurde in die Programmplanung eingebunden, indem der Bäcker seine Gefolgschaft aktiv fragte, welche Rezepte sie sich wünschen, welche Backwaren sie selbst am liebsten essen und welche besonderen Probleme und Schwierigkeiten sie beim Backen erleben. Weil er auf diese Fragen und Anregungen einging, konnte er den folgenden Content noch besser auf sein Publikum zuschneiden. Nebenbei erfuhr er außerdem, welche Backwaren er für den eigenen Verkauf selbst herstellen sollte.

Durch diesen Fokus auf die konkreten Bedürfnisse seiner Leser konnte der Bäcker eine unumstößliche Autorität für Backrezepte aufbauen. Der Effekt war, dass er eine Art Kultstatus für besonders leckere Plätzchen und Kuchen bekam: Seine Fans, die natürlich nicht immer Lust aufs Backen haben, sondern gerne von Zeit zu Zeit auch Kuchen kaufen, nahmen auch längere Fahrtstrecken in Kauf, um bei diesem Bäcker Kuchen zu kaufen. Was könnte das für Ihre Kunden bedeuten? Welche wichtigen Fragestellungen Ihrer potenziellen Kunden können Sie mit Leichtigkeit beantworten und gleichzeitig Expertise und Vertrauen zu potenziellen Kunden aufbauen?

Was könnte das für Ihre Kunden bedeuten? Welche wichtigen Fragestellungen Ihrer potenziellen Kunden können Sie mit Leichtigkeit beantworten und gleichzeitig Expertise und Vertrauen zu potenziellen Kunden aufbauen?

Content Marketing für Geschäftskunden

In diesem Beispiel geht es um ein Beratungsunternehmen, das eine konkrete Expertise für eine bestimmte Branche hat. Die Expertise ist Projektmanagement in einer besonderen Phase der Entwicklung von pharmazeutischen Produkten, nämlich dann, wenn das Produkt in die Serienreife kommt und in größeren Stückzahlen zur Markteinführung produziert werden soll. In diesen Phasen der Produktentwicklung ergeben sich häufig besondere Engpässe und besonders kostenintensive Fehlplanungen, sodass genügend Potenzial für professionelle Beratung gegeben ist. Das Beratungsunternehmen ist wegen der besonderen Erfahrung seiner Berater auf eben diese Zielkunden mit eben diesem Problem fokussiert.

Der Content wird so produziert, dass er für die relevante Zielgruppe in der beschriebenen Problemsituation gut auffindbar ist. Sicherlich ist es dazu nötig, bereits bestehende Kontakte bei Zielkunden in eben dieser Branche zu befragen. Hilfreich ist es, wenn man durch solche Befragungen herausfindet, mit welchen Suchworten oder Begriffen ein typischer Zielkunde nach Informationen suchen würde. Genau nach solchen Suchbegriffen würde man dann den Content optimieren und dafür sorgen, dass die Inhalte hilfreich sind und konkrete Problemlösungen, Tipps, Checklisten und andere wertvolle Beiträge enthalten. So positioniert sich dieses Beratungsunternehmen als absolute Referenz für Projektmanagement in der Pharmabranche. Weil das Unternehmen neben dem öffentlich frei zugänglichen Inhalt auch zusätzlichen, tiefer gehenden Content im Tausch gegen eine E-Mail-Adresse anbietet, werden die Mitarbeiter automatisch darauf aufmerksam gemacht, wenn Mitarbeiter eines Pharma-Unternehmens diese Unterlagen anfordern. So bekommt der Vertrieb wichtige Hinweise auf Problemsituationen und kann zusätzlich Kontakt zur Entscheidungsebene der Kundenunternehmen aufbauen.

Hier ist der Fokus wirklich auf das Kundenproblem und eben nicht auf das Produkt oder Dienstleistungsangebot. Wir denken vom Kunden her. Nehmen wir an, Sie wären ein Trainingsinstitut, das Verkaufstraining nur für Versicherungsunternehmen und Makler anbietet. Da läge die Idee nahe, dass Sie in Ihrem Content sehr viel über das einfachere Verkaufen von Versicherungen sprechen. Allerdings könnte man auch dieses Thema ergänzen und zusätzlich fragen, welche Fragestellungen und Probleme Versicherungsverkäufer generell haben. Dann wird man sicherlich auch erkennen, dass diese Berufsgruppe viel reist und deshalb beispielsweise steuergesetzliche Änderungen der Reisekostenverordnung, Hotel-Tipps entlang viel befahrener Autobahnen oder Testberichte für unterschiedliche Navigationssysteme gerne annimmt.

> **Welches Kundenproblem können Sie lösen? Neun Fragen für wertvollen Content**
> 1. **Nützlich:** Hat es Nutzwert für die Zielgruppe? Tipp: Schreiben Sie für eine einzelne, bestimmte Person.
> 2. **Neu:** Ist es eine neue Sichtweise auf eine alte Idee oder eine völlig neue Idee?
> 3. **Wertvoll:** Wird ein Leser Wert von Ihnen bekommen?
> 4. **Umsetzbar:** Gibt es konkrete Handlungsschritte zur Umsetzung?
> 5. **Teilbar:** Gibt es einen Anreiz für die Leser, den Content zu teilen?
> 6. **Blickfang:** Ist die Schlagzeile eine Einladung zum Lesen?
> 7. **Flow:** Ist der Inhalt fließend und gut zu lesen?
> 8. **Unterhaltsam:** Kleine Lacher oder zumindest ein Lächeln sind wünschenswert.
> 9. **Länge:** Detaillierter Inhalt ist in der Regel besser, weil sich der Leser länger damit beschäftigt.

Dieser Aspekt von Content Marketing ist eine wichtige Grundlage, um erfolgreich neue Kontakte und schließlich Kunden zu finden. Menschen suchen Antworten auf die wichtigen Fragen, die sie im Moment beschäftigen. Mit Content Marketing schaffen Sie sich die Mechanismen, damit die Zielgruppe von alleine zu Ihnen findet. Von da an gilt es, die Beziehung von „man kennt sich" über „man mag sich" zu „man vertraut sich" zu entwickeln. Konzentrieren Sie sich vor allem darauf, nützlich und wertvoll für Ihre Zielgruppe zu sein. Alles Weitere ist Technik, die mit den geeigneten Werkzeugen leicht umzusetzen ist. Aber wichtig ist, dass Sie nicht nur darüber sprechen, eine Expertise zu haben, sondern dass Sie Ihre Expertise zeigen können. Zeigen Sie Lösungen für wichtige Kundenprobleme und Sie werden fast automatisch Interessenten finden, die Sie später zu Kunden weiterentwickeln.

2.5 Wie Sie eine Beziehung zu Ihren potenziellen Kunden aufbauen

Niemand mag Menschen, die einen ausnutzen. Vermutlich ist das der Grund, warum Verkäufer so schlecht angesehen sind. Die meisten Geschäftsleute, die ich kenne, möchten nicht „Verkäufer" auf ihrer Visitenkarte stehen haben (obwohl sie streng genommen genau das sind). Alle wollen, dass der Kunde kauft, aber selbst nicht Verkäufer sein. Oder zumindest nicht mit den unangenehmen Seiten des Verkäufers in Verbindung gebracht werden. „Denen kann man nicht vertrauen!", „Die sind nur an ihren eigenen Zielen interessiert", „Verkäufer sind Manipulateure, die sich nicht für das Wohl des Kunden interessieren".

Das schlechte Image des Verkaufs kommt nicht von ungefähr, denn die meisten althergebrachten Verkaufs- und Marketingstrategien sind sehr einfach strukturiert. Vergleichsweise so, als ob Sie bei einem Flirt im zweiten oder dritten Satz „Geschlechtsverkehr gefällig?" sagen würden. Wenn überhaupt ein Dialog dem Angebot vorangeht, kommt es früh und platt daher. Der Anbieter ist nicht wirklich daran interessiert, seinen Kunden kennenzulernen und zu verstehen, was dieser will, sondern nur daran, sein Angebot zu machen und möglichst schnell abzuschließen. Lassen Sie uns sehen, wie es auch anders geht und langfristig klappt.

Erst geben, dann geben, später noch mehr geben und erst dann nehmen
Was passiert, wenn Sie mich so richtig erfreuen? Was wäre, wenn Sie mir eine besondere Aufmerksamkeit zuteilwerden lassen? Wie fühlen Sie sich, wenn Ihnen jemand zum Geburtstag gratuliert und Sie dessen Geburtstag noch nicht einmal kennen? Es gibt im Wesentlichen zwei Möglichkeiten:

1. Sie gehören zu den Psychopathen. Dann ist es Ihnen egal, wenn Sie eine emotionale Schuld eingehen.
2. Sie verspüren eine gewisse Verpflichtung, die vorangegangene Zuwendung wieder auszugleichen. Sie wollen das Gleichgewicht wiederherstellen.

Diesen Reflex nennt man „Reziprozität". Die große Mehrzahl der Menschen will Schulden ausgleichen. Wenn Sie zu meinem Geburtstag an mich denken und mir eine Karte schreiben (eine richtige Karte – kein Katzenbild auf Facebook), dann nehme ich mir vor, das zurückzugeben. Wer gibt, löst dadurch ganz oft beim Begünstigten den Impuls aus, sich zu revanchieren. Das ist einer der Gründe, warum Zuwendungen an Beamte illegal sind. Man nennt das Bestechung, weil jemand, der viel bekommen hat, eine Gegenleistung erbringen könnte, obwohl er neutral und unbeeinflusst sein sollte.

Der amerikanische Psychologe Roberto Cialdini hat sich mehrfach mit den Methoden zu Manipulation und Beeinflussung auseinandergesetzt und mehrere Bücher dazu verfasst, eines davon, *Die Psychologie des Überzeugens* (2009) bietet eine gut strukturierte Liste von solchen Methoden und ihren Wirkungsweisen samt wissenschaftlichen Herleitungen und Beweisen. Eine dieser Methoden ist das Prinzip der Reziprozität, das wir soeben hier beschrieben haben und das in allen Kulturen dieser Welt mehr oder weniger stark das gesellschaftliche Leben beeinflusst.

▶ Hilfsbereitschaft ist legale Bestechung.

Dieser Impuls ist etwas, das Sie nutzen können, indem Sie zunächst geben, ohne eine direkte Gegenleistung zu erwarten. Wenn Sie offensichtlich nur geben, um sofort entlohnt zu werden, wird das durchschaubar und funktioniert nicht. Aber wenn Sie mehrfach geben, ohne eine direkte Gegenleistung zu erwarten, lösen Sie dadurch eine starke Verpflichtung aus. Wie können Sie legal Wissen, Tipps, Hinweise und wertvolle Informationen ohne Gegenleistung anbieten und dadurch Ihre Geschäftschancen verbessern? Wie können Sie das Prinzip „Geben, geben, geben und erst dann nehmen" in die Tat umsetzen?

Wir haben schon mehrfach behandelt, wie wichtig es ist, die richtige Zielgruppe im Blick zu haben, deren Probleme zu verstehen und wirksame Lösungen für diese Probleme anzubieten. Durch dieses Angebot an Lösungen werden Sie bei Ihrer Zielgruppe bekannt. Weil Sie mehr und mehr wertvolle Inhalte liefern, fängt Ihre Zielperson an, Sie zu mögen und schließlich, weil die angebotenen Lösungen tatsächlich hilfreich sind und regelmäßig mehr davon kommen, beginnt man, Ihnen zu vertrauen.

Wer vertraut schon wildfremden Menschen?
Wenn ich diese Entwicklung vom Kennen über das Mögen zum Vertrauen zum ersten Mal mit Menschen bespreche, die das Prinzip nicht kennen, sind sie zunächst skeptisch. Man sieht ihnen förmlich an, dass sie denken: „So einfach bekommt man mich nicht herum! Ich vertraue so schnell niemandem!" Aber stimmt das? Denken Sie bitte an die Tagesschau oder eine andere tägliche Nachrichtensendung im Fernsehen oder im Radio. Angenommen, Sie sind ein regelmäßiger Zuschauer der Tagesschau. Sie kennen inzwischen die Sprecher. Obwohl Sie diese nicht wirklich kennen, entwickeln Sie ein Gefühl von Vertrautheit. Im Laufe der Zeit werden Sie sich an die Stimme gewöhnen und vielleicht beginnen Sie, diese zu mögen. Und nach kurzer Zeit werden Sie ein Vertrauen entwickeln und alles, was dieser Sprecher als Nachricht verliest, auch als Tatsache hinnehmen.

Einen ganz ähnlichen Effekt habe ich im Zusammenhang mit meinem Podcast kennengelernt. Seit Januar 2014 veröffentliche ich regelmäßig einmal wöchentlich eine neue Folge meines Podcast. Dieser ist für alle, die beruflich an Geschäftskunden verkaufen. Jeden Montag ab 7 Uhr am Morgen können Sie eine neue Folge erwarten. Monatlich werden mehr als 25.000 Folgen gehört. Anders als Radio ist der Podcast ja nicht nur montags um 7 Uhr verfügbar. Jede Folge ist verfügbar, solange ich das will, und der Podcast kann auch später noch gehört werden. Auf diese Weise sind eine ganze Menge Podcast-Hörer auf meinen Podcast aufmerksam geworden. Sie haben sich angewöhnt, ihn auf längeren Autofahrten oder beim Sport zu hören. Diese Hörer entwickeln das Gefühl, mich zu kennen. Es passiert mir auf Messen oder öffentlichen Auftritten inzwischen sehr oft, dass mich wildfremde Menschen ansprechen und sich benehmen, als würden wir uns gut kennen. Die Erklärung dafür ergibt sich dann schnell im Gespräch, wo mich diese für mich fremden Menschen darüber aufklären, dass sie treue Podcast-Hörer sind und „Fans" meiner kostenlosen Beiträge und Tipps für professionellen Vertrieb an Geschäftskunden.

▶   Menschen kaufen von Menschen.

Beziehungen kann man nur zwischen Menschen aufbauen. Unternehmen sind im besten Fall nur Symbole für Personen. Apple stand jahrelang für Steve Jobs. Er war das Gesicht des Unternehmens und sicher ein Ausnahmefall für Bekanntheit und Beliebtheit bei den Fans. Sie müssen aber nicht der CEO eines der erfolgreichsten Unternehmen unserer Zeit sein, um das Gesicht für Ihr Unternehmen zu sein.

Sehr gute Vertrauensnoten bekommen auch die Fachkräfte, die sich mit inhaltlichen Themen beschäftigen, also diejenigen, die in ihrem Arbeitsalltag fachlich mit den Problemen betraut sind, die den Kunden wirklich interessieren. Wie könnten Sie diese Mitarbeiter in Ihre Kampagnen und Ihr Content Marketing einbauen?

Warum „Seitenbacher Müsli" nervt und dennoch Erfolg hat
Bestimmt kennen Sie den drängenden Ton des Sprechers in der Radio-Werbung, wenn es um „Seitenbacher Müsli" geht. Was viele nicht wissen: Der Sprecher ist der CEO des Unternehmens. Was zu Beginn (angeblich) aus Budget-Gründen so gewählt wurde, hat inzwischen Methode. Der schwäbische Dialekt mit der betont auffälligen Stimme, die ganz anders als typische Sprecherstimmen klingt, fällt auf und bleibt in Erinnerung. Das ist ein besonderer Effekt, den man selbst ausprobieren kann.

Sprechende Menschen in einem Video oder einem Audio-Beitrag unterstreichen ihre Botschaft als Unternehmen. Lassen Sie Mitarbeiter in den Fachbereichen oder auch Führungskräfte zu Wort kommen. Wichtig ist, dass es nicht gänzlich perfekt ist. Es sollte zwar nicht bewusst schlecht gemacht sein, aber es geht nicht um perfekte Filmszenen. Ein gutes Licht und vor allem guter Ton sind sehr wichtig, aber es muss nicht bis ins letzte Detail alles stimmen. Wenn Menschen sich vor der Kamera äußern, ist das glaubhaft, weil man sieht, dass diese Menschen das tun, ohne sich zu verstellen.

▶   Bringen Sie Ihre Mitarbeiter vor die Kamera, und Sie werden sehen, dass es Beziehungen und Vertrauen aufbaut.

Auch wenn CEOs im Vergleich zu den Mitarbeitern, die am Produkt arbeiten, weniger Fachliches beitragen können, sollte sie das nicht davon abhalten, vor die Kamera zu treten. Vor allem dann nicht, wenn sie vorhaben, eine Botschaft zu vertreten, statt zu verkaufen. Die obere Führungsebene ist dafür prädestiniert, sich zu Wort zu melden, um den Sinn und das Wozu der Firma zu erklären. Überlassen Sie die Wirkungsweise der Produkte und Dienstleistungen Ihren wichtigsten Mitarbeitern. Der Chef bringt den Sinn und die Spezialisten die konkrete Umsetzung. Zeigen Sie Gesicht und schaffen Sie Beziehungen!

▶   Nutzen Sie den CEO als Markenbotschafter!

2.6   Wie Sie Interessenten zu einer Entscheidung führen

Stellen Sie sich vor, Sie treffen sich zu einer ersten Verabredung mit Ihrem neuen Schatzi. Oder zumindest könnten Sie sich vorstellen, dass es Ihr neues Schatzi werden könnte. Würden Sie im ersten Treffen einen Heiratsantrag machen? Wohl kaum. Und genau das machen viele Unternehmen mit ihren Botschaften im Marketing falsch: Sie verlangen zu viel – oder zu wenig. Wir werden sehen, wie Sie die passende Dosis finden und erhalten zusätzlich ein paar Strickmuster, um erste zarte Kundenbeziehungen zu gefestigten Beziehungen wachsen zu lassen.

Wenn in einem Hollywood-Streifen eine Beziehungskomödie zum Kassenschlager wird, dann meistens, weil die Figuren im Film es nicht schaffen, sich so zu benehmen, wie wir das für passend halten. Wir lachen, weil jemand viel zu früh einen Heiratsantrag macht. Oder weil ein Pärchen seit Jahren miteinander geht, aber keiner von beiden den Mut hat zu fragen, ob mehr möglich ist. Und am meisten lachen wir über beziehungsunfähige Sonderfälle, über die liebenswürdigen tragischen Figuren, die irgendwie nett sind, aber niemand abbekommen.

Manchmal sieht man solche Filme und will den Schauspielern zurufen: „Jetzt frag sie doch endlich!" Oder auch: „Lass ihn sich doch erst mal in dich verlieben!" Von außen sehen wir, dass zu viel oder zu wenig „Closing" gemacht wird. Die Komik entsteht, weil die Protagonisten eben nicht merken, dass sie sich lächerlich machen. Lernen Sie bitte daraus für Ihre Kundenbeziehungen. Warten Sie auf den richtigen Moment für den Heiratsantrag, aber verpassen Sie diesen nicht!

Messen Sie die Beziehungstemperatur
Wenn Ihnen dieser Begriff gefällt, können wir die Beziehungstemperatur zum Maß für die Kommunikationsqualität und insbesondere für die Intensität der Forderung machen, die Sie dem Kunden gegenüber formulieren. Aber leider gibt es dieses Thermometer nicht. Zumindest nicht so, wie Sie es sich vielleicht vorstellen, Allerdings kann man die Temperatur von Beziehungen doch zumindest grob in ein Raster einteilen: kalt – warm – heiß.

Die Idee ist, dass der Zufluss an Interessenten mit unterschiedlich intensiven Beziehungen beginnt und sich dann im zeitlichen Verlauf in der Regel weiterentwickelt. Dazu können wir unsere eigene Haltung in Bezug auf bestimmte Interessen als Vergleichswert heranziehen. Allerdings sollten wir dabei berücksichtigen, dass die meisten von uns

Einkaufsentscheidungen zumeist aus privater Perspektive betrachten und deshalb vielleicht die Entscheidungen von Geschäftskunden falsch einschätzen.

Kalt: Akquise beim Gefrierpunkt

Wir kennen uns nicht. Wir mögen uns nicht, weil wir uns ja noch nicht kennen. Wie kommen wir ins Gespräch? Wenn Sie wie Brad Pitt oder Jennifer Aniston zu besten Zeiten aussehen, werden Sie sich jetzt fragen, was ich meine. Aber wenn Sie nicht mit diesem besonderen Etwas ausgestattet sind, das auch Unbekannte sofort in Ihren Bann zieht, dann verstehen Sie das Problem. Am Anfang der zufälligen Begegnung gibt es noch keine Beziehung. Jeder, der jetzt mit „wir kennen uns doch" oder „ich bin sooo toll, weil" antritt, der wird scheitern.

Wenn wir uns nicht kennen, denken wir nur an unsere eigenen Probleme, Sorgen und Interessen. Wir sind (noch) nicht an der anderen Person interessiert, außer wir tragen die Gene von Mutter Teresa in uns. Wir sind im Kosmos unserer Themen, Aufgaben und Probleme gefangen. Deshalb ist der Schlüssel in dieser Phase das Problem.

Weil wir uns nicht gut kennen, bin ich nur an meinen Themen interessiert. Sie können nur in meinen Kosmos eindringen, indem Sie sich für meine Probleme interessieren. Ich will erkennen, dass mein Problem für Sie wichtig ist, bevor ich entscheide, ob ich Sie als interessant einstufe.

▶ **Fazit:** Wenn wir uns nicht kennen, ist das Problem der Einstieg. Wir wollen erreichen, dass die Zielperson bei sich das Problem erkennt und beginnt, nach einer Lösung zu suchen. Oder eben als Zielperson wegfällt.

Warm: „Hey, wir kennen uns doch!"

Es gibt eine Empfehlung. Sie bekommen einen Tipp. Jemand, den Sie kennen, ist bereits in Kontakt. Im Privatleben wäre das ein Versuch, sie miteinander bekannt zu machen, Sie kennen das. Es ist wesentlich einfacher als eine „kalte Ansprache" in der Disco. Die meisten Menschen würden eine solche „warme Ansprache" einer Kaltakquise vorziehen. Man kennt sich zwar noch nicht wirklich, aber unabhängig von der Bequemlichkeit sollten wir vor allem auf die Qualität der Kommunikation achten. Es kommt nämlich darauf an, die Kontaktperson so anzusprechen, wie es der Temperatur der Beziehung entspricht. Wenn wir uns also schon kennen, wissen wir, was den anderen bedrückt. Wir kennen das Problem. Und nun wollen wir über Lösungsmöglichkeiten sprechen.

Wenn der Kontakt schon angewärmt ist, legen wir in der Kommunikation den Schwerpunkt auf die Frage, wie man am besten das eine Problem oder die relevanten Probleme lösen könnte. Wir qualifizieren uns durch hilfreiche Lösungen für wichtige Probleme. Wir beginnen, Content zu liefern und konkrete, verwertbare, nützliche Werkzeuge für die Problemlösung bereitzustellen.

▶ **Fazit:** Wenn wir uns ein bisschen kennen, ist die Lösung der Einstieg.

Heiß: Ich. Will. Dich. Jetzt.

Wenn wir uns sehr gut kennen, geht es nur noch um das „Wann und wo". Die Probleme sind bekannt und brennend. Die Lösung ist klar, und das Vertrauen ist bereits gewachsen, weil erste Lösungsansätze nachweislich geklappt haben. Alles passt zusammen. Jetzt will die Zielgruppe mehr.

▶   **Fazit:** Wenn wir heiß sind, dann wollen wir nur noch Ja sagen. Hier ist das konkrete Angebot mit Bestellmöglichkeit der Einstieg.

Wenn wir diese Erkenntnis in konkrete Marketingstrategien umsetzen wollen, dann sollten wir einmal einen Blick auf eine konkrete Struktur zweier Kampagnen werfen. Diese Ideen für „Strickmuster" können Sie gerne als Anregung nutzen:

Beispiel: Von der Studie zur Beratung

Dieses Strickmuster basiert auf der Idee, dass wir zunächst eine Studie mit nachweislich wissenschaftlichen Erkenntnissen anbieten. Das könnte beispielsweise die sehr oft zitierte Studie von Gallup sein, in der jedes Jahr regelmäßig darauf hingewiesen wird, dass ein großer Anteil der Mitarbeiter durchschnittlicher Unternehmen bereits innerlich gekündigt hat und dem Unternehmen nicht mehr als hilfreiche Arbeitskräfte zur Verfügung steht. Sicherlich gibt es in Ihrem Umfeld ebenfalls ähnlich gelagerte Studien, die Sie heranziehen könnten. Konkret bedeutet das, dass wir den kalten Kontakten, die uns noch nicht kennen, zunächst anbieten, die Studie zumindest in Auszügen zu bekommen. Dadurch wird das Problem mithilfe eines besonders glaubwürdigen wissenschaftlichen Hintergrunds erklärt.

Im zweiten Schritt versorgen wir unseren Kontakt mit ausführlichen Ideen, wie eine mögliche Problemlösung aussehen könnte. Dieser zweite Schritt ist eher eine Phase, in der wir zuverlässig und wiederholt passende Ideen zur Lösung liefern, die sich tatsächlich in der Praxis umsetzen lassen. Unser Interessent, der inzwischen das Problem bei sich entdeckt hat, nutzt die Lösungen, um das Problem zumindest teilweise in den Griff zu bekommen. Er erkennt, dass Ihre Lösungsvorschläge tatsächlich funktionieren oder zumindest einen positiven Effekt auf seine Situation haben.

Im nächsten Schritt bieten Sie eine umfangreiche Beratung an, um die Problemlösung endgültig zu liefern, ohne dass unser Zielkunde weiterhin Arbeit hineinstecken muss. Gegen Bezahlung bieten Sie die vollständige Problemlösung an, die unser Kontakt zwar auch alleine leisten könnte, aber aus Bequemlichkeit oder anderen Überlegungen lieber auf Ihren Service zurückgreifen möchte.

Beispiel: Von der Nachricht zum Training

Diese Idee orientiert sich an aktuellen Ereignissen. Bestimmte Ereignisse treten grundsätzlich immer wieder ein, sind fast schon planbar und zu bestimmten Zeitpunkten in den Nachrichten an oberster Stelle. Lassen Sie uns als Beispiel die Zielgruppe

der Gartenbesitzer herausgreifen und im speziellen die Nachricht des ersten Boden-
frostes des Jahres. Gartenbesitzer machen sich jetzt Sorgen über bestimmte Pflanzen,
die möglicherweise noch nicht richtig vorbereitet sind.

Als Lösungsansatz liefern Sie Checklisten oder vielleicht sogar kurze Text-
beziehungsweise Filmbeiträge, mit denen Gartenfreunde lernen können, wie man
bestimmte Pflanzenarten richtig auf den Winter vorbereitet. Es könnte sogar sein,
dass bereits jetzt einzelne Inhalte kostenpflichtig sind. Ich denke da beispielsweise an
Bücher oder DVDs.

Das eigentliche Produkt, auf das die Kampagne zugeschnitten ist, ist jedoch ein
Training, das über einen Zeitraum von mehreren Wochen in einem Gartenbau-Center
stattfindet. Dort erfahren die Teilnehmer, wie sie die Pflanzen in ihrem Garten richtig
auf den Winter vorbereiten. Außerdem bekommen sie selbstverständlich unterschwellig weitere Hinweise auf mögliche Produkte, die in diesem Gartenbau-Center gekauft
werden könnten.

Auch das beste Kochrezept passt nicht zu jedem Anlass. Aber mit diesen beiden Beispielen von Strickmustern erkennen Sie die Abfolge von Nachrichten an Interessenten,
die so gestaltet sind, dass sich möglichst viele von ihnen zu Kunden entwickeln. Selbstverständlich bleibt der Anteil der Nicht-Käufer immer größer als der Anteil der Käufer.
Wenn es gelingt, aus 100 kalten Kontakten ein bis zwei zahlende Kunden zu machen,
dann darf man das bereits als sehr guten Erfolg feiern. Vielleicht können Sie daraus die
passende Sequenz für Ihre Kundenkommunikation zusammenstellen.

2.7 Wie Sie Ihre Marketingergebnisse durch Fragen verbessern

Mein Sohn, der im Moment in München Film studiert, kam neulich mit einer Frage auf
mich zu: „Du Papa, ich möchte eine Geschäftsidee mit dir besprechen. Ich will Videos
für Universitätsabsolventen drehen, mit denen sie ihre Bewerbungen unterstützen können und so ihre Chancen auf Erfolg erhöhen. Was denkst Du? Kann man so etwas verkaufen?" Ich antwortete, dass ich das nicht wisse, weil ich sicher nicht zur Zielgruppe
gehöre. Aber ich habe ihm einen Plan nach dem Prinzip „Lean Startup" gegeben.

Bauplan nach dem Lean-Startup-Prinzip

1. Erst Testen – dann Anbieten
Zunächst beginnt man, indem man das, was man verkaufen will, auf einer Seite
skizziert. Man nutzt die Kundenperspektive und überlegt sich, welches Problem
der Zielgruppe man lösen will und welche Errungenschaften oder welchen Lust-
gewinn man befördern möchte. Dann konfrontiert man einzelne Personen der

Zielgruppe mit diesem Entwurf. Das kann in einer Aussendung an wenige Interessenten sein oder in persönlichen Gesprächen. Wichtig ist, dass man nur wenig sagt und viel zuhört, denn jetzt wird der potenzielle Kunde Fragen stellen.

Diese Fragen können sich auf den Nutzen, aber auch auf die Beschaffenheit des Produktes oder der Dienstleistung beziehen. Die potenziellen Kunden werden die Einwände und Verständnisfragen liefern, die sicherlich auch andere Vertreter der Zielgruppe haben dürften.

2. **Kundenfragen verstehen**
In dem Beispiel der Bewerbervideos könnte ich mir vorstellen, dass solche Fragen kommen:

- „Was ist, wenn mir die erste Fassung nicht gefällt?"
- „Ich bin nicht gut vor der Kamera."
- „Wie soll ich mir den Text merken, den ich sagen will?"
- „Kann man den Text auch nachher einsprechen und dabei ablesen?"
- „Kann ich mehrere Fassungen mit unterschiedlicher Länge bekommen?"
- „Wie soll ich den Film denn an meine Bewerbungsunterlagen anheften?"

Solche und ähnliche Fragen dürften die Zielgruppe beschäftigen. Und je mehr solcher Fragen wir als Anbieter verstehen, desto besser können wir die Botschaften ausrichten und die Fragen beantworten, bevor der Kunde sie sich selbst stellt.

Testen Sie mit Lean Marketing
Content Marketing ist ein dynamischer Prozess, bei dem kaum jemand zu Beginn einer Kampagne genau weiß, was im Detail funktionieren wird. Es gibt eine Zielperson, eine These für ein Problem und dessen Lösung, aber noch kein Beweis dafür, dass diese These greifen wird. Ähnlich wie bei dem von Eric Ries (2014) propagierten Konzept zum Planen und Aufbau eines neuen Unternehmens, kann man auch seine Marketingstrategie dynamisch gestalten. Wenn der Begriff des „MVP – minimal viable product", auf Deutsch etwa „gerade so funktionierendes Produkt", bei der Unternehmensgründung richtig ist, dann kann das im Marketing „gerade so passende Botschaft" sein. Mit diesem ersten Konzept, das bereits durchdacht ist und funktionieren könnte, geht man an den Markt heran und testet die Reaktionen des Publikums.

In seinem Buch *Die 4 Stunden Woche* beschreibt der Autor Tim Ferriss (2015) das Prinzip anhand eines Webshops für eine bestimmte Sorte von Hemden. Dort wird getestet, ob ein Produkt funktioniert, bevor es in Mengen produziert wird und auf Lager liegt. Eine entsprechende Bestellseite wird im Internet beworben, und das Produkt bekommt einen Preis. Wer auf den Bestellknopf klickt, bekommt die Nachricht, dass im Moment kein Lagerbestand verfügbar ist. Man kann aber seine E-Mail-Adresse hinterlassen und wird dann bei Eintreffen der Produkte informiert. Auf diese Weise kann man die Rate der Bestellwilligen in einem auf wenige Tage oder Stunden laufenden Test genau zählen. Außerdem bekommt man einige E-Mail-Adressen von Interessenten, die man dann, falls man sich entscheidet, tatsächlich zu produzieren, direkt als erste Kunden ansprechen kann. Deshalb sind im modernen Marketing Umfragen, Recherchen und Tests ein wichtiges Instrument, um die reale Interessenlage der Zielpersonen zu ermitteln.

Verbessern Sie das Content Marketing durch Umfragen
Umfragen sind sehr gut geeignet, um die genaue Interessenlage und die Probleme der Zielgruppe zu verstehen. Die Umfrage kann ganz zu Beginn stehen, um die eigene These für eine Bedarfssituation zu testen. Oder sie kann ein bereits dargestelltes Interesse vertiefen und genauer untersuchen. Als ein Beispiel sei hier eine Umfrage genannt, mit der ich das Verständnis für Content Marketing messen will und gleichzeitig einen nächsten Schritt im Marketingprozess unserer Agentur anstoße: https://de.surveymonkey.com/r/ CMS-Studie

---

Beispiel 1: Umfrage

Die erste Frage ist eine Einstufung der Teilnehmer nach Branchen. Danach folgt die eigentliche Kern-Frage: „Was ist Ihre spontane Aussage zu Content Marketing?" Diese Antwortmöglichkeiten sind vorgegeben:

- Ich weiß nicht genau, was das ist.
- Ich weiß, was es ist, und halte nichts davon.
- Ich weiß, was es ist, aber ich/wir nutzen es im Moment nicht.
- Wir nutzen es, aber es bringt keine guten Resultate.
- Wir nutzen es und sind mit den Ergebnissen zufrieden.

In der weiteren Folge bekommt der Interessent weitere Aussagen oder Fragen, je nachdem, welche Antwort er gegeben hat. So ermitteln wir bei den Kennern, welche Elemente des Content Marketings sie kennen und nutzen, und den Nicht-Kennern bieten wir Möglichkeiten zur Information. Die Ergebnisse der Umfrage liefern uns als Anbieter einerseits hilfreiche Informationen über das tatsächliche Denken der Zielgruppe. Und die Ergebnisse sind für sich genommen wieder Content, über den es sich lohnt, einen Blogbeitrag zu schreiben. Und außerdem ist die Studie selbst in gewisser Weise wertvoller Inhalt, der Interessierte auf unser Informationsangebot aufmerksam macht und neue Kontaktadressen bringt.

Eine andere Form von Umfrage könnte eine Umfrage im Laufe einer Kampagne sein. Ein Beispiel dafür ist die Kampagne eines Bildungsanbieters für einen bestimmten Lehrgang, die auf eine bestimmte Motivation der Zielperson ausgelegt war.

Beispiel 2: Umfrage

Nachdem der Interessent seine Adresse einträgt, bekommt er vier Nachrichten im Abstand von jeweils ein bis zwei Tagen, die genau auf sein Interesse ausgelegt sind. Als fünfte Nachricht kommt die Bitte, eine Frage zu beantworten. Diese Frage ist eine Kurzumfrage mit zwei Elementen.

Das erste Element ist eine gestützte Frage, die herausfinden will, was die wichtigste Motivation für den Interessenten ist, diesen Lehrgang zu belegen. Der Teilnehmer bekommt sechs verschiedene Beweggründe vorgelegt und soll die Wichtigkeit auf einer Skala angeben.

Die zweite Frage ist eine offene Frage, bei der der Teilnehmer in ein Textfeld schreiben soll, welche Frage im Zusammenhang mit dem Thema des Kursangebots ihm auf den Nägeln brennt.

Interessant ist, dass gestützte Fragen in einer Umfrage wesentlich häufiger beantwortet werden als offene Fragen. So war die Beteiligung an der ersten Abfrage der Motivation mit 90 % beantwortet worden, während die zweite, offene Frage weniger als zehn Prozent Antworten bekommt.

Für die nächste Durchführung der Kampagne brachten beide Ergebnisse der Umfrage wertvolle Inhalte. Besonders wichtig war die Erkenntnis, dass die ursprünglich vom Auftraggeber ins Zentrum gerückte Motivation für die Teilnahme am Kurs aus der Sicht der Befragten nur ein kleiner Nebeneffekt war. Das hatte erhebliche Auswirkungen auf die Folgekampagne, weil jetzt das wirkliche Interesse der potenziellen Zielgruppe wesentlich genauer adressiert werden konnte. Außerdem lassen sich bereits in einer frühen Phase der Kampagne die wichtigsten „Nägel-brenn-Fragen" beantworten. Dadurch steigt die Wirkung der nachfolgenden Kampagne, und so lassen sich nach und nach immer genauere Formulierungen und Begriffe finden, die mit der Zielgruppe noch stärker in Resonanz gehen.

Recherchieren Sie die wichtigsten Suchbegriffe der Zielgruppe

Weil Content nur dann funktionieren kann, wenn er gefunden wird, ist die Auffindbarkeit in Suchmaschinen ein wichtiger Faktor. Aber es ist nicht hilfreich, wenn eine Seite, ein Video oder ein anderer wertvoller Inhalt zwar für ein bestimmtes Suchwort optimiert ist, dieses Wort jedoch kaum gesucht wird. Daher ist die Recherche von Suchbegriffen und die damit verbundene Perspektive des Suchenden ein enorm wichtiger erster Schritt im Content Marketing. Eine clever durchgeführte Keyword-Recherche liefert mehrere Erkenntnisse:

- Welche Suchworte und Suchwortkombinationen werden tatsächlich und in welcher Häufigkeit in meinem Zielmarkt und in meiner Sprache verwendet?
- Wie sehr zeichnen sich bestimmte Suchbegriffe durch eine hohe oder geringe Wettbewerbsdichte aus?
- Welche Varianten zu meinen zunächst angedachten Suchbegriffen gibt es und sind ebenfalls relevant für meine Zielperson?

Auf der Basis dieser Erkenntnisse kann ein Redaktionsplan aufgestellt werden. Dabei geht es durchaus um die reine Menge von Suchanfragen. Wie später in einer Fallstudie nochmals genauer gezeigt wird, kann eine geringe Variation der Schreibweise eine enorme Steigerung der Suchanfragen bringen. Man wird in diesem Fall den Content, möglicherweise in mehreren Artikeln, mit unterschiedlichem Inhalt publizieren, um leicht abgewandelte Suchworte, wie zum Beispiel „Kaltakquise", „Kaltaquise", „Kalt-Akquise" etc." dennoch aufzufangen.

Es kann jedoch auch sein, dass die Recherche zutage fördert, dass die Zielgruppe mehrheitlich völlig andere Suchworte verwendet, als die zunächst vom Anbieter angedachten Begriffe. Dabei ist es bestimmt nicht das Ziel, mit aller Gewalt die Anzahl der Suchenden zu erhöhen. Aber die Praxis zeigt, dass es sehr oft so ist, dass die Zielgruppe schlicht und einfach anders denkt als die Experten auf der Anbieterseite.

Allerdings kann es auch ganz bewusst die Strategie sein, sich auf eine kleine Gruppe von Suchenden zu konzentrieren, weil diese ein ganz bestimmtes Problem zügig lösen wollen. So wird beispielsweise der Begriff „Redner Vertrieb" pro Monat nur etwa 30 Mal bei Google gesucht. Und dennoch kann es eine gute Strategie sein, genau diese wenigen Personen zu adressieren, die im Moment einen Redner suchen, der das Fachgebiet „Vertrieb" abdeckt. Diese Suchenden sind vermutlich genau die Personen, die im Moment kurz davorstehen, einen Auftrag an einen Vortragsredner auf einer Vertriebstagung zu vergeben.

Testen Sie Varianten

„Sollen wir dieses oder jenes Foto für den Artikel nehmen?", „Ist ein kurzer oder ein langer Artikel besser, um die Interessenten zu begeistern?", „Welche Überschrift in der Aussendung des Newsletters ist besser für die Öffnungsrate?" Solche Fragen sind im Marketing an der Tagesordnung. Und es gibt einige selbst ernannte Experten, die vorher behaupten zu wissen, was besser ist. Aber ich denke, das ist eine Illusion. Sicher kann man ganz oft schlechte Bilder, Texte und Überschriften erkennen und aussortieren. Aber wer schon eine Weile mit Marketing zu tun hat, der weiß, dass es manchmal nicht wirklich erklärbar ist, wenn gute Dinge nicht funktionieren und andere extrem auf Resonanz stoßen.

Die gute Nachricht ist: Im modernen Marketing wird getestet. Die Methode dazu heißt „Split-Test oder A/B-Test", die wir in Abschn. 4.12 genauer vorstellen werden. Bei diesem Verfahren werden unterschiedliche Varianten in einer zufälligen Verteilung an die Zielgruppe ausgeliefert und gezählt, was besser funktioniert. In der nachfolgenden Übersicht finden Sie einige Ideen, die zeigen, was heute machbar ist und bei den Profis schon zum Alltag gehört.

Das Prinzip des steten Testens, Fragens und Lernens ist einer der Erfolgsfaktoren des modernen Marketings mit wertvollen Inhalten. Weil die Möglichkeiten zum Nachjustieren und erneuten Testen wesentlich günstiger sind als beispielsweise bei der Zeitschriftenwerbung oder Plakatwerbung, ist der Test ein Bestandteil der Methode geworden. Anders als bei klassischen Marketingkonzepten wird die Ausführung nicht schon zu Beginn in allen Einzelheiten geplant.

Vielmehr kann auf der Basis einer soliden Strategie die taktische Umsetzung anhand von realen Ergebnissen laufend optimiert und nachgebessert werden. Wegen der so verringerten Zahl von Fehlinvestitionen ist das moderne Content Marketing nicht nur wesentlich effektiver, sondern auch effizienter als das, was noch vor wenigen Jahren erfolgreiches Marketing war.

Literatur

Cialdini, R. (2009). *Psychologie des Überzeugens* (6. Aufl.). Bern: Huber.
Ferriss, T. (2015). *Die 4-Stunden-Woche: Mehr Zeit, mehr Geld, mehr Leben.* Berlin: Ullstein.
Osterwalder, A. et al. (2015). *Value proposition design.* Frankfurt a. M.: Campus.
Ries, E. (2014). *Lean Startup: Schnell, risikolos und erfolgreich Unternehmen gründen.* München: Redline.

Wie funktioniert Content Marketing im Detail und wie können Sie es in Ihrem Unternehmen umsetzen?

3

▶ In diesem Kapitel gehen wir noch tiefer in die Umsetzung und erklären, wie Sie Content Marketing in Ihrem Unternehmen realisieren können. Wir bringen die wesentliche Funktionsweise anhand einer einfachen, bildhaften Beschreibung auf den Punkt. Es geht darum, die vier Elemente Anbau, Ernte, Destillieren und Reifen zu erklären, worauf alles Weitere in der Umsetzung von Content Marketing aufbaut. Anschließend erhalten Sie einen guten Einblick in die konkrete Planung und Umsetzung, allerdings ohne die Details auszurollen. Es bleibt noch immer ein Überblick für interessierte Führungskräfte ebenso wie für Menschen, die später selbst ans Werk gehen wollen. Dieser Teil des Buches macht Sie zum Experten für Content Marketing, ohne dass Sie schon selbst im Maschinenraum Hand anlegen sollen.

3.1 Was Content Marketing mit gutem Whiskey zu tun hat

Bilder und Metaphern erleichtern manchmal das Begreifen komplexer Zusammenhänge. Mögen Sie guten Whiskey? Wenn ja, genießen Sie bestimmt ab und zu ein Glas und erfreuen sich an dem würzigen Aroma exzellenter Single-Malt-Sorten. Und wenn nicht, können Sie sich bestimmt vorstellen, welcher Genuss für einen wahren Kenner dem torfigen Geschmack von sorgfältig produziertem und geduldig gereiftem, edlen Tropfen innewohnt.

Ich habe mir das Thema Whiskey ausgesucht, um mit dieser Metapher die Funktion von Content Marketing bildhaft zu erklären. Guter Whiskey wird zunächst als Getreide (Single Malt als reine Gerste) angebaut, später geerntet und verarbeitet, danach destilliert und schließlich reift er. Diese vier Schritte verwende ich, um die wesentlichen Abläufe zu erklären und mit Bildern zu versehen.

© Springer Fachmedien Wiesbaden 2017
S. Heinrich, *Content Marketing: So finden die besten Kunden zu Ihnen,*
DOI 10.1007/978-3-658-13899-8_3

In diesem Abschnitt konzentrieren wir uns auf den ersten Teil, den Anbau. Und angebaut wird auf einem Acker. Lassen Sie uns das Bild dieses Anbaufeldes wählen, um die Ansaat des Contents zu beschreiben. Ein Feld ist in der Regel eine rechteckige Fläche. In Abb. 3.1 sehen Sie, dass ich das Feld als Matrix beschreibe. Zeilenweise trage ich die unterschiedlichen Berührungspunkte auf, an denen Ihr Unternehmen Kontakt zu potenziellen Kunden

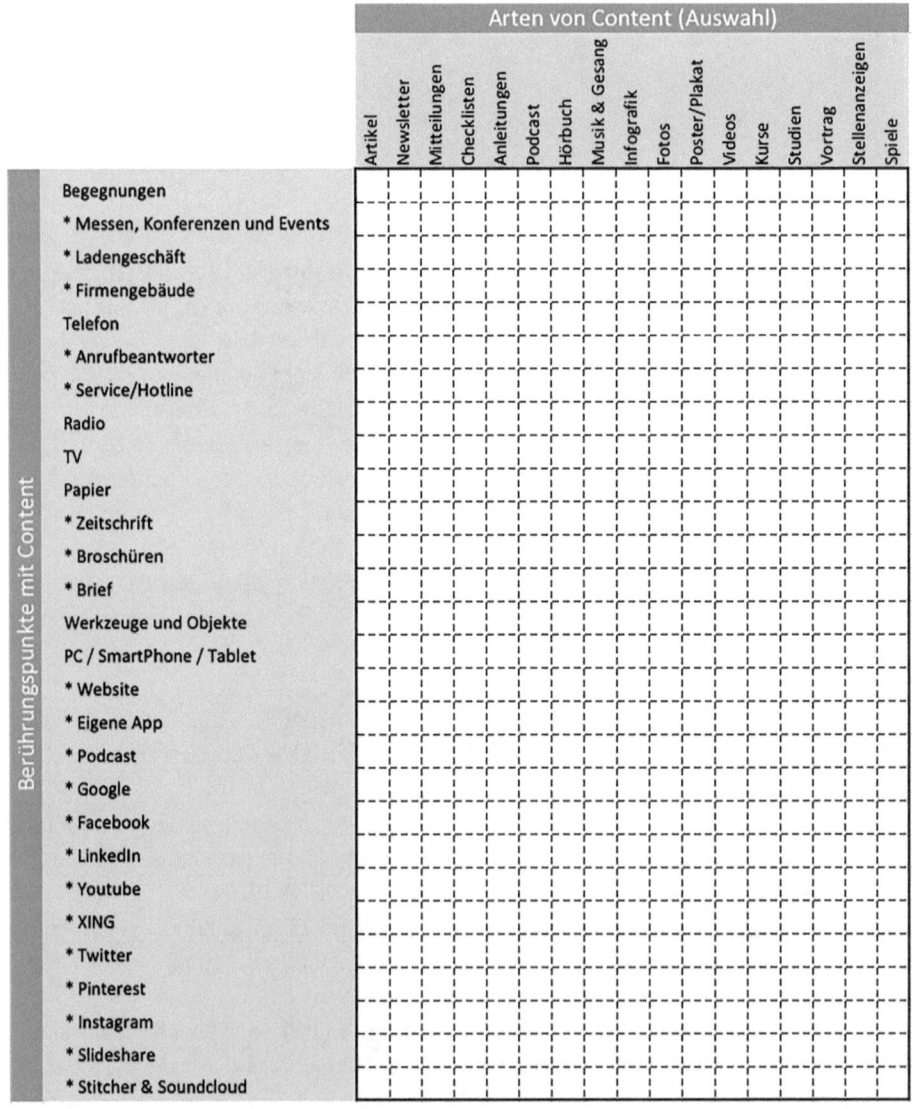

Abb. 3.1 Diese Übersicht spannt das Feld des Content-Anbaus auf. Es wird deutlich, welche Art von Content dem Interessenten an welchen Berührungspunkten mit dem Unternehmen geboten wird

hat. Und spaltenweise notieren wir die unterschiedlichen Arten von Inhalten, die Sie anbieten könnten oder tatsächlich bereits anbieten. So spannt sich ein Feld auf, das an den Kreuzungspunkten unterschiedlich umfangreiche Inhalte bietet. Je besser das Feld bestellt ist, desto besser wird später die Ernte. Machen Sie sich Gedanken darüber, wie Sie mehr Content „anpflanzen" können, damit später die Ernte an echten Interessenten besser ausfällt.

3.1.1 Aussaat: Content-Formen und Touchpoints

Content ist in vielen Formen möglich
Die Metapher des Feldes habe ich gewählt, weil es zeigen soll, dass die Kombinationen von Content und Berührungspunkten auch abseits der üblichen Wege möglich sind. Klar ist, dass auf einer Messe oder einem Kongress ein Vortrag an der Tagesordnung ist. Aber ebenso wäre es möglich, den Vortrag des Firmenchefs über den Zweck des Unternehmens aufzuzeichnen und auf einer Webseite zu zeigen. Sicherlich ungewöhnlich wäre es, einen kurzen Vortrag einzustudieren und bei einer Firmenbesichtigung vorzuführen. Die Matrix soll Sie zu eigenen Ideen anregen und zeigen, dass prinzipiell keine Grenzen gesetzt sind.

Im weiteren Verlauf werden wir noch auf die wichtigsten Medien für Content zu sprechen kommen. An dieser Stelle geht es darum, zunächst einen Überblick zu bekommen.

Content-Formen
Artikel
In sich geschlossene Texte, die für eine bestimmte Zielgruppe wertvollen Inhalt bedeuten. Der Wert ergibt sich aus den drei Komponenten Information, Unterhaltung und Emotion, die je nach Art des Artikels unterschiedlich stark ausgeprägt sein können. Ein Artikel zeichnet sich dadurch aus, dass er eine Einheit darstellt. Der Artikel kann für sich alleine stehen und muss keine zusätzlichen Inhalte heranziehen, um zu wirken. Er kann jedoch durchaus in einen Kontext einbezogen sein und mehrere Verweise (Links) auf eigene und fremde Beiträge enthalten, um den Informationsanspruch des Lesers noch besser zu bedienen.

Im Content Marketing ist es wichtig, dass jeder Artikel immer auch mit einem optionalen zusätzlichen Inhalt versehen wird, den der Leser im Tausch gegen seine Adresse anfordern kann.
Newsletter
Ein regelmäßig erscheinender Brief mit einer Sammlung von Artikeln, der elektronisch oder in Papierform an eine Liste von Empfängern verteilt wird.

Es ist wichtig, diesen Newsletter nicht so zu nennen, sondern stattdessen eine Bezeichnung zu finden, die dem potenziellen Leser sofort erklärt, was es ist und warum er sich die Zeit zum Lesen nehmen soll.

Persönliche Mitteilung
Eine zumeist schriftliche, in selteneren Fällen auch akustische oder Videobotschaft an einen einzelnen Empfänger oder kleinen Kreis mit mehreren Empfängern. In der Regel wird das ein Brief, eine E-Mail, SMS, oder sonstige Textnachricht sein.

Checklisten
Eine Auflistung von Erinnerungspunkten, die für einen bestimmten Zweck Unterstützung bietet, damit Aufgaben erfolgreich bewältigt werden können.

Anleitungen
Umfangreiche Anweisungen in schriftlicher Form, als Audio oder als Video, die den Umgang mit einer komplexen Sache (technisches Gerät, Software oder Ähnliches) umfassend erklären.

Podcast
Eine regelmäßig erscheinende und über das Internet automatisch verbreitete Sendung (zumeist Audio und in wenigen Fällen auch Video), die so angelegt ist, dass sie in einem Stück und nur einmal pro Empfänger konsumiert wird. Die Zielgruppe abonniert Podcasts und bekommt sie dadurch automatisch auf ihre Smartphones geladen. Die meisten Podcast-Konsumenten nutzen Zeiten, in denen sie aufmerksam hören können, aber die Hände nicht frei haben und nicht zusehen können (Autofahrten, Sport, Haus- und Gartenarbeit). Die meisten Podcasts sind zwischen zehn und 30 min lang; die Videoformate sind fast immer kürzer.

Buch/Hörbuch/E-Book
Ein in sich abgeschlossenes inhaltlich sauber gegliedertes Werk, das ein Thema umfassend aufbereitet und selten ununterbrochen an einem Stück konsumiert wird. Die Form des Buches kann neben dem traditionellen Druckwerk auch als Audio-Format oder elektronisch entstehen.

Musik
Zumeist eine akustische Aufnahme mit Instrumenten und/oder Gesang. In seltenen Fällen als Noten oder Gesangstext.

Infografik
Eine umfassende Grafik, die komplexe Informationen verständlich aufbereitet, oft über mehrere Bildschirmseiten lang.

Fotos
Fotografische Abbildungen; oft als Beiwerk zu Artikeln.

Poster/Plakat
Eine großflächige Darstellung mit Grafik, Fotos und Text, die dauerhaft Wände oder andere Flächen ziert.

Videos
Bewegte Bilder mit Ton und Musik mit fester Länge, die in der Regel passiv konsumiert werden.

Kurse
Eine Kombination aus Text, Bildern, Grafiken und Text – oft mit Abfragen und Zwischenprüfungen –, die einen bestimmten Lerninhalt vermitteln. Der Konsument nutzt die Inhalte, um etwas dauerhaft zu lernen. Wenn die Inhalte als Aufzeichnung vorhanden sind, werden die einzelnen Elemente in vielen Fällen wiederholt konsumiert, bis der zu lernende Stoff tatsächlich vermittelt ist.

Studien
Eine nach wissenschaftlichen Grundsätzen erstellte, umfassende Information, die Ergebnisse einer Umfrage oder Forschungsarbeit erörtert.

Vortrag
Ein primär durch Sprache vermittelter Inhalt – bisweilen mit Textdarstellungen, Bildern, Grafiken und Videos ergänzt –, der vor allem durch die Präsenz des Redners und seine rhetorischen Fähigkeiten wirkt.

Anzeigen/Stellenanzeigen
Werbliche Darstellungen aus Text, Bildern und/oder Videos, die den Konsumenten zu einer bestimmten Handlung animieren sollen.

Spiele
Haptische oder rein elektronische Spiele, die den Konsumenten zu einem Wettstreit untereinander oder gegen eine Maschine herausfordern.

Diese Liste an Content-Formen ist bewusst allgemein gehalten und vermutlich nicht zu hundert Prozent vollständig. In Abschn. 4.14 dieses Buches werden wir die unterschiedlichen Formen von Content, je nach Bedeutung, sehr ausführlich behandeln, mit Beispielen belegen, deren Produktion besprechen und alle Tipps über Verbreitung etc. genau beschreiben.

Touchpoints
Im modernen Marketing betrachtet man die Berührungspunkte, an denen ein potenzieller Kunde Kontakt hat. Oft wird dafür das englische Wort „Touchpoint" benutzt. In Wikipedia (https://de.wikipedia.org/wiki/Touchpoint) ist diese Definition zu lesen:

▶ Touchpoint (auch Touch Point, wörtlich „Berührungspunkt") oder Point of Contact (POC, wörtlich „Kontaktpunkt") ist ein Begriff des Marketings. Er bezeichnet die Schnittstelle eines Unternehmens, einer Marke oder eines Wirtschaftsguts (zum Beispiel Ware, Dienstleistung) zu möglichen, bestehenden oder ehemaligen Kunden, Lieferanten, Mitarbeitern und anderen Stakeholdern.

Hier folgt eine Liste von Begegnungspunkten, die in unserer modernen Welt zwischen Kunden und Unternehmen gegeben sind. Elektronische Medien, die am häufigsten im Zusammenhang mit Content Marketing genannt werden, habe ich bewusst zum Schluss angefügt. Ich will Sie daran erinnern, dass Content schon immer und lange vor den digitalen Medien vorhanden war. Es lohnt sich also, die klassischen Medienformen weiterhin im Fokus zu behalten und in Content-Strategien bewusst einzubetten.

Begegnungspunkte

Begegnungen (Messen, Konferenzen und Events, Ladengeschäft oder Firmengebäude)

Viele Unternehmen beachten die Tragweite persönlicher Begegnungen nicht besonders. Vielleicht abgesehen von Messen und Veranstaltungen, gibt es kaum geplante Abläufe oder die gezielte, systematische Anreicherung der Begegnungen mit Content. Hier liegt in vielen Unternehmen ein großer Teil des Feldes brach.

Telefon (auch Anrufbeantworter oder Service/Hotline)

Dieser Berührungspunkt zwischen Unternehmen und Kunden wird sehr oft überfrachtet. Wer kennt nicht die viel zu langen Grußformeln, die Hotelangestellte am Telefon abspulen, oder die mit lästiger Werbung und Standardsprüchen vollgestopften Service-Hotlines? Auch hier ist es sinnvoll, den aus Sicht des Empfängers relevanten Content zu betonen. In der Warteschlange zu einer Hotline interessiert wohl kaum der Hinweis auf das neueste Produkt, aber die Ansage der geschätzten restlichen Wartezeit wäre hilfreich.

Radio

Viele Menschen hören Radio dann, wenn sie zwar zuhören, aber nicht zusehen können. Weil man Radio fast immer nur für eine bestimmte Zeitspanne hört (morgens im Bad, im Auto, bei der Hausarbeit), werden die Beiträge fast immer mehrfach pro Tag wiederholt.

TV

Dieses Medium ist noch immer eines der meistgenutzten Medien der westlichen Welt. Menschen konsumieren in der Regel passiv, auch wenn sich in letzter Zeit das Phänomen des „second screen" durchsetzt. Damit ist gemeint, dass die Konsumenten zusätzlich ein Smartphone oder ein Tablet benutzen, um die im TV erhaltenen Informationen individuell weiter zu recherchieren.

Papier (Zeitschrift, Broschüren, Brief)

Der Klassiker unter den Medien seit der Erfindung der Schrift.

Werkzeuge und Objekte

Die Beispiele könnte man auch unter der Kategorie der Werbegeschenke zusammenfassen. Das können bedruckte Feuerzeuge, Wand- oder Tischkalender oder sonstige Gegenstände des täglichen Gebrauchs sein. Es handelt sich um nützliche Gegenstände, die einen Bezug zum Schenkenden darstellen und dafür sorgen, dass er (zumindest unterbewusst) in Erinnerung bleibt.

PC/Smartphone/Tablet (E-Mail, Website, eigene App, Podcast & Social Media (WhatsApp, Google, Facebook, LinkedIn, XING, YouTube, Twitter, Pinterest, Instagram, Slideshare, Stitcher, Soundcloud und viele weitere Dienste, die laufend neu entstehen))

Hier finden wir ein breites Feld an Möglichkeiten, Content zu bewerben oder direkt in diesen Plattformen Content zu speichern. Durch die sogenannte Digitale Revolution wird vor allem der verbreitete Umgang mit dem Internet erhebliche Veränderungen gesellschaftlicher Bräuche und Verhaltensweisen einläuten. Insbesondere der Effekt des „always on" durch die Verbreitung von Smartphones, die ständig mit dem Internet verbunden sind, ändert vieles. Der ununterbrochene Zugang zum Internet, unabhängig vom Aufenthaltsort, ist mitentscheidend für den Boom des Content Marketings.

Wir werden später einen Schwerpunkt auf diese digitalen Begegnungen legen, die technischen und strategischen Zusammenhänge erklären und Ihnen hoffentlich ein umfangreiches Bild der Möglichkeiten für Ihr Unternehmen geben. Allerdings möchte ich betonen, dass die Digitale Revolution zwar einen enormen Katalysator darstellt, Content Marketing sich aber nicht auf digitale Begegnungen beschränkt. Schließlich war Michelin einer der ersten Vorreiter mit einer soliden Content-Strategie, als der Restaurant- und Reiseführer „Guide Michelin" ins Leben gerufen wurde.

Zeichnen Sie Ihr Content-Feld

Wenn Sie den größten Nutzen aus diesem Abschnitt ziehen wollen, holen Sie sich am besten den zusätzlichen Inhalt zu diesem Buch unter http://content-marketing-star.de/buch. Dort finden Sie eine Excel-Datei, mit der Sie Ihr Content-Feld richtig bestellen können. Nehmen Sie die kompakte Form der Tabelle und markieren Sie die Felder grün, die Sie heute schon gut befüllen, und diejenigen rot, die Sie bislang vernachlässigt haben und dringend befüllen wollen. Möglicherweise nutzen Sie auch die Tabelle im Großformat, um sich ausführliche Notizen zu machen. So bekommen Sie schnell und einfach einen Überblick über Ihren Status quo und die größten Lücken in Ihrem Content-Angebot.

3.1.2   Ernte: Kunden von morgen

Die Kunst, erstklassigen Whiskey zu produzieren, war das Bild, das ich verwendet hatte, um Content Marketing in seinen Grundsätzen zu erklären. Nach dem Anbau folgt die Ernte. Genau darum geht es in diesem Abschnitt: Wenn es gelungen ist, hervorragenden Content zu erzeugen und an den passenden Stellen für potenzielle Kunden zu platzieren, dann freuen Sie sich auf die Ernte! Es geht also konkret um die Frage: Wie kann man am besten dafür sorgen, dass die ausgebrachte Saat Früchte trägt und sich neue Interessenten sich zu erkennen geben?

Ruf! Mich! An!

Auch wenn der CTA, der „Call-to-Action" nicht ganz so drastisch sein soll, wie in den etwas schlüpfrigen Werbefilmchen aus den späten 90er-Jahren, so soll es doch eine klare Aussage geben, was die Zielgruppe nun genau tun soll. Es entspricht dem edlen Gemüt des zurückhaltenden Marketingspezialisten, dass der Kunde die Texte oder Bilder wahrnimmt und dann selbst weiß, was zu tun ist. Allerdings stimmt das in der Praxis nicht. Diese Sichtweise ist verblendet von dem Informationsvorsprung, den man als Anbieter gegenüber dem potenziellen Kunden hat.

Der potenzielle Kunde sieht die Botschaft, nimmt sie auf und denkt bestenfalls etwas wie: „Oh das ist aber interessant!" Dann liest er zu Ende, fühlt sich wiederum bestenfalls bestätigt. Und dann? Wenn keine klare Aufforderung folgt, die seine positive Einstellung zum Thema aufgreift, wird er umblättern, weiterklicken oder sich anderen Dingen zuwenden. Nur wenn jetzt eine klare Aufforderung kommt, ist die Chance gegeben, dass eine Reaktion folgt.

Der Ernte-Aspekt im Content Marketing ist bei den meisten klassischen Journalisten verpönt. PR macht man, damit sie wahrgenommen wird. Mehr nicht. Man erzeugt Aufmerksamkeit. Ruhm. Bekanntheit. Bestimmt gab es eine Zeit vor unserer Medienflut, in der es völlig ausreichte, bekannt zu sein. In der heutigen Zeit ist es bei dem heftig ansteigendem „Rauschen" jedoch sinnvoll, einmal zaghaft geknüpfte Beziehungen zur potenziellen Gefolgschaft weiter zu verstärken und deren Bereitschaft zu testen, sich zu erkennen zu geben.

Opt-in: Tausche deine Telefonnummer gegen meine
An die alte Idee von Erreichbarkeit für den potenziellen Kunden tritt mehr und mehr der Gedanke des höflichen und konsequenten Beziehungsaufbaus mit dem potenziellen Interessenten. Doch dazu brauchen wir eine Kontaktmöglichkeit. Das Fachwort im Online-Marketing dafür lautet „Opt-in". Man nimmt eine Option wahr, um in einen Verteiler für wertvolle, unterhaltsame oder neue Informationen zu kommen. Freiwillig.

Eine Zeit lang setzten viele Strategen auf die Kraft von Social-Media-Plattformen wie Facebook, um diesen Dialog mit Interessenten zu führen. Allerdings wissen wir inzwischen, dass alle Anbieter solcher Plattformen die Reichweite der Nachrichten immer strenger einschränken, um die typischen Nutzer nicht zu überfordern. Wenn Sie als Nutzer von beispielsweise Facebook sich als „fan" auf der Firmenseite eines Unternehmens eingetragen hatten, dann war es in der Anfangszeit so, dass Sie die Nachrichten dieses Unternehmens in Ihrer Timeline sehen konnten. Inzwischen ist es so, dass ein typischer Betreiber einer Facebook-Unternehmensseite nur noch etwa ein oder zwei Prozent Reichweite hat. Das bedeutet, dass von 1000 „Fans" nur zehn die Nachricht überhaupt angezeigt bekommen. So wollen die Betreiber erreichen, dass mehr Werbung geschaltet wird, was angesichts der wirtschaftlichen Interessen aller dieser Social-Media-Plattformen nur verständlich ist. Schließlich ist Reichweite schon seit der Erfindung der ersten Zeitungsanzeige nie kostenlos gewesen.

Allerdings bedeutet das ebenfalls, dass clevere Marketingstrategen sich nicht auf Social Media als einziges Dialoginstrument verlassen dürfen, denn schließlich können die Betreiber der Plattformen jederzeit ihre Bestimmungen, Algorithmen und Preise ändern. Besser ist es, eine eigene Dialogmethode zu etablieren. Und das ist – zumindest im Moment – noch immer Brief oder E-Mail. Viele Strategen gehen inzwischen sogar davon aus, dass E-Mails demnächst von anderen Methoden, wie SMS beziehungsweise „WhatsApp" abgelöst werden, allerdings ist das für die nahe Zukunft noch nicht in Sicht.

Aber unabhängig davon, welches Medium gewinnen wird, wichtig ist, dass die Anbieter eine Möglichkeit haben, mit dem potenziellen Kunden in Dialog zu gehen. E-Mail ist im Moment die günstigste Möglichkeit, die gleichzeitig auch eine spontane Reaktion des Kunden ermöglicht, weil dieser einen Klick auf einen angebotenen Link machen kann. Im Gegensatz zum Brief ist der große Vorteil neben dem Kostenvorteil, dass man die tatsächlich getätigten Klicks und sogar die Öffnungen der E-Mails größtenteils messen kann. Diese Rückmeldung ist klar ein wichtiger Vorteil, den im Moment nur E-Mail bieten kann.

List-building: Adressen ernten
Um das Bild der Whiskey-Produktion noch einmal zu bemühen: Nachdem auf dem Feld angebaut wurde und der Anbau auch wirklich das ganze Feld umfasst, geht es nun um die Ernte: Wie können wir die besten Interessenten einsammeln und dann weiter eine Beziehung aufbauen? Wie können wir erreichen, dass die Zielgruppe nicht nur anonym konsumiert, sondern uns einbindet und akzeptiert, dass wir weitere Informationen und Nachrichten senden dürfen.

Dieses „dürfen" beinhaltet eine Erlaubnis und deshalb spricht man auch von „Permission Marketing". Der Interessent wird aktiv und erlaubt uns, dass wir ihm weitere Nachrichten zusenden. Diese Erlaubnis enthält im Umgang mit Konsumenten außerdem eine juristische Komponente, weil es inzwischen nicht mehr gestattet ist, einer bekannten (E-Mail-)Adresse beliebig Informationen zu senden. In der Kommunikation zu Geschäftskunden ist dieses Verbot zwar eingeschränkt, aber auch dort verhindern Spamfilter und andere Mechanismen zu Recht, dass die Flut an unerwünschten Werbenachrichten weiter zunimmt.

Es geht in diesem Teil des Content Marketings also darum, dem potenziellen Interessenten einen klaren Gegenwert zu seiner E-Mail-Adresse zu bieten und außerdem genug Seriosität auszustrahlen, damit diese intime Information überhaupt weitergegeben wird. Die meisten Menschen haben Erfahrung mit Spam, und wirklich niemand findet es gut.

Content statt Werbung
Die Idee ist einfach: Der Anbieter zeigt in sich schlüssige und wertvolle Proben seines Könnens und bietet an, weitere Inhalte zu geben, wenn man dafür seine Adresse abgibt. Diese zusätzlichen Gaben nennt man Lead-Magnet oder Opt-in-Bribe. Das sind oft E-Books, Filme, Kurse, Checklisten oder beliebige andere Formen von weiterführendem Content, der ebenfalls kostenlos ist – abgesehen von der Abgabe der Adresse.

Interessant ist es zu sehen, welche Ideen und Methoden verwendet werden, um die sogenannte Konversion, also die Umsetzung einer bestimmten Aktion nach einer Marketingmaßnahme zu steigern. So scheint es inzwischen auf breiter Front erprobt zu sein, dass ein sofort auf einer Webseite angebotenes Formular zur Eingabe von Name und E-Mail-Adresse viel schlechter konvertiert, als ein zweistufiges Konzept, bei dem der Betrachter erst einmal auf einen Link klickt und dann ein Formular erscheint. Die einzige, nach meinem Wissen noch nicht wissenschaftlich bewiesene Erklärung, die sich mir dazu aufdrängt, ist, dass der Betrachter zunächst auf einen Link klickt, der eine Beschriftung wie „kostenlos anfordern" oder „Ich will weitere Informationen" oder Ähnliches enthält. Dadurch geht er einen ersten Schritt, den er nicht gehen müsste. Es ist eine freie Entscheidung. Erst dann wird er zu einer Handlung gebeten, die er dann freimütiger ausführt, weil er sich ja zunächst frei entschieden hatte und nun einer gewissen Verpflichtung unterliegt. Im Gegensatz dazu ist das sofort angebotene Formular mit seinen Feldern eine Forderung, die zunächst abschreckt. Wie auch immer die Erklärung lautet: Die Betreiber des Tools „leadpages.net" beteuern, den Effekt in mehreren Messungen erforscht zu haben.

Die Visitenkarte als Opt-in

Auch wenn im Online-Marketing grundsätzlich die E-Mail-Adresse das Ziel des Erntens ist, sollte man die gute alte Visitenkarte nicht aus den Augen verlieren. Im klassischen Geschäftskundenkontakt ist diese Form des Austausches der Kontaktdaten noch immer sehr geläufig. Aber was macht man mit einer Visitenkarte, wenn man sie bekommen hat?

Wenn Sie einen meiner Vorträge besucht haben, dann wissen Sie, dass ich als Teil meines Vortrages einen kleinen Gimmick nutze. Es handelt sich um eine rote Karte. Und ich biete den Zuhörern meines Vortrags an, diese Karte im Tausch gegen ihre Visitenkarte nach dem Vortrag zu bekommen. Selbstverständlich werden alle so gesammelten Karten erfasst und die Kontaktpersonen bekommen nun weitere wertvolle Nachrichten, um den Inhalt des Vortrags noch besser in die Praxis umzusetzen.

Die Möglichkeit, Adressen zu sammeln, ist also auf keinen Fall nur auf Onlinekontakte beschränkt. Es lohnt sich, bei jeder Form des Kundenkontakts schon im Vorfeld zu planen, wie man die Erlaubnis bekommt, weiter in Kontakt zu bleiben und später Nachrichten an diese potenziellen Kunden zu senden. Hier zwei Ideen dazu:

- Ein Gewinnspiel in der Pause eines Kabarettisten, bei dem die Teilnehmer ihren Namen und ihre E-Mail-Adresse angeben, liefert dem Kabarettisten Adressen aus der jeweiligen Stadt, in der er auftritt. Wenn er sie erfasst und jeweils den Auftrittsort mit abspeichert, kann er später die Zielgruppe wieder einladen, wenn er Monate oder Jahre später dort oder in der Nähe auftritt.
- Auf einem Messestand bekommt man ein Buch, eine DVD oder ein anderes wertvolles Stück Content, nur wenn man ein Gewinnspiel mitmacht oder auf andere Weise seine Adressdaten offenbart. Es gibt im Zusammenhang mit Tablet-PCs wie dem iPad Halterungen oder Rahmen mit Diebstahl-Schutz und kleine Apps, die nichts anderes tun, als ein Formular anzubieten, in das ein Besucher des Standes direkt seine E-Mail-Adresse eingibt.

Sicherlich gibt es noch viele weitere Ideen, um auch in der realen Welt das Ernten als festen Bestandteil von Marketingstrategien einzuplanen. Es ist erstaunlich, wie oft das vergessen wird. Denn dann laufen selbst die besten Strategien und Kampagnen ins Leere. Sorgen Sie dafür, dass das in Ihrem Unternehmen künftig nicht mehr vergessen wird. Dann sind Sie bestens gerüstet für die nächste Disziplin im Content Marketing: das Selektieren und Destillieren.

3.1.3   Destillieren: Selektion der besten Kunden

Wirklich guten Whiskey macht man aus Gerste. Diese wird angebaut und geerntet. Das reicht aber noch lange nicht, um den besten Whiskey zu produzieren. Dasselbe gilt für gutes Content Marketing, denn es bedeutet, dass die Ansammlung der geernteten Interessenten weiter verdichtet wird. Nach dem Vorbild der Whiskey-Produktion folgt auf die Gärung im Gärtank die Destillation. Beim Brennvorgang entsteht aus dem dünnen sogenannten „Beer" der Rohbrand. Die Destillation trennt den Alkohol sowie den Großteil der Geruchs- und Geschmacksstoffe vom Wasser und konzentriert sie. Leckerer Whiskey entsteht aus einer Brühe, die wirklich niemand zu sich nehmen würde. Aus viel Menge mit wenig Wert entsteht wenig Menge mit viel Wert. Diese Form der Konzentration wollen wir in diesem Abschnitt in Bezug auf das Marketing genauer untersuchen.

Mit Content Marketing Nischen erobern
Wie kann man die Masse der Interessenten schnell bearbeiten? Wie findet man die besten Leads? Wie trennt man die Spreu vom Kunden? Jetzt wird es spannend: Sehen wir uns einmal eine typische Marktverteilung an. In den meisten Fällen haben Unternehmen einen Marktanteil unter 50 %. Vielleicht sogar unter 20 %. Letzteres würde bedeuten, dass nur einer aus fünf interessanten Kunden auch wirklich zum Unternehmenserfolg beitragen wird. Nur zwei Zehntel werden zu zahlenden Kunden. Wie ist das bei Ihnen? Stimmen die Zahlen? Oder liegen Sie nicht vielleicht sogar weit darunter?

Das wäre ja nicht schlimm – im Gegenteil. Mein Marktanteil als Unternehmer liegt weit unter zehn Prozent. Die Vergleichswerte in diesem Segment sind dürftig, aber vermutlich ist mein Marktanteil sogar unter einem Prozent. Was viele Dax-30-Unternehmen in die Negativ-Presse bringen würde, ist für die große Zahl der Unternehmen noch immer eine solide Grundlage.

Sicherlich gibt es jede Menge Märkte, in denen es nur einen oder zwei dominierende Anbieter gibt, während der Rest nur wenige oder keine Erträge produzieren kann. Aber in den meisten Märkten gibt es thematische oder regionale Nischen, in denen man auch als kleiner Anbieter gute Geschäfte machen kann. Allerdings ist es nicht immer leicht, die Kunden in diesen lukrativen Nischen zu finden und zu adressieren.

Zielgenauigkeit statt Streuung
Die Analogie Schrotflinte im Vergleich zum Präzisionsgewehr ist bekannt, auch wenn dieser Vergleich nicht nur gute Gefühle auslöst. Also lassen Sie uns stattdessen die passive Bestäubung der Pflanzen mit der aktiven Partnersuche der Säugetiere vergleichen.

Im ersten Fall treffen nur die wenigsten Versuche bei massivem Aufwand an Ressourcen (Pollen). Während man im zweiten Fall wenig Samen verschwendet, dafür aber Aufwand für die Suche des besten Partners aufwenden muss.

Wie schön wäre es, wenn dieser Suchaufwand entfiele und die passenden Partner ganz von alleine anklopfen und sich bemühten, mit uns in Kontakt zu treten? Was würden Sie sich an Aufwand ersparen, wenn Kunden sich von alleine qualifizieren? Wie wäre es, wenn potenzielle Kunden einen Prozess durchlaufen und sich Schritt für Schritt als ideale Kunden entpuppen, oder eben wieder gehen?

Dieser automatische Selektionsprozess ist das, was ich mit dem Destillieren eines guten Whiskeys vergleiche. Man hat nach dem biologischen Anbau und der sorgfältigen Ernte noch immer kein verwertbares Produkt, sondern eine Masse an Gebräu. Eine unübersichtliche Menge an Möglichkeiten wäre die passende Übersetzung für das Marketing. Wir haben viele Interessenten gesammelt, aber wie kommen wir jetzt zügig zu denjenigen, die auch mit hoher Wahrscheinlichkeit zu Kunden werden. Wir wissen ja schon, dass nur ein kleiner Anteil der Interessenten zu Kunden wird, aber wir wissen nicht welche.

Marketinggelder erfolgreich einsetzen

Der Gedanke, dass der Kunde sich selbst qualifiziert, ist für viele Vertriebsorganisationen sicher sehr verlockend. Ohne das Verfahren der Destillation wäre es kaum möglich, den leckeren Whiskey vom Rest der Roh-Maische zu trennen. Wenn es dieses Destillationsverfahren nicht gäbe, müsste man so ähnlich wie Aschenputtel die Linsen mühsam Stück für Stück aus dem Kehricht heraus sortieren. Linse für Linse, die guten ins Töpfchen, die schlechten ins Kröpfchen. Und genau dieser Selektionsprozess ist im Vertrieb ungeliebt und vielleicht inzwischen auch nicht mehr nötig.

Niemand will potenzielle Nicht-Kunden nerven. Niemand will Menschen ansprechen, die ohnehin nicht kaufen werden. Niemand will sich durch einen Wust an Adressen wühlen, um die wenigen interessanten Kontakte herauszufinden. Und vielleicht wird es genau deshalb in vielen Vertriebsorganisationen auch nicht konsequent gemacht. Möglicherweise ist dieses Potenzial des Content Marketings der Grund, warum so viele kleinere und mittlere Unternehmen konsequent darauf setzen. Denn diese Unternehmen haben selten ausreichende Ressourcen für stupide Vertriebsarbeit.

In unserer modernen Zeit nimmt das Angebot an Möglichkeiten für Konsumenten und Unternehmenskunden immer weiter zu. Die Akquisition mit dem Branchentelefonbuch, wie sie vor weniger als 20 Jahren noch erfolgreich gewesen sein mag, dürfte heute wohl kaum noch zuverlässig gute Ergebnisse produzieren. Menschen werden immer schwerer erreichbar. Vor allem die relevanten Ansprechpartner für bestimmte Geschäftsfelder sind in der Regel nicht mehr – oder nur sehr schwer – erreichbar, wenn nicht bereits eine Beziehung besteht.

Content Marketing findet die besten Kunden für Sie

Wenn Sie eine Kampagne mit den Methoden des Content Marketings aufgesetzt und den richtigen Content an der richtigen Stelle platziert haben, der auch Ihre Zielkunden interessiert, dann haben Sie den ersten Schritt erfolgreich umgesetzt. Wenn Sie dann auch noch genügend Impulse gesetzt haben, um die potenziellen Kunden dazu zu bringen, sich aus der Anonymität des Zuschauers herauszuwagen und ihren Namen und die E-Mail-Adresse preiszugeben, ist der zweite Schritt perfekt. Jetzt geht es darum, aus der Vielzahl der Namen und Adressen diejenigen zu finden, die als Kunden passend sein könnten.

Das kann man nach der alten Schule machen und jeden Einzelnen kontaktieren und im Kundendialog alles Weitere zu klären. Auf den ersten Blick mag dies die einzig sinnvolle Lösung sein, aber wer sich mit den modernen Möglichkeiten des Content Marketings und der Marketing-Automation beschäftigt hat, der weiß, dass es bessere Wege gibt.

> **Beispiel**
>
> Stellen Sie sich bitte vor, Sie bekommen die E-Mail-Adresse eines Menschen, der sich für Ihr Thema interessiert und freiwillig seine Adresse gegen noch mehr wertvollen Inhalt eingetauscht hat. Nennen wir ihn Paul. Dieser Paul hat wirklich Interesse an Ihren Themen, weil er erkennt, dass Ihr Content sein Problem löst oder wenigstens ein Teil der Lösung sein kann. Er gibt Ihnen seinen Namen und seine E-Mail-Adresse, und Sie liefern noch mehr wertvollen Inhalt. Aber wird Paul auch später zum Kunden werden? Schätzt Paul die Qualität Ihrer Problemlösung? Vertraut Paul Ihrer Kompetenz?
>
> Wenn Paul sich wirklich interessiert, wird er auf Ihre Nachrichten reagieren. Er wird Ihre E-Mails öffnen und auf die angebotenen Links klicken. Er wird E-Books und andere Informationen, die Sie anbieten, herunterladen. Vielleicht wird er sogar ein kleines Produkt zu einem symbolischen Preis kaufen. Beispielsweise eine Studie, ein Lehrvideo oder ein Hörbuch. Paul wird durch seine Handlungen beweisen, dass es ihm ernst ist mit seinem Problem, das Sie vorgeben zu lösen. Er wird zeigen, dass er ein potenzieller Kunde ist und nicht nur ein Zaungast, der sich nur mäßig interessiert. Das unterscheidet Paul von vielen anderen, die sich in die Liste eingetragen hatten und zunächst an dem Thema interessiert waren.

Dieser Prozess des Destillierens übernimmt im Content Marketing eine ausgeklügelte Abfolge von Nachrichten. Die Abfolge richtet sich nach den drei Stufen der Kundenbeziehung: Kennen, Mögen und schließlich Vertrauen. Anfangs wird durch weiteren wertvollen Content daran gearbeitet, dass der Kunde Sie kennt. Weil Sie zuverlässig zur Problemlösung beisteuern beginnt man, Sie zu mögen, und schließlich bildet sich Vertrauen.

In manchen Fällen kann es sinnvoll sein, den Kunden direkt zu einem Onlineshop oder einer anderen Möglichkeit zu leiten, um sofort einen Geschäftsabschluss zu erreichen. Allerdings ist in vielen Geschäftsmodellen diese Form des Abschlusses auch nach der digitalen Revolution noch nicht möglich oder sinnvoll. Stattdessen könnte der nächste Schritt die persönliche Kontaktaufnahme mit dem Kunden sein. Genau hier kann die Übergabe des „Lead" an den Vertrieb eingeplant werden. Ab jetzt übernimmt ein menschlicher Verkäufer die Aufgabe, die nächsten Schritte bis zum Abschluss zu steuern. Nachfolgend einige Ideen, wie man diese Übergabe gestalten kann.

Ideen für die Übergabe von Leads an den Vertrieb

- Der Interessent bekommt eine Nachricht, in der ihm die Möglichkeit zu einem persönlichen Beratungsgespräch angeboten wird, wenn er seine Telefonnummer angibt. Nur diejenigen, die das tun, erhalten einen Anruf.
- Der Interessent bekommt einen Gutscheincode, um sich ein ansonsten kostenpflichtiges Analysegespräch mit einem Experten zum Thema zu bestellen.
- Der Interessent kann in einem digitalen Kalender, der direkt mit dem Kalender eines Vertriebsmitarbeiters verbunden ist, einen Termin reservieren und seine Telefonnummer angeben. Er wird dann automatisch in den Kalender des Vertriebsmitarbeiters eingebucht, der ihn zum vereinbarten Termin anruft.
- Der Interessent wird zu einem regelmäßig stattfindenden Webinar eingeladen, zu dem er noch tiefer informiert wird und seine Fragen zum Thema stellen kann.

Diese Möglichkeiten sind sämtlich mit geringem technischem Aufwand realisierbar und können sehr einfach in bestehende Prozesse im Vertrieb integriert werden.

Der Reifeprozess lässt sich nicht beschleunigen und 100 % sind eine Illusion

Es ist klar, dass sich im Laufe des in diesem Kapitel beschriebenen Selektions- oder Verdichtungsprozesses auch einige Interessenten wieder abmelden werden. Sie tun das, weil sie erkennen, dass ihr Interesse doch nicht so groß ist. Am Anfang meiner Marketingkarriere habe ich mich über jeden dieser Abmelder sehr geärgert. Ich war persönlich betroffen, dass jemand meine mit viel Liebe und Sachverstand erzeugten Texte nicht schätzt und weitere Nachrichten ablehnt. Viele Unternehmen denken ähnlich und sagen: „Wir wollen unsere Interessenten nicht so häufig anschreiben, weil sie sich sonst aus der Liste abmelden." Ich denke, das ist keine gute Strategie.

Wesentlich besser ist es, diese Abmeldungen von weniger gut passenden Interessenten bewusst herbeizuführen. Schließlich wollen wir unsere Botschaften für diejenigen gestalten, die auch das Potenzial haben, Kunde zu werden. Alle anderen, die dieses Potenzial nicht haben, sind der Bodensatz, der Trester, der Rest eines natürlichen Ausleseprozesses.

Es wird sich zeigen, dass diejenigen, die sich tatsächlich abmelden, ein geringerer Teil der gesamten Liste sind. Ein wesentlich größerer Teil sind diejenigen, die sich weder als heißer Kunde profilieren, noch sich abmelden. Es ist die große Masse derer, die sozusagen am Zaun stehen und herübergucken, aber noch nicht bereit sind für den nächsten Schritt in unseren Garten.

Vielleicht haben sie auch noch nicht genügend Vertrauen aufgebaut, um den entscheidenden Schritt zu tun. Diese Vertrauensbildung kann man nicht beschleunigen. Es ist ein Reifeprozess, der Zeit braucht. Oder es ist einfach im Moment nicht der richtige Zeitpunkt, um eine Entscheidung zu treffen, obwohl das Interesse generell da ist. Solche Interessenten an den Vertrieb zu geben, wäre wohl eher nicht von Erfolg gekrönt.

Diese Art von Interessenten stecken wir in den Reife-Tank. Dort werden sie mit allem versorgt, was sie brauchen, um sich später zu entscheiden.

3.1.4 Reife: Prozessautomatisierung mit dem Marketing-Funnel

Wenn man am Gras zieht, wächst es auch nicht schneller. Das Wachstum von Vertrauen kann man ebenfalls nicht beschleunigen. Die Geschwindigkeit, in der sich Vertrauen entwickelt, wird von dem bestimmt, der langsamer vertraut. Dieser Abschnitt beschäftigt sich mit der Vertrauensbildung, um Interessenten im Laufe der Zeit zu Kunden zu machen, und zeigt, wie man diesen Prozess mit einem „Marketing-Funnel" automatisieren kann. Es geht um den Teil der Kontakte, der weder Ja noch Nein sagt. Dies ist die vierte Phase im Content Marketing, die ich mit der Herstellung von Whiskey vergleiche. Anbau, Ernte und Destillation sind abgeschlossen, und jetzt soll der gute Tropfen reifen. Die jahrelange Reifung in einem Holzfass kann für 60 bis 80 % des Geschmacks des Single Malt Whiskeys verantwortlich sein. Qualität braucht eben Zeit.

Manchmal hat man Interesse, aber keine konkrete Kaufabsicht. Wir könnten uns als Privatperson für ein bestimmtes Thema interessieren, beispielsweise Radtouren im Elsass. Vielleicht ist es ein lang gehegter Traum, einmal in dieser schönen Region einen Radurlaub zu machen. Nehmen wir an, eine bestimmte Person, die in die Zielgruppe passt, hat eine Website gefunden, die ganz ausführlich und attraktiv solche Reisen und Touren beschreibt. Unsere Zielperson hat sich angemeldet, um per E-Mail mehr über Radtouren zu erfahren. Allerdings ist der Urlaub in diesem Jahr schon gebucht, und die Buchung einer Radreise steht nicht zur Debatte. Der Interessent ist noch nicht reif, Kunde zu werden. Es wäre sicherlich sinnlos, ihn zu verärgern oder zu sehr unter Druck zu setzen. Wir wollen ihn im übertragenen Sinne wohlplatziert, wenn auch nicht in einem Fass, weiter reifen lassen. Früher oder später ist sicher der richtige Moment, um Kunde zu werden, aber eben nicht jetzt. Jegliche Sonderangebote, Preisnachlässe oder zeitlich begrenzte Kaufanreize wären hier völlig fehl am Platz.

Warteposition für Geschäftskunden
Ganz ähnliche Szenarien sind bei Geschäftskunden ebenso denkbar. Das Interesse für ein Führungstraining, ein Ausbau des Fördersystems im Kleinteilelager oder Beratung zur Planung eines Produktionsstandortes in Asien ist vorhanden, aber aktuell nicht entscheidungsreif. Content Marketing bietet eine sehr gute Möglichkeit, um solche Interessenten ohne akuten Bedarf in eine Art Warteschleife zu legen. Man bleibt in Kontakt, ohne die Ressourcen des Vertriebs für wenig fruchtbare „Kaffee-trinken-Termine" zu verschwenden. Der Kunde bekommt Informationen in moderaten Intervallen ohne Kaufdruck und viel wertvollen Inhalt. Nur von Zeit zu Zeit erfolgt ein stärkerer „Call-to-Action", um zu prüfen, ob die Reife inzwischen so weit fortgeschritten ist, dass der Kunde sich einer Entscheidung nähert.

Marketing-Fachleute nennen diese Abfolge „Funnel" (deutsch: Trichter). Diese Metapher ist auf den ersten Blick verwirrend, denn bei einem Trichter kommt alles, was man oben einfüllt, früher oder später unten heraus. Leider ist es in der Praxis bei Weitem nicht so, dass jeder Interessent früher oder später zum zahlenden Kunden wird. Besser wäre das Bild eines Trichters, bei dem die Außenwände durchlöchert sind. Durch die unterschiedlich großen Löcher verliert der Trichter einen großen Teil der Flüssigkeit, die von oben stetig nachgefüllt wird. Nur ein geringer Teil landet in dem Gefäß, das durch die Trichteröffnung befüllt wird. So kann man sich das Konzept eines Funnels vorstellen.

Bleiben wir dennoch bei „Funnel" als Fachbegriff für die Abfolge von Nachrichten, die wir nun planen wollen. Sehen wir uns die Reise an, die ein Interessent im Laufe der Zeit erlebt, weswegen sich der Fachbegriff „Customer Journey" gut eignet, um diese Abfolge von Erlebnissen aus Sicht des Kunden zu betrachten. Zumindest den Teil der Reise, der von der ersten Kontaktaufnahme bis zur späteren Kaufentscheidung reicht.

Die erste Phase der Customer Journey: Kennenlernen
Unser Interessent findet den „angebauten" wertvollen Inhalt und nutzt ihn. Im besten Falle reagiert er auf den „Call-to-Action" und hinterlässt seine Kontaktadresse (üblicherweise seine E-Mail) im Tausch gegen weiteren wertvollen Inhalt. In dieser ersten Phase des Kennenlernens ist es wichtig, dass wir bereits wertvollen Inhalt bieten, auch ohne dass der Kunde seine Kontaktdaten preis gibt. Eventuell wird er mehrere Ausgaben des Blogs, der Podcasts, der Videos oder anderer Inhalte konsumieren, bevor er sich bereit erklärt, seine Identität zu offenbaren.

Wenn es noch vor wenigen Jahren üblich war, dass Anbieter nur gegen die Herausgabe einer E-Mail-Adresse wertvollen Inhalt publizieren wollten, ist es inzwischen so, dass Interessenten erst prüfen wollen, ob es sich wirklich lohnt, die wertvolle Adresse herauszugeben. Schließlich besteht die Gefahr, dass man ab diesem Moment hartnäckig mit Angeboten überschüttet wird. Also haben die Interessenten gelernt, vorsichtig zu sein.

Deshalb wollen wir in der ersten Phase beweisen, dass unser Content es wert ist, seine Zeit damit zu verbringen. Wir wollen zeigen, dass wir bereit sind, hilfreich und gut zu sein, ohne dafür sofort etwas im Gegenzug einzufordern. Wie versprechen zwar weiteren, noch wertvolleren Inhalt im Tausch gegen eine Adresse, aber der frei zugängliche Inhalt ist bereits für sich wertvoll, vollständig und hilfreich.

Je nach Art des kostenlosen Contents ist eine Conversion Rate von ein bis fünf Prozent durchaus ein gutes Ergebnis. Das bedeutet, dass ein bis fünf Leser Ihres Blogartikels, Hörer des Podcast oder anderer Inhalte bereit sein werden, sich mit ihrer E-Mail-Adresse bei Ihnen erkennen zu geben.

Die zweite Phase der Customer Journey: Eine Beziehung aufbauen
Mit der Zeit lernen wir uns kennen und beginnen uns zu mögen. Der Interessent lernt, dass er sich auf die Qualität des Inhalts verlassen kann. Wir überraschen ihn mit mehr und mehr Inhalten, die eine konkrete Lösung für eines seiner aktuellen Probleme bieten.

Es entwickelt sich eine Beziehung. Und so eine Beziehung besteht aus Geben und Nehmen. Deshalb werden Sie in den ersten vier oder fünf Kontakten mit Ihrem Interessenten lediglich wertvollen Content bieten, ohne dafür etwas einzufordern. Danach jedoch kommt der Moment, an dem wir die erste höfliche Bitte an unseren Interessenten richten. Das kann eine Bitte um Rückmeldung sein, die Antwort auf eine Frage oder eine weitergehende Information zur aktuellen Situation des Interessenten.

Es ist realistisch, dass etwa 20 bis 30 % der Angesprochenen reagieren. Aus den Antworten gewinnen wir wertvolle Information zur Motivation und tatsächlichen Problematik unserer Zielgruppe. Diese Art von konkreten Fragen kann ganz besonders hilfreich sein, um ein besseres Bild unserer Zielgruppe zu entwickeln. Dabei lernen wir als Anbieter permanent hinzu und können die tatsächlichen Bedürfnisse unserer Zielgruppe immer besser verstehen.

Im weiteren Verlauf verzichten wir wieder auf Forderungen und liefern wertvollen Inhalt, der ohne jegliche Gegenleistung verwendet werden kann. Wir zahlen weiter in die Beziehung ein. Aus diesem Geben und Nehmen formt sich das Fundament der Kundenbeziehung.

Die dritte Phase der Customer Journey: Das Angebot
Irgendwann kommt der Moment, an dem wir den Flirt beenden und einen Antrag machen. An dieser Stelle schalten wir um auf eine klare Forderung. In einer Liebesbeziehung ist es die finale Frage nach der Heirat. Und in der Kundenbeziehung ist es das Angebot. Wenn wir alles richtig gemacht haben, wird jetzt der passende Kunde ganz einfach Ja sagen.

Manche Kunden werden wir ein zweites Mal fragen müssen, weil sie sich beim ersten Mal nicht entscheiden konnten. Und sicherlich wird es auch solche geben, die eine zweite oder gar dritte Aufforderung benötigen, um sich zu entscheiden.

Der Erfahrung nach werden Sie jetzt auch einige der Interessenten verlieren, die kein Angebot wollen. Sie werden still gehen und sich aus der weiteren Kommunikation abmelden. Das ist auf den ersten Blick ein Verlust, aber bei genauerer Betrachtung ein ganz natürlicher Ausleseprozess, wie wir ihn schon beschrieben haben. Und dennoch werden die meisten Kunden sich weder für das eine noch das andere entscheiden. Sie kaufen nicht, melden sich aber auch nicht von der Liste ab.

Die vierte Phase der Customer Journey: Den passenden Moment für die Entscheidung finden
Manchmal interessiert man sich für eine Lösung, aber der richtige Moment ist noch nicht gekommen. Das Problem ist da, die Lösung ist erkennbar, aber wir sind noch nicht sicher, ob es wirklich die beste Lösung ist. Wir zögern noch. Es fühlt sich noch nicht gut an, die endgültige Entscheidung zu treffen. Vielleicht kennen Sie solche Zustände. In diesem Entscheidungsflimmern ist es fast nie möglich, eine schnelle Entscheidung zu erzwingen. Stattdessen lohnt es sich ab jetzt, die Gründe für die Nicht-Entscheidung zu diskutieren. Jetzt besprechen wir die Zweifel.

Nehmen wir an, Sie verkaufen ein bestimmtes Produkt oder eine Dienstleistung. Vermutlich haben Sie bereits einige Kunden und wissen, warum diese sich für Sie entschieden hatten. Und ganz bestimmt haben Sie auch schon erlebt, dass sich Interessenten gegen Sie und Ihr Angebot entschieden haben. Es wäre sehr hilfreich, wenn Sie wüssten, warum die Entscheidung gegen Sie gefallen ist.

Denn diese Information können wir jetzt nutzen, um den Zweiflern eine Brücke zu bauen. Konzentrieren wir uns auf Gründe, die Sie leicht ausräumen können. Nehmen wir uns ein Beispiel vor. Sagen wir, Kunden kaufen Ihren Rosendünger nicht, weil sie denken, dass durch Überdüngung der Befall von Läusen verursacht wird. Dann könnten Sie jetzt eine Reihe von Informationen herausgeben, die eine genau Dosierung erklären oder die Nutzung von Brennnesselsud erklären, mit dem Rosen immun gegen Läuse werden.

Wenn es mehrere häufige Gründe für eine Nicht-Entscheidung gibt, können Sie jetzt nach und nach auf diese Gründe eingehen und so dafür sorgen, dass die Entscheidung reift und irgendwann auch getroffen wird.

Online-Marketing und im richtigen Leben

Ein solcher Reifeprozess kann online sehr kostengünstig ablaufen, ist allerdings nicht auf Online-Marketing beschränkt. Ein ganz ähnlicher Reifeprozess kann auch ganz ohne elektronische Nachrichten funktionieren. Nehmen wir an, Ihre Zielgruppe sind Finanzchefs. Sie könnten über eine automatisierte Suche nach Neueinstellungen mit der Funktion Finanzchef, Finanzdirektor oder Finanzvorstand suchen. So etwas lässt sich ganz einfach mit dem kostenlosen Werkzeug „Google Alerts" darstellen. Sie bekommen dann täglich oder wöchentlich eine E-Mail mit allen Unternehmensmeldungen zu Neueinstellungen mit diesen Funktionsbezeichnungen.

Sie können die Adressen herausfinden und dem frisch gebackenen Finanzchef eine kleine Aufmerksamkeit zusenden. Nichts Wertvolles, um jeglichen Verdacht auf Vorteilsnahme gar nicht erst aufkommen zu lassen. Aber vielleicht ein Buch, eine Broschüre, eine Studie oder eine Checkliste, die für einen Menschen, der neu in dieser Funktion ist, hilfreich sein kann. Einige Wochen später versenden Sie eine weitere Information, einen Hinweis oder eine andere weiterführende nützliche Nachricht per Post. So können Sie eine ganze Abfolge von Nachrichten planen und mit einer einfachen Erinnerungsfunktion im Kalender dafür sorgen, dass die Sendungen jeweils einmal pro Woche verschickt werden.

Wenn Sie nach der vierten oder fünften Nachricht das telefonische Gespräch suchen, werden Sie sicherlich eine wesentlich höhere Gesprächsbereitschaft erleben, als wenn Sie direkt angerufen hätten – falls der Finanzchef nicht schon längst auf Sie zugekommen ist. So lässt sich das Konzept des Marketing-Funnels auch im klassischen Marketing abbilden.

3.2   Wie Content Marketing in der virtuellen Welt funktioniert

Content Marketing ist in den letzten Jahren deshalb so schnell populär geworden, weil es durch die digitale Revolution sofort umgesetzt werden kann, auch wenn Sie bislang keine großen Mittel für Ihr Marketing geplant haben. Deshalb ist es wichtig, dass wir die wesentlichen Aspekte der digitalen Welt verstehen und deren Möglichkeiten für unser Marketing einplanen.

3.2.1   Eine virtuelle Immobilie schaffen

Nehmen wir an, Sie sind Mieter in einer Wohnung. Es gefällt Ihnen dort, aber Sie wissen nicht, ob Sie für immer hier bleiben können oder wollen. Schließlich kann so ein Objekt jederzeit verkauft werden und der neue Eigentümer will eventuell selbst einziehen. Es könnte aber auch sein, dass Sie für eine Weile eine andere Aufgabe in einer anderen Stadt wahrnehmen wollen und deshalb umziehen. Würden Sie in so einer Situation 10- oder 15.000 EUR investieren, um das Bad zu renovieren? Würden Sie Geld ausgeben, ohne zu wissen, ob und wie lange Sie das Mietobjekt noch in der gewohnten Weise nutzen können? Vermutlich nicht.

Genau das ist die Situation, in der wir uns befinden, wenn wir auf Social Media blicken. Facebook, LinkedIn, XING, Instagram, Twitter sind Plattformen, die es uns kostenlos ermöglichen, sogenannte „Likes" oder das Äquivalent der jeweiligen Plattform zu bekommen. Diese so an uns gebundenen Personen können wir über diese Plattform mit Nachrichten, Bildern und Filmen erreichen.

Reichweite durch Fans
Diese auf den ersten Blick kostenlose Reichweite hat in der Vergangenheit viele Unternehmen dazu verleitet, in die Anzahl der Fans zu investieren. Mit Werbung oder anderen kostenintensiven Maßnahmen haben sie die Likes beispielsweise bei Facebook auf der eigenen Unternehmensseite gesteigert. Die Motivation dahinter war, dass dann später, wenn Beiträge auf der Unternehmensseite eingestellt wurden, diese Beiträge im „Stream" beziehungsweise in der Nachrichtenübersicht eines Facebook-Nutzers sichtbar werden.

Diese Strategie ist jedoch nicht aufgegangen. Spätestens seit 2015 greift Facebook erheblich in die sogenannte „natürliche Reichweite" von Unternehmensseiten ein. Nur ein geringer Anteil der Fans wird durch unbezahlte Beiträge erreicht. Eine Unternehmensseite mit beispielsweise 3000 Fans kann davon ausgehen, dass nur etwa fünf bis 15 % der Fans den Beitrag in ihren aktuellen Nachrichten angezeigt bekommen.

Nichts ist kostenlos
Weil alle neuen Anbieter von Leistungen im Internet früher oder später ein Konzept für Gewinne umsetzen müssen, kann man davon ausgehen, dass alle kostenlosen Dienste früher oder später zu einem bezahlten Dienst werden oder untergehen. Es ist nur verständlich, dass Facebook als Aktiengesellschaft klar darauf ausgerichtet ist, die Reichweite zu verkaufen und nicht zu verschenken. Zumindest gilt das für alle professionellen Nutzer von Facebook und anderen Plattformen. Schließlich ist das auch nicht wesentlich anders als bei den konventionellen Verlagen und Fernsehsendern, die ihre Reichweite ebenfalls gegen Bares an Anzeigenkunden verkaufen.

Zigtausend Follower bei Twitter oder YouTube oder Fans bei Facebook sind also nicht viel Wert, wenn man sie nicht direkt erreichen kann. Was nützen diese Zahlen, wenn sie in der Realität keine Bedeutung mehr haben? Jegliche Strategien, die darauf ausgerichtet sind, die unbezahlte Reichweite auf Social Media zu steigern, sind nicht zu Ende gedacht. Gehen Sie davon aus, dass früher oder später jede Form von unbezahlter Reichweite beschnitten wird.

Auch die sogenannten „viralen Kampagnen" sind allenfalls eine Notiz unter „Verschiedenes" Wert, wenn sie nicht ein eindeutiges Ziel verfolgen. Es ist nicht wirklich relevant, ob Ihre Beiträge 10-, 100- oder 10.000-mal geteilt wurden, wenn nicht eine für Ihr Unternehmen zählbare Größe daraus entsteht.

PR ist schön, macht aber viel Arbeit

„Da habe ich neulich einen interessanten Artikel gelesen über diese eine Firma, die diesen Rosendünger herstellt, der gleichzeitig gegen Läuse schützt. Wie hießen die noch mal …" Geht es Ihnen auch so? Wenn Sie die Zeitung lesen, haben Sie selten ein Notizbuch parat. Wenn Sie sehr diszipliniert sind, machen Sie sich vielleicht ein Foto von einer wichtigen Passage. Aber dann? Denken Sie später noch daran, den Kontakt zu suchen?

Ein Artikel im Branchenmagazin ist gut für das eigene Ego, aber erreicht es die Kunden, die Sie erreichen wollen? Ein Bericht über die Firma in der lokalen Zeitung freut die Mitarbeiter und das Management, aber bringt es neue Leads? Wenn es gelingt, die Berichterstattung mit einem konkreten Ziel zu versehen, dann kann das viel besser aussehen. Wie wäre es, wenn Sie ein Gewinnspiel, ein Rätsel oder schlicht ein kostenloses Rezeptbuch auf einer bestimmten Website anbieten? Dann könnten Sie die Leser in einem stärkeren Maße auf die eigene Seite lotsen und dort mit zusätzlichem wertvollem Material versorgen.

Eigene Website oder Blog als Geschäftsadresse

Jeder clevere Unternehmer wird daher nicht auf das Wohlwollen der Social-Media-Plattformen oder Zeitungsredaktionen vertrauen und eine Strategie entwickeln, die die eigene Webseite als wichtigen Bezugspunkt im großen weiten Internet macht. Aber welchen Grund bieten Sie Ihren Besuchern, ein weiteres Mal vorbei zu schauen? Warum sollte man morgen oder nächste Woche erneut Ihre Seite besuchen? Die meisten Webseiten von Unternehmen sind statisch. Es wird sofort klar, dass diese Seite in dieser Form seit vielen Monaten gleich geblieben ist und vermutlich in einigen Monaten noch immer so aussehen wird. Warum also sollte man sich diese Seite merken oder gar erneut dorthin gehen, wenn man jetzt gerade alles Wichtige gesehen hat? Selbst wenn ich genau zur Zielgruppe gehöre, werde ich die Seite schnell im Geiste abhaken und vergessen.

Beispielsweise könnte der mehrfach zitierte Anbieter von Rosendünger eine noch so tolle und eventuell teuer vom Designer programmierte Webseite haben. Wenn ich als ideale Zielgruppe dort wegen eines Links aus Social Media oder eines Presseartikels lande, mich umsehe und das Gefühl bekomme, ich habe alles gesehen, was es zu sehen gibt, dann werde ich die Seite wieder verlassen und vergessen.

Vom Anbieter zum Publisher

Allerdings könnte es auch sein, dass die Seite des Anbieters so aufgebaut ist, dass mir sofort klar wird, dass hier immer wieder neue und für mich relevante Beiträge erscheinen. Die Seite vermittelt den Eindruck, dass sich etwas bewegt.

> **Ideen für dynamische Inhalte auf Ihrer Website**
>
> - Nachrichten zu meinem Interessensgebiet
> - Veranstaltungshinweise
> - Artikel zu meinem Thema
> - Videos in meinem Fachgebiet
> - Fotos von Dingen, die mich interessieren
> - Amüsantes, Comics und Karikaturen
> - Kommentare zu Ereignissen
> - Berichte zu neuen Produkten
> - Lerninhalte zu aktuellen Themen
> - Rezepte oder Anleitungen
> - Personalien, Stellenanzeigen und Job-Angebote

Jetzt wird schnell klar, dass die Strategie im neuen Marketing ist, nicht nur von sich zu berichten, sondern für die Zielperson zu berichten. Der Content der eigenen Webpräsenz ist nicht das starre Hinweisen auf das eigene Unternehmen und die eigenen Produkte, sondern selbst eine Publikation.

Statt die dynamischen Inhalte nur in Social Media zu posten, ist der dynamische Inhalt in den Social Media nur ein Verweis auf die ebenfalls dynamischen Inhalte der eigenen Seite.

Wikipedia – Googles Liebling

Wenn Sie einen beliebigen Fachbegriff in Google suchen, wird vermutlich einer der ersten Einträge auf der SERP (Search Engine Results Page = Ergebnisseite der Suchmaschine) von Wikipedia sein. Dieses Cloud-Lexikon lebt davon, dass unzählige ehrenamtliche Mitarbeiter den Content pflegen, aktualisieren und überarbeiten. Jeder, der Zugriff auf das Internet hat, kann an Wikipedia mitschreiben. Dabei sorgt ein System aus Reputation der Verfasser dafür, dass nicht jeder alles schreiben kann und jeder neue Eintrag und jede Korrektur sofort an erfahrene Redakteure zum Gegenlesen übermittelt werden. Deshalb ist Wikipedia fast immer ganz oben in Suchergebnissen zu finden: Der Inhalt ist ein von vielen Beteiligten dynamisch überarbeiteter Content. Man kann sich fast immer darauf verlassen, dass Inhalte in Wikipedia glaubwürdig und relevant sind. Außerdem finden sich in Wikipedia sehr viele interne und externe Verweise. Interne Verweise sind Links innerhalb der eigenen Webpräsenz zu anderen Seiten und externe Verweise deuten auf andere Webseiten hin.

Verweise und Links

Sie können das Erfolgsrezept von Wikipedia auf Ihrer eigenen Webpräsenz im Internet nachahmen. Dazu ist es nötig, diese Prinzipien zu beachten:

Eckpfeiler

Jedes Gebäude alter Bauart hat besonders solide Steine an den Ecken eingesetzt. Diese sind die soliden Eckpfeiler. In Ihrer Internet-Immobilie sind das die Unterseiten, die einen der wesentlichen Begriffe in Ihrem Themengebiet umfassend beschreiben. Von hier gehen viele Verweise auf interne Seiten mit aktuellen Inhalten und auch externe Inhalte, die für dieses Thema relevant sind. Je relevanter und hilfreicher diese Verweise sind, desto wichtiger und wertvoller wird Ihr Eckpfeiler. Sie sollten zu allen wesentlichen Begriffen, die Sie für Ihre Zielperson abdecken wollen, einen Eckpfeiler oder „Cornerstone" auf Ihrer Webseite planen und immer wieder aktualisieren.

Türme

Türme sind weithin sichtbar, hoch und spitz. Diese Eigenschaften haben sie mit der hier angesprochenen Form von Content gemein. Diese Beiträge Ihrer Seite sind in Suchmaschinen hoch platziert und deshalb sichtbar, und sie bedienen ein spitzes Thema, das einen der vielen Aspekte Ihrer Expertise als Unternehmen darstellt. Solche Türme bedienen besondere, nicht so häufig gesuchte Begriffe und längere Wortkombinationen als Suchbegriffe.

Wenn wir unser Rosendünger-Beispiel noch einmal heranziehen, dann wäre „Rosendünger" ein Cornerstone und „Wie stoppe ich Läuse ohne Chemie" oder „Rosen richtig düngen ohne Pferdemist" wären dann die Türme. Man erstellt Beiträge, die bei diesen wenig gesuchten, aber höchst relevanten Suchbegriffen ganz oben stehen und weithin sichtbar sind.

Aktuelles

Aktuelle Nachrichten und Veranstaltungen sowie alles andere, was mit einem konkreten Zeitbezug versehen ist, fallen in diese Kategorie. Wenn Sie Ihrer Zielperson etwas mitteilen können, das gerade jetzt wichtig ist, dann können Sie diese Inhalte leicht füllen. In jedem Interessensgebiet gibt es in der Regel Veranstaltungen, Sendungen, Ereignisse, Wettergegebenheiten oder andere saisonale Ereignisse, die für die Zielgruppe relevant sind. Sie können Ihre Seite relevanter machen, indem Sie diese Ereignisse zusammenfassen, kommentieren oder auf andere Weise darauf hinweisen.

Wenn Sie es schaffen, Ihre Internetpräsenz zu einem zentralen Punkt für Ihre Zielgruppe zu machen, dann war Ihre Strategie erfolgreich. Social Media und die klassische Presse können dabei wertvolle Hilfe leisten. So können Sie dabei vorgehen:

So werden Sie zum zentralen Knoten im Netz für Ihre Zielperson

- Erzeugen Sie zunächst Eckpfeiler, Türme und Aktuelles für Ihre eigene Seite.
- Verbreiten Sie diese Inhalte auf Social Media und verlinken Sie auf Ihre Seite, sodass die Leser dort einen Appetithappen bekommen, aber den ganzen Inhalt nur bei Ihnen.

- Wiederholen Sie die Verbreitung in den Social Media im Abstand von einiger Zeit immer wieder. Gerade Eckpfeiler und Türme sind nicht nur jetzt, sondern auch morgen, nächste Woche oder gar nächstes Jahr noch immer relevant.
- Suchen Sie sich eine Liste von Medien-Blogs und Online-Magazinen, in denen Sie Kommentare zu für Sie relevanten Themen schreiben – selbstverständlich mit Link auf den zu diesem Thema passenden Eckpfeiler oder Turm auf Ihrer Seite.
- Schreiben Sie Fachbeiträge in Zeitschriften und Gastbeiträge in fremden Blogs und nutzen Sie Ihre wertvollen Seiten als Bezugspunkt, auf den Sie die Leser der Fremdmedien hinführen.
- Machen Sie sich einen Zeitplan, zu dem Sie Ihre Eckpfeiler und Türme regelmäßig, mindestens aber einmal pro Halbjahr überarbeiten und aktualisieren.

Wenn Sie diese Strategie umsetzen, dann nutzen Sie die Mietobjekte in Social Media und anderen Publikationen effektiv und im unternehmerischen Sinne. Achten Sie darauf, dass jede Aktivität auch wirklich auf Ihre Vermarktungsziele einzahlt und nicht im großen weiten Raum des Internets verpufft.

3.2.2   Smartphones machen Content mobil

Bereits Anfang 2014 hat weltweit die Zahl der mobilen Nutzer des Internets diejenigen der stationären Nutzer überholt. Das ist eine Folge des Siegeszuges der sogenannten Smartphones. Die Menschen erwarten, dass jede Art von Information sofort verfügbar ist. Das erfordert auch eine Anpassung des Angebotes an Content. Die wesentlichen Unterschiede bei der Benutzung von Onlineinhalten auf dem kleinen Bildschirm des Telefons gegenüber dem größeren Bildschirm des Notebooks sind vielfältig.

- **Format:** Während die meisten Webseiten im Querformat in 4:3 angelegt sind, sind Telefone zumeist im Hochformat 9:16. Dadurch ist ohne Anpassung des Designs auf Mobiltelefonen nichts zu erkennen, außer man zoomt und scrollt.
- **Lesbarkeit:** Weil die Schriftgrößen und Zeilenabstände eher auf das Lesen von Texten an großen Bildschirmen ausgelegt sind, ist es auf Mobiltelefonen sehr unbequem, die Texte zu lesen.
- **Navigation:** Weil noch vor kurzer Zeit die Navigation eher über ein Menü und den Wechsel von Seiten populär war, eignet sich das auf mobil konsumierten Seiten nicht so gut. Viel einfacher ist die Navigation durch Wischen auf dem Bildschirm.
- **Bedienung:** Mobil steht auch keine Maus als Bedienelement zur Verfügung. Weil viele Designer und Programmierer noch bis vor Kurzem das Schweben mit dem Mauszeiger und dadurch ausgelöste Anzeigen und Informationen fest in das Bedienkonzept eingebaut hatten, sind diese Seiten mobil praktisch nicht zu bedienen.

Mobile Geräte dominieren

Wegen der genannten Schwierigkeiten bei der Benutzung von regulären Webseiten auf Smartphones ergeben sich Einschränkungen von Inhalten, wenn sie auf mobilen Geräten konsumiert werden. Das haben die meisten Nutzer mobiler Geräte sehr lange akzeptiert. Allerdings gibt es inzwischen genügend positive Beispiele für ansprechendes Design für Mobilgeräte. Die meisten Benutzer von mobilen Geräten haben sich längst daran angewöhnt, schlecht lesbare Seiten einfach wegzuklicken.

Google hat dieser Tatsache bereits im April 2015 Rechnung getragen. Seither werden Seiten wesentlich schlechter in Suchergebnissen berücksichtigt, die nicht für mobile Geräte angepasst sind. Beurteilt wird ein Katalog unterschiedlicher Parameter. Hier können Sie jederzeit selbst Ihre Seiten testen: www.google.de/webmasters/tools/mobile-friendly.

Zauberwort „responsive design"

Moderne Seiten werden heute mit einem sogenannten Responsive Design erstellt. Das bedeutet, dass die Seite auf unterschiedlichen Bildschirmgrößen jeweils anders und für die Bedürfnisse des Betrachters passend dargestellt wird. Die Schriftgröße, die Bildschirmaufteilung und die Menüführung ändern sich automatisch und passen sich dem Gerät an, auf dem die Seite dargestellt wird. Wenn Sie nicht schon längst eine solche Seite haben, sollten Sie innerhalb der nächsten Monate eine Anpassung Ihrer Seite in Auftrag geben, damit Sie nicht einen Großteil der Besucher verlieren.

3.3   Was Sie über Form, Inhalt und Sprache von Content Marketing wissen sollten

Content Marketing ist weder Werbung noch Publik Relations (PR). Wegen der Nähe zu journalistischen Inhalten, die ja auch Content sind, wird zuweilen unterstellt, dass es eine Unterdisziplin der Öffentlichkeitsarbeit ist. Machen Sie diesen Fehler bitte nicht! Content Marketing so, wie ich es verstehe, ist dazu da, um Kundenbeziehungen zu begründen, zu vertiefen und zu erhalten. Dafür müssen wir uns von platten Marketing- und Werbetexten ebenso verabschieden wie von absichtsloser Berichterstattung.

3.3.1   Die Sprache der Zielgruppe finden

Alexander Osterwalder hat in den letzten Jahren mit seinen Dutzenden Co-Autoren ein System geschaffen, mit dem man ein Business-Modell entwickeln und prüfen kann. „Business Modell Canvas" heißt die Idee aus dem ersten Buch *Business Modell Generation* (2011), bei dem man auf ein größeres Blatt Papier das Geschäftsmodell eines Unternehmens überträgt und es in dieser Übersicht leichter auf Fehler und Unklarheiten untersuchen kann. Ein Teil davon ist die direkte Beziehung zwischen dem potenziellen

Kunden und dem Produkt beziehungsweise der Dienstleistung. Diesen Teilaspekt zu untersuchen war dem Autorenteam ein weiteres Buch Wert: *Value Proposition Design* (2015). Beide Bücher sind inzwischen unter dem gleichen englischsprachigen Titel auch auf Deutsch erschienen, und ich rate jedem Unternehmer zur Lektüre beider Werke.

Die konkrete Ausarbeitung des Nutzenversprechens gegenüber potenziellen Kunden ist das, was uns auch hier interessiert. Lassen Sie uns einen Blick auf die Methode werfen und sie für unseren Anspruch nutzen.

> **Den Nutzen des Kunden vorausdenken**
> Im Wesentlichen ist die Methodik darauf ausgerichtet, die Kunden und das Produkt getrennt voneinander zu betrachten und bestimmte Fragen zu stellen. Als Ergebnis bekommt man für beide Seiten eine nach Wichtigkeit bewertete Sammlung von Aussagen und Begriffen. Betrachten wir zunächst den potenziellen Kunden. Hier interessieren uns diese drei Fragestellungen:
>
> 1. Was ist die Ausgangssituation der Zielperson und welche Aufgaben, Fragen und To-dos ergeben sich daraus?
> 2. Welche Unannehmlichkeiten, Probleme, Schmerzen und Sorgen hat die Zielperson tatsächlich?
> 3. Welche Errungenschaften, Hoffnungen, Ziele und Träume sind wichtige Leitideen, denen die Zielperson folgt?

Die Methode, um die Zielperson zu verstehen

In einem Dialog zwischen realen Personen ist es relativ leicht, ein tiefes Verständnis zu entwickeln – zumindest dann, wenn mindestens eine der beteiligten Personen es schafft, sich zurückzunehmen und wirklich verstehen zu wollen. Dann entwickelt sich ein Gespräch, das von außen fast schon wie eine Therapiesitzung anmuten mag, wo der eine dem anderen hilft, alles Mögliche zu sagen, und so für den Zuhörer ein umfassendes Bild entsteht. Deshalb unterscheidet sich die Aufgabenstellung des Verkäufers stark von der des Marketers. Im Verkauf besteht die Möglichkeit, in einer 1:1-Situation genaues Verständnis für den Bedarf des Kunden zu entwickeln und dieses dann nach Möglichkeit zu erfüllen.

Ganz anders im Marketing. Der direkte Dialog findet so gut wie nie statt, und wir müssen uns mit einer 1:x-Situation begnügen. Daraus resultiert eine stete Weiterentwicklung der Aussagen und Methoden in einem Kreislauf von Versuch und Irrtum beziehungsweise Versuch und Erfolg. Je besser wir bereits den ersten Versuch gestalten, desto höher die Aussicht auf Erfolg. Je weniger wir „einfach mal ausprobieren" und je mehr wir eine bewährte Methode nutzen, um die Perspektive der Zielperson einzunehmen, desto effektiver wird der Ablauf und umso schneller machen wir Fortschritte.

Die Methode von Osterwalder und Kollegen ist so aufgebaut, dass wir zunächst die Ausgangssituation der Zielperson untersuchen. Was ist auf der To-do-Liste der Person wichtig? Vielleicht ist es hilfreich, wenn wir ein Beispiel wählen, das exemplarisch die Methode erklärt und gleichzeitig so einfach ist, dass man die Zusammenhänge versteht, ohne Fachmann zu sein. Hier bietet sich wieder unser Rosenzüchter an.

Die Ausgangssituation verstehen

Nehmen wir, an die Zielperson ist ein 45-jähriger Angestellter, der seit zehn Jahren mit seiner Familie ein Reihenhaus am Stadtrand bewohnt. Inzwischen sind die Kinder alt genug, dass man sich um die Gartenbepflanzung kümmern kann, ohne befürchten zu müssen, dass alles gleich wieder kaputt geht. Unsere Zielperson heißt Hendrik und ist schon von Kindheit an von Rosen fasziniert. Angesteckt wurde er von seinem inzwischen verstorbenen Großvater, der sich nach seiner Pensionierung komplett seinen Rosen verschrieben hatte. Er war als Kind viele Jahre lang in den Sommerferien bei seinen Großeltern und hat auch im Garten geholfen. Hendrik hat sich vorgenommen, im nächsten Sommer mit eigenen Rosen im Garten zu starten. Er weiß Einiges aus der Erfahrung mit dem Opa, aber er will noch mehr lernen und verstehen, um gleich zu Beginn erfolgreich zu sein.

Beginnen wir mit einer Sammlung von Aufgaben, die sich aus der Perspektive von Hendrik stellen:

- Die richtigen Rosensorten auswählen.
- Rosenstöcke beschaffen.
- Im richtigen Boden richtig pflanzen.
- Richtig gießen.
- Richtig düngen.
- Rosen richtig zuschneiden.
- Pflanzenschutz auswählen, der ungiftig für Menschen ist.

Nehmen wir an, das ist die Ausbeute unserer Gedanken. Nun könnten wir diese mit einem „echten Hendrik" verifizieren oder nochmals kritisch nachdenken und die gefundenen Punkte in eine Reihenfolge bringen, bei der die wichtigsten Punkte aus der Sicht der Zielperson ganz oben stehen. Vielleicht käme dann diese Reihenfolge heraus:

1. Die richtigen Rosensorten auswählen.
2. Im richtigen Boden richtig pflanzen.
3. Richtig düngen.
4. Pflanzenschutz auswählen, der ungiftig für Menschen ist.
5. Rosen richtig zuschneiden.
6. Rosenstöcke beschaffen.
7. Richtig gießen.

Vielleicht sind Sie hier anderer Auffassung, aber als Beispiel kann diese Reihenfolge sicher dienen.

Welche Probleme ergeben sich?
Wenn wir von dieser Reihenfolge ausgehen, finden wir jetzt eine Reihe von Problemen und Schmerzen, die Hendrik befürchtet oder im Moment schon hat:

- Pflanzen könnten sofort wieder eingehen.
- Rosen könnten schon mit Schädlingen eingekauft werden.
- Der bestehende Boden im Garten könnte ungeeignet für Rosen sein.
- Die Sonneneinstrahlung könnte zu viel oder zu wenig für Rosen sein.
- Es gibt unterschiedliche Aussagen in Büchern, welche Rosensorten gut geeignet sind, um zu beginnen. Wem soll man glauben?
- Angst, die Rosen beim Beschneiden zu ruinieren.
- Befürchtung, dass Läuse die Rosen zerstören, wenn man ein paar Tage lang nicht aufpasst.
- Der falsche Dünger kann Pilzbefall begünstigen oder Schädlinge anziehen.

Auch hier erfolgt der nächste Schritt, bei dem wir die Perspektive von Hendrik einnehmen und die Punkte bewerten. Wenn Sie bereits einen Zugang zu einer exemplarischen Zielgruppe haben, könnten Sie diese per Umfrage bitten, diese Punkte zu bewerten und eventuell weitere Punkte hinzuzufügen. Das lässt sich relativ einfach mit einer Umfrage oder einem Online-Survey bewerkstelligen. Gehen wir davon aus, dass die Umfrage dieses Ergebnis einer Priorisierung der Punkte und einen weiteren wichtigen Punkt brachte:

1. Pflanzen könnten sofort wieder eingehen.
2. Der bestehende Boden im Garten könnte ungeeignet für Rosen sein.
3. Farben der Blüten könnten nicht wie erwartet sein (neu).
4. Die Sonneneinstrahlung könnte zu viel oder zu wenig für Rosen sein.
5. Der falsche Dünger kann Pilzbefall begünstigen oder Schädlinge anziehen.
6. Es gibt unterschiedliche Aussagen in Büchern, welche Rosensorten gut geeignet sind, um zu beginnen. Wem soll man glauben?
7. Rosen könnten schon mit Schädlingen eingekauft werden.
8. Angst, die Rosen beim Beschneiden zu ruinieren.
9. Befürchtung, dass Läuse die Rosen zerstören, wenn man ein paar Tage lang nicht aufpasst.

Dieses Ergebnis liefert uns ein ganz gutes Bild, welche Themen wir in unserem Redaktionsplan aufgreifen sollten. So richtig rund wird der Plan aber erst, wenn wir zusätzlich noch die positiven Erwartungen mit berücksichtigen.

Die Hoffnung stirbt zuletzt

In diesem Teil der Übung sammeln wir Ideen, was unser Hendrik sich erträumt und herbeiwünscht. Eine erste Sammlung könnte zu diesem Ergebnis kommen:

- Den Sommer über prächtige Farben im Garten.
- Toller Duft, wenn man auf der Terrasse sitzt.
- Eigene Rosen als Mitbringsel bei Einladungen.
- Selbst gezüchtete rote Rosen als besonderes Geschenk für die Liebste.
- Anerkennung vom Nachbarn.
- Einen Blickfang im Garten schaffen.
- Den Kindern Verantwortung für Pflanzen am lebenden Beispiel beibringen.

Bei dieser Übung ist man schnell verleitet, einfach nur die Umkehrung der Probleme aufzuschreiben. Aus der Perspektive des Anbieters von Dünger könnte sich hier auch der Irrtum einschleichen, dass eine Hoffnung darin bestehen könnte, den richtigen Dünger zu finden. Allerdings ist das realistisch gesehen sicher kein Traum und vermutlich auch keine Hoffnung aus Hendriks Sicht.

Auch hier kann eine Umfrage Klarheit schaffen, was wirklich von der Zielgruppe erhofft und herbeigesehnt wird. Dann entsteht als nächstes wieder eine Bewertung in Form einer Reihenfolge:

1. Den Sommer über prächtige Farben im Garten.
2. Selbst gezüchtete rote Rosen als besonderes Geschenk für die Liebste.
3. Den Kindern Verantwortung für Pflanzen am lebenden Beispiel beibringen.
4. Anerkennung vom Nachbarn.
5. Toller Duft, wenn man auf der Terrasse sitzt.
6. Einen Blickfang im Garten schaffen.
7. Eigene Rosen als Mitbringsel bei Einladungen.

Mit so einer Ausarbeitung als Grundlage lässt sich wesentlich besser planen. So wird schnell klar, welche Themen und wesentlichen Inhalte mit Content Marketing behandelt werden sollen, um die Bedürfnisse unserer Zielperson zu treffen.

Wenn wir die aus dieser Analyse wichtigsten Punkte aus den Problemen und Erwartungen nebeneinander stellen, wird offensichtlich, welche wertvollen Inhalte wir produzieren sollten. Nachfolgend einige Beispiele für Überschriften von möglichen Beiträgen.

Beispiele für Überschriften
- Fünf häufige Gründe für missglückte Rosengärten und wie Sie Ihren Garten mit prächtigen Farben bereichern:
- Warum Rosenzüchter scheitern – Die häufigsten Fehler und wie Sie einen gesunden, farbenfrohen Rosengarten anlegen

- Läuse und andere Rosenfeinde – So erhalten Sie gesunde Rosen und erfreuen sich und Ihre Liebsten den Sommer über
- Liebesgrüße aus dem Garten – Fünf Tipps, um den Sommer über jede Woche rote Rosen beim Sonntagsfrühstück zu präsentieren
- Der Duft der Rosen – So setzen Sie eine Duftmarke und sichern sich das Wohlwollen der Nachbarn
- So gelingt Rosenzucht – Die wichtigsten Tipps für Anpflanzung, Pflege und Überwinterung
- Rosengarten für Kinder – So binden Sie Ihren Nachwuchs in die Rosenzucht ein.

Diese Beispiele decken nur einen Teil der wichtigsten Themen ab. Und Sie erkennen, wie einfach es nun ist, die richtigen Inhalte für die Zielgruppe zu gestalten.

Das perfekte Produkt für die Zielperson

In der Idee von „Value Proposition Design" ist es möglich, die passenden Kunden für ein bestehendes Produkt beziehungsweise eine bestehende Dienstleistung zu finden. Man beginnt dann mit der Beschreibung der Eigenschaften des Produktes. Dann findet man die Punkte, wo das Produkt bestimmte Probleme des Kunden löst oder zumindest erleichtert. Und ebenso findet man die Wirkungselemente des Produktes, die Hoffnungen und Erwartungen der Kunden unterstützen.

Ebenso ist es aber auch umgekehrt möglich, zunächst von einer bestimmten Kundengruppe aus zu beginnen, so, wie wir das in diesem Kapitel getan haben. Wir haben die Zielperson an den Anfang gestellt und zunächst nur deren Perspektive in den drei Kategorien Aufgaben, Schmerzen und Erwartungen notiert. Nun entwerfen wir im Zusammenhang mit Content Marketing nicht unbedingt ein Produkt, sondern ein Set an Inhalten. Wir können jetzt das „Produkt" der wertvollen Inhalte relativ einfach aus den vorangegangenen Überlegungen ableiten. Je intensiver wir auf menschliche Vertreter der virtuellen Zielperson zurückgreifen können, um die Annahmen und Überlegungen zu stützen oder zu verwerfen, desto schneller werden wir die erwünschte Resonanz im Markt erreichen.

Wir haben nun die Perspektive des Kunden als solide Grundlage, um die Gestaltung der wertvollen Inhalte für unsere Zielperson in Angriff zu nehmen. Allerdings gibt es noch einige Überlegungen anzustellen, um die Ausprägung des Inhalts auf unterschiedliche Informationsbedürfnisse und Reifegrade unserer Zielperson auszulegen.

3.3.2   Content strategisch planen

Es hat sich in vielen Fällen bewährt, nicht einfach drauflos zu schreiben und mit der Produktion von Content zu beginnen, wenn man gerade eine Idee hat, was man schreiben könnte. Wesentlich besser ist es, zunächst zu überlegen, nach welcher Strategie man den Content erstellen und verbreiten will. Es ist nicht notwendig, dies in unzähligen

Strategiemeetings mühsam zu erzeugen. Aber es ist sehr hilfreich, nach einem einfachen Fünf-Punkte-Plan vorzugehen. Wenn Sie sich danach richten, wird es später wesentlich einfacher, die Erfolge zu messen und nachzusteuern, wenn die gewünschten Ergebnisse ausbleiben.

Aufbauend auf den Überlegungen zur Sprache der Zielgruppe in Abschn. 3.3.1 empfehle ich, ein Dokument mit den folgenden fünf Punkten aufzusetzen. Sie finden in diesem Kapitel eine Beschreibung dieser fünf Punkte und Beispiele entlang unseres Rosenzüchters Hendrik.

Der Fünf-Punkte-Plan am Beispiel des Rosenzüchters Hendrik

1. Sinn und Persona

Lassen Sie uns zunächst die Frage nach dem „Wozu" nochmals in den Mittelpunkt stellen: „Welchen Zweck erfüllt Ihr Content Marketing im Idealfall?" Bitte beantworten Sie diese Frage aus der Perspektive der Zielperson und nicht aus der Sicht des Anbieters. Für unseren Anbieter von Rosendünger könnte das so lauten:

Beispiel: Sinn und Persona

Wir wollen für die Zielperson Hendrik eine umfassende Anlaufstelle sein, um seine Leidenschaft des Rosenzüchtens zu erfüllen. Dabei wollen wir ihm die wichtigsten Informationen geben, um zu beginnen. Und auch später, wenn er die ersten Erfolge oder Misserfolge verzeichnen kann, ist es unser Ziel, seine wichtigste Quelle für Antworten zu seinen inzwischen tiefer gehenden Fragen zu sein. Dabei wollen wir auch die Stimmen anderer Hendriks zu Wort kommen lassen.

Wir streben eine tief verwurzelte, vertrauensvolle Partnerschaft an, die sich auch auf unser Produktangebot erstreckt. Dazu wollen wir auch die Erfahrungen von Hendrik mit unseren Produkten verstehen und für die weitere Entwicklung daraus wertvolle Schlüsse ziehen, um ihn künftig besser bedienen zu können.

Diese Sinngebung ist eindeutig und kann später sicherlich angepasst und verfeinert werden. Für den Anfang ist eine schriftliche Klarheit in dieser Detailstufe ausreichend, um alle an der Content-Produktion beteiligten Personen richtig einzustimmen.

2. Inhalte und Themen

Hier geht es darum, festzulegen, welche Inhalte für die Zielperson relevant sind und welche nicht. Letzteres ist vielleicht ebenso wichtig festzulegen: Was wollen Sie *nicht* thematisieren? Legen Sie fest, ob Sie nur eigenen, selbst erstellten Content verbreiten wollen, oder ob Sie auch Inhalte anderer Anbieter erwähnen und besprechen wollen. Bestimmen Sie die Themen, die Sie abdecken werden. Das ist hilfreich, um Ihrer Strategie eine klare Kontur zu geben. So muss später nicht in jedem Einzelfall entscheiden werden, ob ein Beitrag passt oder eben nicht.

Beispiel: Inhalte und Themen

Im Zentrum unserer Beiträge steht die gesunde Rose im heimischen Garten. Wir wollen auch über professionelle Rosenzucht berichten, aber nur im Zusammenhang mit der Frage, was daraus für die Hobbyzüchter ebenfalls umsetzbar ist. Dabei ist die ökologische Pflege, möglichst ohne giftige oder reizerzeugende Stoffe, sehr wichtig, da Hendrik als Vater beziehungsweise Großvater Sorge für die Kinder trägt. Neben den Themen rund um die Pflege und Gesunderhaltung der Rosen wollen wir auch ästhetische Aspekte für die Gestaltung von Rosengärten bieten. Das bezieht sich auf die Planung der Beete und die Kombination von Farben und Sorten. Ebenso wollen wir Wissensbildung zu verschiedenen Rosensorten und deren Besonderheiten besprechen. Zu saisonalen Anlässen wollen wir über nun fällige aktuelle Themen berichten wie Schnitt, Überwinterung etc. Wir wollen diese Kategorien nutzen:

- Rosensortenkunde
- Anlage von Beeten und Auswahl von Sorten
- Düngen und Gießen
- Pflanzenschutz gegen Parasiten und Pilze
- Saisonales und Aktuelles

Wenn Sie sich einen klaren Plan machen, welche Inhalte erscheinen sollen und welche nicht, wird es leichter, die weiteren Schritte der Erstellung zu planen.

3. Formate und Medien

Es gibt eine schier unendliche Möglichkeit für die Gestaltung von Content. In Abschn. 3.1.1 haben wir bereits eine Liste solcher verschiedenen Medien und Formate kurz angesprochen. In Kap. 4 finden Sie zu den wichtigsten Formaten eine genauere Anleitung zur Erstellung. Hier wollen wir uns auf der Basis der vorangegangenen Überlegungen zu den gewünschten Inhalten überlegen, auf welche Weise und mit welchen Medien wir diese Inhalte produzieren wollen. Dabei ist es durchaus ratsam, die Relevanz bestimmter Formate für die optimale Vermittlung des Inhalts zu prüfen. Für Vieles dürfte eine klassische Schriftform, eventuell mit Abbildungen, völlig ausreichen. Allerdings können Filme und Grafiken einen wesentlich höheren Wert darstellen, wenn sie gut gemacht sind. Bei diesem Teil der Content-Strategie kommt zum ersten Mal Ihr Budget zum Tragen. Die Produktion von professionellen Videos ist weitaus kostenintensiver als ein Artikel mit ein paar Abbildungen. Allerdings kann ein Film manche Inhalte wesentlich besser transportieren, als ein Text. So könnte das für unseren Produzenten von Rosendünger aussehen:

Beispiel: Auswahl von Formaten und Medien

- In erster Linie wollen wir ausführliche Artikel produzieren, die das praktische Umsetzen von Tipps in der Rosenzucht erklären. Die Gestaltung der Texte ist zeitlos und so, dass sie auch Jahre später noch relevant sind. Jeder Artikel bekommt mindestens ein zentrales Bild, das die Aussage des Artikels unterstreicht.
- Die Artikel sollen regelmäßig alle 14 Tage erscheinen und einen Umfang von 10.000 Zeichen haben.
- Zweimal pro Jahr werden wir besondere Themen identifizieren, die sich für Videoinhalte eignen. Das könnte zum Beispiel eine ausführliche Darstellung zum richtigen Schneiden von Rosen sein. Die Videos werden als sehr kurze Teaser produziert und gleichzeitig als ausführliche Videoanleitung, die als Content-Upgrade nur im Tausch gegen Adressen zugänglich gemacht werden.
- Einmal pro Jahr soll eine Infografik erscheinen, die das Jahr der Rosenzucht mit wichtigen Maßnahmen zeigt. Die Infografik soll zum Ausdrucken und eventuell auch als Poster bestellbar sein.
- Angestoßen von Wetterereignissen wie beispielsweise dem ersten Frost, publizieren wir vorbereitete Artikel, die zu dem Wetterereignis passende Beiträge bringen.
- Jeden Freitag bringen wir zusätzlich eine Zusammenfassung anderer Artikel zum Thema Rosenzucht unter dem Titel „Wochenrückblick Rosenzucht". Dazu werden interessante Artikel aus dem Internet gesammelt, mit einem kurzen Text zusammengefasst und mit dem Link zum Artikel veröffentlicht.

So geplant wird schnell klar, wie viel produziert werden soll und wie hoch die Produktionskosten ausfallen werden. Für die hier dargestellte inhaltliche Planung wäre eine halbe Stelle sicherlich ausreichend. Oder, wenn das Projekt Content Marketing ausgelagert werden soll, sind jährliche Kosten von etwa 40.000 EUR realistisch.

4. Träger und Personen

In diesem Teil der Strategie machen wir uns Gedanken, welche Personen und Multiplikatoren die Kommunikation als Autoren und Herausgeber tragen sollen. Das könnten Mitarbeiter des eigenen Unternehmens sein oder externe Autoritätspersonen oder Prominente. Ebenso können Kunden oder Lieferanten für bestimmte Themen zusätzlich involviert werden. Hier eine Idee, wie unser Rosenzüchter die Personen für seine Content-Strategie auswählen könnte:

Beispiel: Auswahl von Trägern und Personen

- Wir gliedern unsere Experten und Autoren nach Themen. Für alle Themen rund um Pflege und Düngung nutzen wir unsere eigene Expertise, und unsere Mitarbeiter aus der Forschung treten als Autoren auf.

- Alle Themen rund um das Schneiden, Veredeln, Gartengestaltung und praktische Hinweise lassen wir als Texte von externen Autoren herausgeben. Dabei wählen wir Autoren und Experten, die bereits erfolgreiche Bücher am Markt haben. Das ist in beiderseitigem Interesse, weil diese Experten so auch ihre Expertise unterstreichen und ihre Buchtitel bekannt machen.
- Ebenso wählen wir für die Videoproduktion eine Schlüsselfigur, die auch eventuell ein zweites Jahr die gleiche Person bleiben kann, aus dem Kreise der aktuellen Buchautoren. Die Produktion macht eine Produktionsgesellschaft, die den Experten inszeniert.
- Der „Rosenzuchtkalender" wird bei einem Grafiker in Auftrag gegeben und als Produkt des Unternehmens positioniert.
- Für den Rückblick auf die Rosenwoche wählen wir einen Mitarbeiter, der für diesen Zweck den Titel „Redakteur" bekommt und unserer Textproduktion damit ein Gesicht gibt.

Wenn die reale beziehungsweise virtuelle Autorenschaft geplant ist, kann man sich als Nächstes Gedanken zur Verbreitung des Inhalts machen.

5. Kanäle und Verbreitung

Content kann nur dann seine Wirkung entfalten, wenn er von der Zielperson gefunden wird. Das kann grundsätzlich auf zweierlei Weise geschehen:

- *Die Zielperson sucht selbst aktiv:* In diesem Fall müssen wir dafür sorgen, dass unser Content unter den richtigen Suchbegriffen auffindbar ist. Das erreichen wir vor allem dadurch, dass wir den einzelnen Artikel auf die dafür vorgesehenen Suchworte optimieren. Das nennt man gemeinhin „SEO – Search Engine Optimization", also Suchmaschinenoptimierung. Darüber finden Sie in Abschn. 4.4 ausführliche Anleitungen. Außerdem ist es auch denkbar, dass man bezahlte Werbung im Umfeld der Suchbegriffe schaltet, solange der Content noch nicht über natürliche Suche auffindbar ist. So könnte man den eigenen Inhalt durch bezahlte Anzeigen nach oben in Suchergebnissen stellen. Auch hierzu erhalten Sie später noch weitere Anregungen.
- *Die Zielperson bekommt einen Hinweis:* Es liegt auf der Hand, dass dieser Hinweis im natürlichen Umfeld der Zielperson auftauchen muss, damit er sein Ziel erreicht. Dafür gibt es eine natürliche und eine werbliche Möglichkeit: Wenn Sie bereits die Erlaubnis haben, Ihrer Zielperson eine Nachricht zukommen zu lassen, etwa per E-Mail, SMS, Telefon oder auf klassische Weise per Post, dann dürfen Sie diese Hinweise direkt adressieren. Sie können den Kunden direkt über neuen Content informieren. Wie das am besten umgesetzt wird, zum Beispiel beim Planen und Umsetzen von Newslettern, erfahren Sie in Abschn. 4.8. Außerdem können die sogenannten sozialen Medien genutzt werden, um Ihren Content bekannt zu machen, wenn Sie sich hier bereits eine gewisse Reichweite verdient haben. Wenn Sie neue, bisher unbekannte

Personen ansprechen wollen, dann können Sie das tun, indem Sie sich den Zugang zu diesen Personen kaufen oder leihen. Möglich ist das, indem Sie im Umfeld der Zielgruppe in Zeitschriften oder online werben, oder Sie Ihre Sichtbarkeit bei Messen, Kongressen oder anderen thematischen Zusammenkünften durch Werbung erkaufen. Insbesondere bei der modernen Onlinewerbung sind inzwischen sehr effiziente Methoden verfügbar, um Zielpersonen zu erreichen. So lassen sich verschiedene Methoden nutzen, um genau die gewünschten Personen anzusprechen, ohne die Identität bereits zu kennen. Das schafft neue Möglichkeiten, die wir noch ausführlich besprechen werden. Als Hersteller von Rosendünger würden Sie vielleicht so planen:

Beispiel: Kanäle und Verbreitung

- Jeder erscheinende Artikel wird in den Social-Media-Kanälen Facebook, Twitter und Instagram mit einem Link zum Artikel verbreitet.
- An den Tagen, an denen kein Artikel neu erscheint, verbreiten wir einen Link auf einen beliebten Artikel der Vergangenheit, so erscheint an jedem Tag eine neue Veröffentlichung bei Facebook, Twitter und Instagram.
- Zusätzlich schalten wir am Tag der Veröffentlichung und am Folgetag eine Anzeige für die demografische Gruppe der Zielperson mit einem Budget von zehn EUR pro Tag.
- Jeden Freitag versenden wir einen „Rosenbrief" an alle bekannten Adressen. Inhalt ist ein Hinweis auf die letzte Wochenzusammenfassung und einen ausgewählten Artikel.

Wenn Sie diese fünf Schritte vom grundsätzlichen Zweck über den Inhalt, die Medien, Autoren bis zur Verbreitung einmal durchdacht haben, dann können Sie sich ganz auf die Umsetzung konzentrieren.

3.3.3   Passenden Content produzieren

Die Perspektive und die aktuelle Haltung und Einstellung der Zielpersonen kann eine sehr sinnvolle Struktur ergeben, um Content passend zu gestalten. Schließlich kann es bei unserer Zielperson ganz unterschiedlich intensive Bemühungen geben, ein bestimmtes Problem zu lösen. Neben der einfachen Methode „kalt – warm – heiß", die schon in Abschn. 2.6 vorgestellt wurde, gibt es eine Methode, die Mirko Lange mehrfach unter der Überschrift *FISH* (2015) vorgestellt hat. Diese Struktur möchte ich nutzen, um die Resonanz der Zielpersonen besser zu treffen. Ebenso hat mich das *Content-RADAR* (2015) fasziniert, mit dem Mirko Lange die wertvollen Inhalte in vier Kategorien einteilt, um so noch genauer die passenden Inhalte produzieren zu können. Nachfolgend werden die beiden Konzepte im Kontext unseres Themas vorgestellt.

Das FISH-Konzept

Das FISH-Konzept ist ein Akronym aus den Begriffen Follow, Inbound, Search und Highlight.

Follow – Content für unbeteiligte Zuschauer

Zielsetzung: Ein „Like" bekommen. Die Zielperson soll den Inhalt mögen und vielleicht teilen. Dieser Inhalt richtet sich an solche Zielpersonen, die im Moment keinen Anlass haben, etwas zu suchen, aber grundsätzlich Interesse haben könnten. Aus Sicht des Anbieters geht es hier vor allem darum, Reichweite aufzubauen. Kurze, einfache, aber kuriose Inhalte eignen sich hier am besten. Bilder, witzige oder nachdenkliche Sprüche, einfache Grafiken. Das Ziel ist eine Adresse, um regelmäßig allgemeine Nachrichten versenden zu können oder wenigstens ein Like in den sozialen Medien zu erhalten.

▶ Mit diesem Content erhöhen Sie die Chance, dass er geteilt und weiterempfohlen wird. Je enger und zahlenmäßig kleiner Ihre Zielgruppe ist, desto weniger eignet sich diese Form des Contents. Sie ist vor allem in Konsumentenmärkten und dann passend, wenn Sie eine sehr große Anzahl an Zielpersonen ansprechen wollen.

Inbound – Content, um Probleme zu konkretisieren

Zielsetzung: Wissen vermitteln. Die Zielperson soll etwas lernen und ihre Adresse im Tausch gegen weiteren wertvollen Inhalt geben. Dieser Inhalt richtet sich an Personen, die ein latentes Problem haben, also im Moment noch nicht so richtig wissen, dass es ein schmerzhaftes Problem werden könnte. Hier wollen Sie vor allem langfristige Leads anbahnen, indem Sie das Problem klären und dessen Auswirkung untersuchen. In diesem Fall muss der Content ausführlich und sehr gehaltvoll sein. Studien und Whitepaper, Seminare oder Webinare, Fallbeschreibungen und ausführliche Diskussionen könnten genau richtig sein. Ziel ist es, eine Adresse einzusammeln, zu der Sie in der Folge Vertrauen aufbauen, indem Sie sehr wertvollen zusätzlichen Content liefern.

▶ Mit diesem Content schaffen Sie sich die beste Grundlage, um Kunden zu entwickeln, die Sie bisher noch nicht kennen und die vielleicht erst in der Zukunft „reif" werden.

Search – Content, um eindeutige Fragen zu beantworten

Zielsetzung: Schnelle Lösungen auf konkrete Fragen bieten. Die Zielperson soll die Lösung nutzen und ihre Adresse für weitergehende Informationen eintragen. Hier richten wir uns an Personen, die ein konkretes Problem haben und es jetzt lösen wollen. Hier wollen wir die passende Problemlösung sofort anbieten – eventuell sogar in Form eines eigenen oder fremden Produktes, das die Lösung bietet.

Der Content muss hier weniger kreativ oder hübsch sein. Er muss in erster Linie sofort als Problemlösung erkennbar sein. Das können ausführliche Anleitungen zur Problemlösung als Video oder andere Anleitungen sein. Oder es kann direkt der Hinweis auf einen Shop sein, in dem man ein Produkt kaufen kann, das das Problem lösen wird. Ziel ist der Abschluss oder das Einsammeln einer Adresse, um künftig weiterhin hilfreich beim Lösen ähnlicher Probleme zu sein.

▶   Mit diesem Content finden Sie „heiße" Kunden, die starken Problemlösungs-druck spüren und eventuell bereit sind, sofort etwas zu investieren.

Highlight – Aufmerksamkeit schaffen
Zielsetzung: Aufmerksamkeit. Die Zielperson soll staunen und den Inhalt weiter verteilen: „Das musst Du gesehen haben!" Mit dieser Art von Content will man in erster Linie Aufmerksamkeit erzeugen. Der Content soll außergewöhnlich sein und so besonders, dass er in Social Media häufig geteilt und kommentiert wird. Es handelt sich häufig um Kurzfilme oder professionell produzierte Werbefilme. Die zumeist witzigen Filme sind bewusst so gestaltet, dass sie das Potenzial haben „viral" zu werden. Die Produktion und Verbreitung von solchen Inhalten ist oft aufwendig und teuer und gleicht dem Aufwand für eine TV-Kampagne.

▶   Mit diesem Content vergrößern Sie Ihre Reichweite und bekommen Beach-tung als Produkt oder Marke. Solcher Inhalt wird vor allem bei großvolumigen Verbraucherzielgruppen und weniger im B2B verwendet.

Content richtig zusammenstellen
Zahlenmäßig dürfte in den meisten Marketingstrategien der Follow- und der Search-Content überwiegen. Inbound-Content kann weniger häufig sein und soll dann wirklich vollständig und hilfreich sein. Die meisten Unternehmen kommen ohne Highlight-Content aus, wenn sie kleinere Zielgruppen ansprechen.

Wer sich bereits mit Social Media beschäftigt hat, wird sicherlich auch beobachtet haben, dass wertvoller, tief gehender Inhalt kaum Reaktionen erzeugt, dagegen flacher Inhalt, wie persönliche Bilder oder witzige Sinnsprüche, mehr „Likes" und Kommentare erhalten. Clevere Strategen werden darauf achten, eine gelungene Mischung dieser vier Zielsetzungen von Content zu wählen.

Content-Strategie für Geschäftskunden
Während das FISH-Modell (2015) von Mirko Lange in erster Linie die Zielsetzung aus Sicht des Anbieters unterscheidet, rückt das zweite Modell desselben Autors eher die Nutzen-Perspektive des Konsumenten in den Vordergrund. Das Content-RADAR (2015) spannt eine Matrix aus vier Feldern auf. Die beiden Achsen teilen den Content in vorder-gründig vs. tiefgründig und in funktional vs. emotional auf (s. Abb. 3.2).

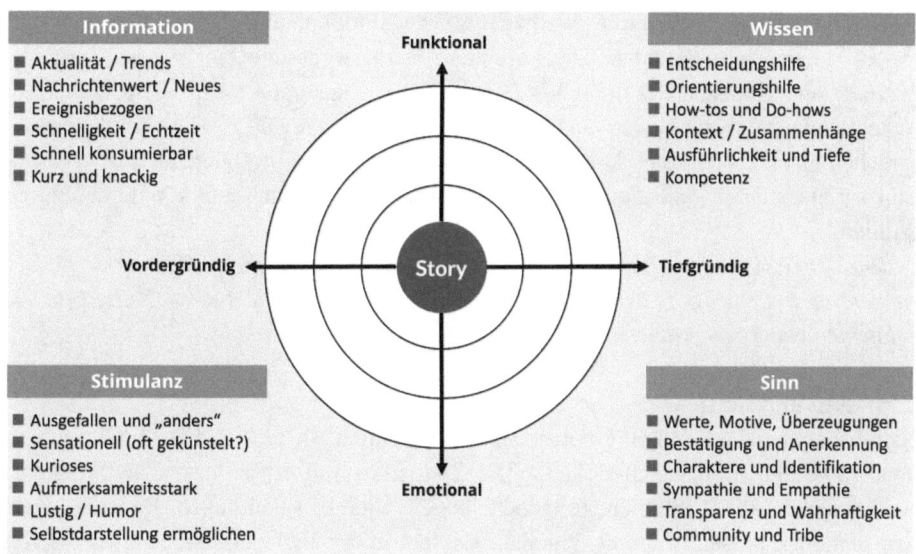

Abb. 3.2 Das Content Radar nach Mirko Lange

Die erste Unterteilung nach vordergründig/tiefgründig bestimmt, wie viel Zeit sich der Leser nehmen soll. Bei wenig Interesse wird auch weniger Bereitschaft vorhanden sein, sich lange mit etwas zu beschäftigen. Hier werden wir mehr Menschen erreichen, deren Aufmerksamkeit allerdings nur kurz bekommen. Dagegen passt tiefer gehender Inhalt zu tief gehendem Interesse. Hier muss der Content ausführlich sein, weil er sonst enttäuscht. So entstehen die vier Felder, die ganz unterschiedliche Nutzenerlebnisse des Lesers beziehungsweise Konsumenten ansprechen:

- News/Information („Ich weiß Bescheid.")
- Wissen/Lernen („Ich habe etwas gelernt.")
- Unterhaltung/Spaß („Macht mir Spaß.")
- Beziehung/Sinn („Ich habe es verstanden.")

Das Content-RADAR eignet sich dazu, innerhalb dieser vier Nutzen-Schwerpunkte einen klaren Fokus zu setzen. In welchem dieser vier Felder wollen wir führend sein? Wo genügt es, besser als der Durchschnitt zu sein? Und wo wollen wir nicht oder nur als Mitläufer vertreten sein? Diese Fokussierung kann dann auch dabei helfen, die Ressourcen genauer zu planen und im Alltag des Marketings die passenden Prioritäten zu setzen.

1. News und Information
Wenig Tiefgang und hohe Funktionalität setzt auf Aktualität und Trends. Zu diesem Feld passen Follow- und Search-Content. Es können kurze Formate in den Social Media sein, einfache Antworten auf typische Fragen, echte Nachrichten inklusive Wetter und

Börsendaten sowie praktische Werkzeuge, wie Infografiken, Währungsrechner oder andere spezialisierte Rechner. Die besondere Herausforderung hier ist die Ernte. Der kurze, knappe Inhalt bietet oft schon alles, was die Zielperson im Moment will. Daher besteht kaum Motivation, sich länger damit zu beschäftigen. Die zusätzlichen Nutzenversprechen eines kostenlosen Abonnements „Ab jetzt immer informiert bleiben" oder der Link zu einer tiefer gehenden, ausführlichen Variante der Nachricht könnte den Zweck erfüllen.

Unser Beispielunternehmen, das Rosendünger herstellt, würde hier vermutlich Nachrichten zu Bodenfrost platzieren oder einen Kalender für die besten Zeitpunkte zum Schneiden von Rosensträuchern.

2. Wissen und Lernen

Hier haben wir viel Tiefgang bei hoher Funktionalität. In diesem Feld finden wir vor allem Inbound- und Search-Content. Die Zielperson soll etwas lernen und verstehen. Ausführliche Artikel, Studien, Ratgeber, längere Videos, Anleitungen, Podcasts, Kurse und Seminare passen in dieses Segment. Es liegt in der Natur der Sache, dass die Ausführlichkeit mehr Zeit beansprucht und der Konsument auch bereit ist, diese Zeit zu investieren. Dieses Feld ist hervorragend geeignet, Adressen zu ernten. Und wegen der hohen Funktionalität in diesem Feld können wir den zusätzlichen Content sehr gut steuern und den Konsumenten weiter beschäftigen. Da der Konsument Zeit investiert, kann sich hier eine Beziehung entwickeln.

Unser Hersteller von Rosendünger würde hier vermutlich seinen Schwerpunkt setzen und alles an Wissen rund um die Rosenzucht anbieten.

3. Unterhaltung und Spaß

Wenn wenig Tiefgang und eher emotionale Inhalte aufeinander treffen, dann geht es um kurzfristige Unterhaltung. Hier finden wir Follow- und Highlight-Content. Sinnsprüche, Witze, kuriose Bilder, das typische „Katzenvideo" und kleine Spiele. Bei diesem Content-Format ist es kaum möglich, eine Adresse einzusammeln Das Beste, was man hier erreichen kann, ist ein „Like" oder eine weitere Verbreitung durch das Teilen in den Social Media. Diese Art von Inhalt wird nur dann eine zentrale Strategie einnehmen, wenn Sie eine große breite Zielgruppe von privaten Konsumenten adressieren wollen.

Unser Rosen-Beispiel könnte hier ein Foto von der „Rose der Woche" anbieten.

4. Beziehung und Sinn

Tiefgang und Emotionalität sind in diesem Feld und bedeuten, dass wir direkt in die Herzen der Zielperson treffen können. Hier passt Highlight-Content und (wie ich im Gegensatz zu Mirko Lange finde) auch Inbound-Content. Hier passen Geschichten, Interviews, Reportagen, politische Aussagen, Events und alle Formen von Content, bei dem der Konsument denken soll: „Ja, genauso ist es auch bei mir/genauso fühle ich auch/genau meine Meinung". Die Zielperson soll etwas verstehen und emotional folgen. Dieses Format bietet viele Möglichkeiten, Adressen zu ernten, denn die angesprochenen Zielpersonen sind

emotional berührt und gehen in Resonanz mit dem Content, wenn der Content zur Zielperson passt. Es ist hier am einfachsten einen „Fan" zu bekommen.

*Für die Zielgruppe der Rosenzüchter könnte hier Interviews mit berühmten Rosen-
züchtern stehen oder Reiseberichte in die schönsten Rosengärten der Welt.*

Den Fokus auf die Priorität von Content setzen

Wenn Sie auf die gewünschte Außenwirkung Ihres Unternehmens achten, ist es vermutlich ganz einfach, eine der vier Nutzen-Erlebnisse für die Zielperson an oberste Stelle
zu setzen. Das ist das Feld, auf das Sie sich bei der Produktion von Content am meisten
fokussieren sollten. In diesem Feld sollten Sie anstreben, der führende Anbieter zu sein.
Sowohl die Suchmaschinen als auch die Zielpersonen sollten diesen Führungsanspruch
bestätigen. In Ihrem Themenbereich sollte es in dem ausgewählten Feld keinen besseren
Content geben. Mit diesem Anspruch sollte dieser Inhalt erzeugt werden.

Die beiden benachbarten Felder sind die, in denen Sie ebenfalls passenden Content
produzieren könnten. Sie können sich ein oder zwei dieser Felder aussuchen und dann
den Anspruch erheben, überdurchschnittlich guten Content anzubieten.

In den verbleibenden Feldern genügt es einfach nur, ab und zu „dabei" zu sein oder
auch aus Kostengründen dem Feld ganz fern zu bleiben.

Content und Formate planen

Der Fokus auf eines der Felder des „Content-RADAR" von Mirko Lange kann auch
bedeuten, dass wir uns auf ein bestimmtes Content-Format fokussieren, das die Zielperson besonders anspricht. So waren für mein Beratungsunternehmen, das sich auf den
Vertrieb komplexer Produkte und Dienstleistungen konzentriert, von Anfang an Hörbücher und Podcasts zentrale Formate. Damit bewege ich mich in dem Feld „tiefgründig
und funktional". Das Audio-Format ist für diese Zielgruppe besonders passend, weil
Geschäftsleute und Verkäufer oft im Auto oder anderweitig auf Geschäftsreise sind und
unterwegs den Content hören können.

Entscheidend ist, dass Sie sich Gedanken machen, damit Sie in Ihrer Content-Produktion fokussiert sind und die maximale Wirkung mit den gegebenen Mitteln erreichen
können.

3.3.4 Redaktionsplan und Produktion für Content effizient organisieren

Sobald Sie die vorangegangenen Schritte von der Auswahl der Themen und Begriffe
über die passenden Inhalte und Formate abgeschlossen haben, geht es an die zeitliche
Planung des Contents. In diesem Abschnitt geht es darum, möglichst effizient die Produktion und Veröffentlichung von wertvollen Inhalten zu planen und umzusetzen. Dabei
ist die relative Zeitplanung, also die Erscheinungsweise, ebenso zu planen, wie die
Frage, wann welcher Inhalt und in welcher Reihenfolge erscheint.

Die optimale Erscheinungsweise ist abhängig vom Tiefgang des Contents: Je oberflächlicher, desto öfter kann er erscheinen. Es ist vorstellbar, den Witz des Tages zu präsentieren, aber kaum jemand wird zu einem Thema jeden Tag einen ausführlichen Inbound-Content konsumieren wollen.

Redaktionsplan für Content erstellen

Ein Redaktionsplan ist im Wesentlichen eine tabellarische Darstellung, in der zeilenweise untereinander jeweils eine Ausgabe steht, die zu einem bestimmten Zeitpunkt erscheint. In den Spalten notiert man außer dem Erscheinungsdatum noch weitere wichtige Informationen, die für die Produktion und die spätere Verteilung wichtig sind.

F-I-S-H

Welches Ziel verfolgen Sie mit dem Inhalt: Follow – Inbound – Search – Highlight?

RADAR

In welches der vier Felder passt Ihr Inhalt: News/Information („Ich weiß Bescheid.“), Wissen/Lernen („Ich habe etwas gelernt.“), Unterhaltung/Spaß („Macht mir Spaß.“) oder Beziehung/Sinn („Ich habe es verstanden.“)?

Format

Artikel, Nachricht, Bild, Video, Webinar oder welches Format auch immer zu Ihrem Content passt.

Keyword

Für welches Keyword aus der Recherche soll der Beitrag optimiert werden? Dabei ist es wichtig, dass das Keyword in einem natürlichen Bezug zum Inhalt steht. „Keyword stuffing“, also das Zustopfen des Textes mit mehr oder weniger sinnlos aneinander gereihten Suchworten, bringt nichts. Der Inhalt sollte zunächst für den Leser optimiert sein, und ihm genau das bieten, was er im Moment sucht. Daher ist diese Spalte vor allem für Search- und Inbound-Content relevant.

Titel

Der Titel ist der bei Google auf der Ergebnisseite dargestellte Titel der Inhaltsseite. Bei Blogartikeln und anderen Inhalten auf der eigenen Seite können Sie diesen Titel selbst festlegen. Auch bei Videoinhalten auf YouTube legen Sie den Titel als wichtigste Orientierungshilfe für den Konsumenten fest. Wichtig ist hier, dass vor allem bei Search- und Inbound-Content sofort klar wird: „Hier ist die Antwort auf die Frage!“ Es kann sinnvoll sein, ähnliche oder gar fast identische Beiträge zu planen, die mit unterschiedlichen Titeln für verschiedene Suchbegriffe optimiert sind.

URL

Auch die URL einer Seite kann man, zumindest auf den eigenen Seiten, gezielt mit planen. Es lohnt sich, die URL ebenfalls auf das wichtigste Keyword hin zu optimieren und kryptische URLs nach Möglichkeit zu vermeiden.

Exzerpt

Suchmaschinen zeigen in Verbindung mit dem Suchergebnis (SERP) neben dem Titel und der URL auch eine kurze Zusammenfassung des Inhalts an. Dieser wird von der Suchmaschine automatisch aus den ersten Worten des Inhalts gebildet, außer der

Gestalter des Inhalts hat dieses sogenannte „snippet" bereits explizit angegeben. Mit diesem einfachen Mittel können Sie ebenfalls dafür sorgen, dass Search- und Inbound-Content eine hohe Relevanz bekommt, wenn sich in diesem Exzerpt aus wenigen Worten bereits für den Suchenden das „Hier bin ich richtig"-Gefühl ergibt. Es geht hierbei also weniger um technische Suchmaschinenoptimierung als vielmehr um die Adressierung der passenden Begriffe des Suchenden.

Bildsprache

Selbstverständlich ist das vor allem für Bild- und Videoinhalte relevant. Allerdings sollten Sie auch jedem Blogartikel mindestens ein passendes Bild zuordnen. Insbesondere im Zusammenhang mit der Verbreitung des Inhalts in den Social Media spielt das Bild eine besondere Bedeutung. Weil inzwischen auch Bilder im Zusammenhang mit Suchergebnissen angezeigt werden, ist es sinnvoll, ein besonderes Augenmerk auf die Auswahl und Benennung von Bildern zu legen. Im Rahmen der Redaktionsplanung lohnt es sich, diesen Aspekt, also die Auswahl von Bildern, mit zu planen.

Social-Media-Text

Im Rahmen der Strategie, alle Posts in den Social Media wieder auf eine eigene „Immobilie" im Internet zu beziehen, lohnt es sich, die Texte, mit denen später auf den Content der eigenen Seite verwiesen wird, ebenfalls zu planen. Dieser Text wird für verschiedene Social-Media-Plattformen unterschiedlich ausfallen und je nachdem, welche Plattformen für Ihr Unternehmen relevant sind, Texte in unterschiedlicher Länge und mindestens ein Bild enthalten. Bei eigenen Seiten, wie zum Beispiel Blogartikeln, ist es technisch möglich, unterschiedliche Bilder und Texte für das Teilen auf Twitter, Facebook und Google+ vorzugeben. So würden dann beim Teilen des Links in den jeweiligen Plattformen die von Ihnen vorgegebenen passenden Bilder und Texte angezeigt.

Kategorie

Eine Kategorie kann dabei helfen, den Content später auf den eigenen Seiten zu ordnen und thematisch zusammenzufassen. Und es fällt erfahrungsgemäß leichter, wenn Inhalte einer Kategorie am Stück produziert werden.

Interne Bezüge

Planen Sie bewusst Links und Verweise auf andere Inhalte eigener Seiten ein. Dadurch verbessern Sie das Ergebnis für den Konsumenten Ihrer Inhalte, weil er ähnliche oder tiefer gehende Inhalte findet. Das gilt für alle Varianten des FISH-Modells, aber insbesondere für Inbound- und Search-Content. So kann man den Konsumenten dazu verführen, länger zu verweilen, als ursprünglich von diesem geplant. Google als führende Suchmaschine ist daran interessiert, dem Suchenden ein möglichst optimales Suchergebnis zu bieten. Wenn der Suchende auf der gefundenen Seite länger verweilt und sogar über interne Links tiefer einsteigt, ist das ein Qualitätsmerkmal, das sich positiv auf die Listung der Seite auswirken kann.

Externe Links

Auch Verweise auf fremde Inhalte können das Erlebnis für den Konsumenten des Contents verbessern, wenn auf relevante Inhalte auf anderen Seiten verwiesen wird. Allerdings birgt jeder externe Link auch die Gefahr, dass der Besucher Ihre Seite wieder verlässt. Durch Verweise auf andere Seiten stärken Sie deren Bedeutung bei Google. Nicht zuletzt ist Wikipedia, als größte Referenz zur Klärung von Begriffen, deshalb fast immer auf dem ersten Platz, wenn nach bestimmten Begriffen gesucht wird. Wenn Sie die richtigen Parameter („nofollow" und Öffnen im neuen Fenster) im Zusammenhang mit externen Links verwenden, sorgen Sie dafür, dass Sie mit dem Link nicht zu viel Autorität an die Zielseite abgeben und der Konsument leicht wieder zu Ihrer Seite zurückfindet.

Weiterverwendung

Bei der Planung von Content kann es die Wirtschaftlichkeit von Content Marketing erheblich verbessern, wenn man noch vor der eigentlichen Produktion über die weitere Verwendung von Inhalten nachdenkt. Jeder Artikel kann als Audioaufnahme zum Podcast werden, und umgekehrt kann eine Mitschrift eines Podcast als Artikel in einem Blog dienen. Aus jeder Audioaufnahme lässt sich leicht ein Video erstellen, und viele Videos könnten auch als reines Audio gut funktionieren. Planen Sie den Inhalt von Anfang an so, dass Sie ihn ohne großen zusätzlichen Aufwand in anderer Form und an anderer Stelle erneut als wertvollen Inhalt verwenden.

Produktion planen

Je weniger Ihr Content den Charakter von Nachrichten hat, desto einfacher ist es, mit großem Vorlauf zu planen. Thematisch zusammenhängende Inhalte kann man leichter im Block planen und produzieren. Ich selbst habe mir angewöhnt, den Inhalt meines Podcasts für ein ganzes Quartal am Stück zu produzieren. Dazu gebe ich mir ein Thema und plane dann dreizehn Beiträge, die, zum Teil aufeinander aufbauend, das Thema erschöpfend behandeln. Dann planen wir dazu die einzelnen Artikel, und ich schreibe die Texte auf einmal. Ebenso wird das Einsprechen der Texte für den Podcast am Stück durchgeführt, auch wenn die Erscheinungsweise dreizehn Wochen lang Zeit dafür gäbe. Sobald die Inhalte produziert sind, kann man mit den passenden Systemen die automatische Veröffentlichung zum richtigen Zeitpunkt planen und programmieren. Dann ist es auch nicht notwendig, dass zum Zeitpunkt der Veröffentlichung noch manuell eingegriffen wird. Sämtliche eigenen Inhalte und die Posts in den Social Media werden dann genau zum richtigen Zeitpunkt veröffentlicht.

Recycling von Inhalten

Manche Ihrer Inhalte werden im Laufe der Zeit beliebter sein als andere. Das lässt sich über die Anzahl der Aufrufe und auch über die Anzahl der Kommentare und Reaktionen leicht erkennen. Planen Sie von Zeit zu Zeit ein, solche beliebten Inhalte erneut zu veröffentlichen. Dabei verwenden Sie die alten Inhalte als Grundlage und erweitern oder ergänzen den Inhalt. Texte schreiben Sie neu und erweitern sie um aktuelle Inhalte. Videos nehmen Sie neu auf und beantworten die inzwischen gesammelten Fragen und Anmerkungen proaktiv im Video. Auf diese Weise können Sie die vom Publikum als wertvoll bezeichneten Inhalte nochmals nutzen und in verbesserter Form präsentieren.

Von der Content-Idee zum fertigen Inhalt

Viele Unternehmer kennen die hektische Betriebsamkeit, die entsteht, wenn mal wieder ein Newsletter fällig ist und man nicht geplant hat, was darin stehen soll. Wenn Content Marketing wirklich funktionieren soll, dann lohnt es sich, die strategische und planerische Vorarbeit zu leisten. Die zuverlässige und rechtzeitige Produktion und Veröffentlichung von Content ist dann einfach und ohne jede Hektik möglich. So entwickeln Sie im Laufe der Zeit eine große und immer weiter wachsende Basis an wertvollen Inhalten, die auf Ihre Expertise als Unternehmen einzahlen und immer mehr passende Zielkunden anziehen und an Sie binden.

3.3.5   Kommunizieren, statt nur zu senden

Die modernen Medien erlauben es jedem Einzelnen, aktiv an der Kommunikation teilzunehmen. Wenn noch zur Jahrtausendwende das Internet zwar bereits eine Rolle als Medium für den Konsumenten hatte, so ist es doch erst seit wenigen Jahren zu einer Selbstverständlichkeit geworden, dass jeder Einzelne selbst an einem öffentlichen Dialog teilnehmen kann. Google hat den Begriff „ZMOT – Zero Moment of Truth" geprägt, was so viel bedeutet wie der allererste Moment der Wahrheit. Darunter versteht man den Moment lange vor dem „First Moment of Truth", den man im Marketing als den Moment bezeichnet, zu dem der potenzielle Kunde das erste Mal mit dem Produkt in Berührung kommt und die Werbeversprechen mit seinem ersten Eindruck abgleicht. Der Second Moment of Truth ist übrigens der Moment, in dem der Kunde nach dem Kauf die tatsächliche Eignung des Produktes selbst beurteilt und dann entweder positiv, neutral oder negativ darüber spricht.

Der ZMOT ist also der Moment, zu dem der potenzielle Kunde sich über das Produkt informiert. Das Besondere am ZMOT ist, dass er durch die Vernetzung der Menschen untereinander zu einer Rückkoppelung der Erfahrungen einzelner Kunden auf die Kaufentscheidung anderer Menschen führt. Was uns direkt zum Thema Shitstorm führt.

Shitstorm und Vitalität

Viele Unternehmer haben schon mehrfach von sogenannten „shitstorms" gehört, bei denen sich eine große Anzahl von Individuen scheinbar zusammenfindet und gemeinschaftlich – zumeist auf beleidigende Weise – im Internet Kritik übt. Das kann ein Produkt treffen, das einen bedeutenden Fehler hat, oder eine Person, die ein vermeintliches Fehlverhalten gezeigt hat. Es ist offensichtlich, dass es vor allem solche Produkte und Personen trifft, die sich nicht auf eine offene Kommunikation im Netz einlassen. Daher könnte es eine gute Strategie sein, von Anfang an einen offenen Dialog zu pflegen und ganz bewusst vernetzt und offen zu kommunizieren.

Andere Blogs zu Ihrem Thema

Vermutlich gibt es zu Ihrem Themenfeld bereits den einen oder anderen etablierten Blog oder ein gut besuchtes Forum im Netz. Wenn Sie recherchieren, können Sie ganz einfach eine Liste dieser für Sie relevanten Orte anlegen. Wenn Sie dann von Zeit zu Zeit die neu erschienenen Inhalte durcharbeiten und sinnvolle Reaktionen planen, können Sie dadurch Ihre Sichtbarkeit und Expertise als Unternehmen befördern.

Gast-Kommentare

Sie können in den meisten ernst zu nehmenden Blogs einen Kommentar direkt zu jedem Artikel erstellen und dabei einen Link zu einem eigenen Inhalt angeben. So können Sie einen kurzen Kommentar zu einem Artikel schreiben und als verlängerte Antwort einen Link auf einen Ihrer Artikel angeben. Wichtig dabei ist, dass dies nicht als Spam, also als wertloser Zwischenruf, sondern als zusätzlicher wertvoller Beitrag aufgefasst wird. Statt eines kurzen „Siehe auch hier" in Verbindung mit einem Link sollten Sie besser einen in sich abgeschlossenen Kommentar zu dem Blogartikel schreiben und für diejenigen, die weiter lesen wollen, den Link mit noch mehr Inhalten angeben.

Gast-Artikel

Wenn Sie bereits den einen oder anderen Kommentar in einem fremden Blog verfasst haben, könnte ein guter Moment sein, um den Betreiber des Blogs zu fragen, ob dieser Interesse an einem Gastartikel in Ihrem Blog hat. Im Gegenzug können Sie selbstverständlich erfragen, ob Sie ebenfalls auf dessen Blog einen Artikel veröffentlichen können. Auf diese Weise etablieren Sie sich und Ihr Unternehmen mehr und mehr als einen relevanten Namen im Zusammenhang mit Ihrem Themenfeld. Das gilt auch für Audiobeiträge. Die meisten Podcasts sind auch im deutschsprachigen Raum sogenannte Interview-Formate. Das heißt, dass ein Gastgeber, der immer der gleiche ist, für jede Ausgabe einen Interviewgast hat, den er zu einem Thema interviewt. Sie können ganz einfach über eine Recherche herausfinden, welche Podcasts es in Ihrer Sprache zu Ihrem Themenkomplex gibt, und Kontakt zu den Betreibern aufnehmen. Wenn Sie thematisch passen, dürfte es in den meisten Fällen ganz einfach sein, bei einer der nächsten Ausgaben eingeplant zu werden. Technisch funktionieren diese Interviews zumeist online, sodass Sie für so ein Interview nur einen PC mit einer stabilen Internetverbindung und einen Kopfhörer mit Mikrofon benötigen.

Mit dem Leser kommunizieren

Das bedeutet selbstverständlich auch, dass Sie Ihre Leser, Hörer und Zuschauer aktiv zu einer Kontaktaufnahme auffordern. Wenn Sie in einem Artikel um Kommentare und Meinungsäußerungen bitten, dann bekommen Sie diese auch in höherem Maße. Das Gleiche gilt für die Bitte um Bemerkungen oder Bewertungen bei Podcasts oder YouTube-Filmen. Etablieren Sie einen Mechanismus, der Sie oder ein Redaktionsteam darauf aufmerksam macht, wenn Fragen oder Kommentare hereinkommen. Dann sorgen Sie dafür, dass jeder einzelne Kommentar und jede Frage eine Antwort bekommt. Abgesehen davon, dass Sie dadurch zeigen, dass Sie sich für die Meinung und die Ideen Ihrer Zielgruppe interessieren, können Sie dadurch entscheidende Informationen und typische

Formulierungen lernen. Sie bekommen einen besseren Einblick in die Denkweise und Wortwahl Ihrer Zielperson und können diese Erkenntnisse für Ihre Texte und Themenwahl verwenden.

Warum „social proof" so wichtig ist

Wenn wir Entscheidungen treffen sollen, für die wir keine Erfahrungswerte haben, wollen wir sicher sein, dass es keine Fehlentscheidung wird. Allerdings ist das ein unrealistischer Wunsch, denn jede Entscheidung birgt das Risiko zur Fehlentscheidung. Wir fühlen uns sicherer, eine Entscheidung zu treffen, wenn bereits mehrere andere Menschen die gleiche Entscheidung getroffen haben und positiv darüber berichten. Das scheint ein Mechanismus zu sein, der auf die Urzeit zurückgeht. Wenn mehrere Menschen von einer Frucht probiert haben, von deren gutem Geschmack berichten und den Genuss der Frucht offenbar gut vertragen haben, dann sind wir auch geneigt, die Frucht zu kosten. Auf diesen einfachen psychologischen Mechanismus können wir die positive Wirkung von Bewertungen und Referenzen zurückführen.

▶   Bewertungen geben uns Sicherheit.

Die Bewertungen von anderen Personen sind für uns wichtig, um Entscheidungen zu treffen. Im privaten Umfeld vertrauen wir auf die Einschätzungen unserer Freunde und Bekannten. Im beruflichen Umfeld können wir mit deren Rat oft nichts anfangen, weil sie in der Regel in anderen Berufen unterwegs sind und kaum relevante Erfahrungen mitbringen. Daher ist es vor allem im Business to Business – kurz „B2B" – besonders wichtig, Bewertungen von passenden Kunden zu haben und in geeigneter Weise zu präsentieren.

Bewertungsportale

In den letzten Jahren haben sich in fast allen Branchen sogenannte Bewertungsportale etabliert. Wir kennen das von Amazon, aber auch in der Reisebranche oder bei Restaurants, Ärzten und anderen Branchen, dass sich Menschen an den Bewertungen anderer Menschen orientieren. Dabei scheint sich ein fünfstufiges System von einem bis fünf Sternen durchzusetzen. Ein Stern besagt, dass es nicht empfehlenswert ist, und fünf Sterne bedeuten absolute Begeisterung.

Eine durchschnittliche Bewertung von vier Sternen oder mehr kann als wirklich sehr gut gelten, wenn bereits eine größere Anzahl von Bewertungen vorliegt. Eigentlich könnte auch jedes Unternehmen selbst die Bewertungen seiner Kunden direkt einsammeln und darstellen. Das ist allerdings nur sehr wenig glaubwürdig. Man würde dem Unternehmen unterstellen, nur die guten Bewertungen zu zeigen und die weniger guten Bemerkungen zu unterdrücken.

In diese Marktlücke sind viele junge Unternehmen eingedrungen und bieten sich als Plattform für Bewertungen an. In der Gastronomie und Hotellerie sind das Unternehmen wie TripAdvisor und Yelp, die solche Bewertungen einfangen. Diese Bewertungen sind auf den Seiten des Portals verfügbar. Hotels und Restaurants können die Bewertungen auf der eigenen Website anzeigen lassen und so von den positiven Bewertungen profitieren. Und die meisten Portale bieten auch eine Möglichkeit an, direkt auf Bewertungen zu reagieren.

▶   Wenn es in Ihrer Branche eines oder mehrere Portale gibt, dann sollten Sie diese Portale nutzen, um die Summe der Bewertungen auf Ihrer eigenen Website zu zeigen.

Falls es in Ihrer Branche kein Portal geben sollte, könnte die Plattform „provenexperts" für Sie eine gute Lösung darstellen.

Weil ich selbst viel auf Reisen bin, nutze ich das Portal TripAdvisor, um meine Bewertungen zu hinterlassen und vertraue auch auf die bereits vorhandenen Bewertungen dort für die Auswahl meiner Hotels. Manchmal reagieren die Manager der Hotels auf meine Bewertungen. Dabei unterscheide ich, vor allem bei negativen Bewertungen, genau zwei Formen der Rückmeldungen: Es gibt diejenigen, die meine Rückmeldung akzeptieren und grundsätzlich davon ausgehen, dass ich meine Meinung als Anregung und Information für den Hotelbetreiber abgebe. Und es gibt diejenigen, die meine kritischen Anmerkungen in Zweifel stellen und mehr oder weniger das Gegenteil behaupten. Ich vermute, sie tun dies, um die Kritik zu entwerten und abzuschwächen. Allerdings denke ich, dass sie damit genau das Gegenteil bewirken.

Sie können für Ihre Reaktion auf Bemerkungen ganz einfache Grundsätze berücksichtigen.

1. Der Kunde hat immer recht.
2. Die Sichtweise des Kunden ist ein Geschenk für Sie.
3. Ziehen Sie eine konkrete Erkenntnis aus jeder Bemerkung.

Die Erkenntnis kann auch sein, dass Sie die bemängelte Schwäche nicht beseitigen wollen, weil sie in diesem Preisgefüge dem Leistungsniveau entspricht. Allerdings sollten Sie solche Rückmeldungen ernst nehmen, wenn sie sich häufen.

▶   Nehmen Sie Kritik ernst, aber gehen Sie souverän damit um!

Wir tendieren dazu, negative Kritik deutlicher wahrzunehmen als positive oder neutrale Rückmeldungen. Das scheint dem Naturell der Menschen zu entsprechen. Deshalb kann eine einzige Ein-Sterne-Bewertung uns die Laune vermiesen, auch wenn dem eine viel größere Zahl von positiven Bewertungen gegenübersteht. Aus einer neutralen Sicht betrachtet ist es jedoch völlig normal, dass die Meinungen auseinandergehen. Für meine Wahrnehmung ist ein Buch, das bei Amazon ausschließlich fünf Sterne bekommen hat, eher suspekt. Wenn wenigstens einer oder zwei Verrisse dabei sind, dann erscheint es mir wesentlich glaubhafter.

Referenzen sind wörtliche Aussagen von Kunden

Noch stärker als Bewertungen sind Aussagen von relevanten Personen, die eine qualifizierte Rückmeldung zu unserer Leistung und deren langfristiger Wirkung abgeben. Dabei spielt ein Faktor eine besonders große Rolle: die empfundene Relevanz. Wenn Sie selbst ein mittelständischer Unternehmer im Maschinenbau sind, dann wird vermutlich die Referenzaussage eines Vorstandes der Lufthansa für Sie keinen großen Wert haben – und umgekehrt. Das gilt auch, wenn das Produkt oder die Leistung völlig unabhängig von der Unternehmensgröße funktioniert.

Unternehmen tendieren dazu, Aussagen aus ihrer eigenen Branche als glaubwürdiger zu bewerten, selbst wenn sie die Personen, die die Aussage machen, nicht persönlich kennen. Der „Stallgeruch" bringt einen Kompetenz- und Vertrauensvorsprung. Das gilt auch im Umgang mit Privatkunden. Wenn Sie zu einem bestimmten Thema oder Problem eine bestimmte Zielperson ansprechen wollen, dann sollte für die Zielperson auch sofort klar werden, dass das „Hier bin ich richtig"-Gefühl auch über die Referenzen bestätigt wird. Wenn Sie Rosenzüchter ansprechen wollen, dann sollten die Personen, die eine Rückmeldung gegeben haben, auch wie Rosenzüchter aussehen, und der Text sollte auch so klingen, als hätte ihn ein Rosenzüchter verfasst.

▶   Fordern Sie Rückmeldungen von Kunden gezielt ein!

In manchen Teilen West-Europas gibt es eine Kultur der reduzierten Überschwänglichkeit, um es vorsichtig auszudrücken. In Baden-Württemberg gibt es den Spruch „Ned g'schompfe isch scho g'lobt gnug", was so viel heißt wie: „Wenn ich nicht meckere, ist das genug Lob." Wenn Sie Rückmeldungen von Kunden haben wollen, dann lohnt es sich, sie darum zu bitten. Lassen Sie sich nicht davon unterkriegen, dass die meisten das dennoch ignorieren werden. Wenn Sie von 100 Kunden, die Sie um eine Rückmeldung bitten, eine Antwortquote von 20 % oder mehr bekommen, ist das schon ein Erfolg.

Etablieren Sie einen Prozess, bei dem Sie Ihre Kunden aktiv anschreiben und um eine Bewertung bitten. Eventuell können Sie diese dabei unterstützen, indem Sie ausdrücklich klar machen, dass bereits ein einziger Satz ausreicht. Und Sie könnten auf eine Ihrer Seiten verweisen, wo man sich andere Rückmeldungen als Beispiel ansehen kann.

Nutzen Sie diese Rückmeldungen und bringen Sie diese auf Ihre eigene Seite. Idealerweise mit Foto. Am einfachsten ist es, wenn Sie fragen, ob Sie das Profilfoto in XING oder LinkedIn dafür verwenden können. Und lassen Sie die Referenzen nicht in einer Unterseite mit dem Titel „Referenzen" verschimmeln. Die Referenzaussagen sollten auf Ihrer kompletten Seite an mehreren Stellen verteilt immer wieder im Fließtext auftauchen.

Die moderne Welt gibt uns viele Möglichkeiten, in direkte Kommunikation zu gehen, auch wenn Menschen sich nicht persönlich begegnen. Unternehmen dürfen lernen, diese Form der Kommunikation professionell zu nutzen. Die Geburtsjahrgänge der 1990er Jahre, die jetzt die Universitäten bevölkern oder bereits ihre ersten Berufsjahre hinter sich haben, sind es gewohnt, diese Medien zu nutzen. Unternehmen, die auch diese Generation als Kunden für sich gewinnen wollen, dürfen sich auf diese Form der offenen Kommunikation einstellen und sie beherrschen lernen.

3.3.6   Die Customer Journey richtig planen

Wenn Betrachter auf Ihre Webseite, Ihre Produktseite in einem Shop oder sonst einen Berührungspunkt mit Ihrem Unternehmen treffen, dann folgen danach vermutlich weitere Kontakte. Diese Abfolge von Kontakten kann man als Reise betrachten. Das Konzept der Customer Journey stellt die Aneinanderreihung verschiedener Kontaktpunkte zwischen einer beliebigen Person und Ihrem Unternehmen in den Mittelpunkt der Überlegungen. Wie bereits erwähnt, geht es nicht nur um Onlinekontakte. Auch ein Messebesuch, ein Anruf oder ein Besuch beim Kunden sind Berührungspunkte oder „Touchpoints", die als Abfolge mehrerer Stationen einer Reise betrachtet werden können. Eine Reise hat zumeist ein Ziel. Und genau das ist bei dieser Betrachtungsweise ein wesentliches Element: Wenn eine Person die Customer Journey antritt, wollen wir sie nach Möglichkeit zu einem bestimmten Punkt führen.

Anfang und Ende der Reise

In der Regel ist es einfach, das Ziel der Reise zu bestimmen. Fast immer dürfte es einen kommerziellen Hintergrund haben und damit zusammenhängen, dass ein potenzieller Kunde eine Kaufentscheidung trifft oder zumindest näher an diese Entscheidung herangeführt werden soll. Was aber sehr viele Unternehmen nicht berücksichtigen, ist der Ausgangspunkt der Reise. Von wo startet der Interessent? Was ist der Impuls, aus dem heraus er Kontakt zu Ihnen aufgenommen hat? Was war unmittelbar vor dem Kontakt sein Gedankengang und zentrales Interesse? Sich in den Kunden hineinzuversetzen und den Ausgangspunkt seiner Reise zu verstehen, um ihn dort „abzuholen", bildet die wesentliche Idee der Customer Journey.

▶   Die kürzeste Verbindung von A nach B ist nicht immer die beste.

Eine Verkürzung der Reise, um Zeit zu sparen, kann ein Ziel sein, dürfte aber in den meisten Fällen nicht klappen. Vertrauen bildet die Grundlage für eine Kaufentscheidung, und das Wachsen dieses Vertrauens kann man von außen kaum beschleunigen. Auch das Wachstum von Pflanzen geht durch das sprichwörtliche „Ziehen am Grashalm" nicht schneller vonstatten. Allerdings kann man die Bedingungen herstellen, die optimales Wachstum unterstützen. Genau das wollen wir erreichen, wenn wir die Kundenbeziehung als Reise mit mehreren Stationen sehen. Den Kunden und seine Bereitschaft, eine Verbindung einzugehen, nicht als Zustand sehen, sondern als Entwicklung, die wir ganz bewusst begleiten.

Der Ausgangspunkt der Reise

Nehmen wir als Ausgangspunkt der Reise einen Messebesuch. Wir nehmen an, dass Sie einen Stand auf einer Messe oder einem Kongress hatten und mehrere Visitenkarten von potenziellen Kunden gesammelt haben. Von hier aus sind viele Schritte denkbar. Eventuell könnte man auf den Gedanken kommen, als Erstes einen Produktkatalog oder gleich ein Bestellblatt zu versenden, um den Kunden zu einer Bestellung zu bewegen.

Weil wir uns ja schon öfter mit dem Hersteller von Rosendünger als Beispiel beschäftigt haben, können wir es ja noch einmal bemühen. Sagen wir, es gab eine Messe „Pflanzen und Erde", an der Sie teilgenommen haben. Sie hatten ein Gewinnspiel und in diesem Rahmen einige Teilnahmepostkarten von Interessenten ausfüllen lassen. Sicher könnten Sie jetzt sofort einen Prospekt mit einer anhängenden Postkarte für eine Bestellung von Rosendünger an alle Adressen versenden. Vermutlich würde sogar der eine oder andere Kunde entstehen, der bereits „heiß" war und nur noch den letzten Impuls benötigt, um eine Bestellung für Rosendünger abzusenden. Und sicherlich würden wir einige Chancen auf profitables Geschäft ungenutzt vergeben, wenn wir das als einzige Maßnahme folgen ließen.

Stationen der Customer Journey planen
Stattdessen könnten wir mehrere aufeinander folgende Kontakte planen, mit denen wir nicht nur die heißen Interessenten zu einer Entscheidung führen, sondern auch möglichst viele andere Kontakte weiterentwickeln und zu Kunden machen. Der erste Schritt könnte der Versand einer Broschüre sein: „Die 12 wichtigsten Tipps für einen gesunden Rosengarten" könnte ein kleines Heftchen sein, in dem Sie verschiedene Aspekte der Rosenzucht und auch, aber nicht nur, das passende Konzept zum Düngen erläutern. In dem Text zur Broschüre könnte genau das Gewinnspiel aufgegriffen werden: „Ihr Gewinn: Die wichtigsten Tipps für Ihren gelungenen Rosengarten." Ein nächster Schritt könnte dann ein weiterer Versand sein. Diesmal eventuell als E-Mail, wenn Sie die Adresse bekommen haben. Sie versenden dann wenige Tage später einen Hinweis auf ein Forum im Internet, in dem sich Rosenzüchter austauschen. Im Text der Nachricht könnten Sie einen Erfahrungsbericht eines Kunden mit dessen Bild seiner Lieblingsrose versenden. Eventuell mit dem Hinweis, dass Sie an weiteren Fotos von besonders gelungenen Rosen interessiert sind.

1. Der Kunde bewirbt sich für ein Vertriebsgespräch
Es gibt in vielen Vertriebsorganisationen die ungeliebte Messenachbearbeitung. Man ruft die Kontaktperson an, die auf einer Messe am eigenen Stand war, und versucht, ein Gespräch zu beginnen. „Sie waren ja auf der Messe XY an unserem Stand. Jetzt rufe ich Sie an, um zu fragen, … bla, bla bla." Mal ganz abgesehen davon, dass die wenigsten Kunden direkt erreichbar sind, ist die Erfolgsquote sehr gering. Im Umgang mit Privatkunden ist die telefonische Kontaktaufnahme sogar untersagt.

Im Gegensatz zu störenden Anrufen, die den Kunden unterbrechen, könnte man einen Schritt in die Customer Journey einbauen, bei der ein potenzieller Kunde aktiv eine Kontaktaufnahme per Telefon einfordert. Sie könnten – wieder mit dem Beispiel des Rosenzüchters als Zielperson – ein Analysegespräch anbieten. Dieses Gespräch zielt darauf ab, die äußeren Bedingungen abzufragen und dann ein individuell abgestimmtes Konzept zur Rosenpflege zu entwickeln.

Die Gestaltung des Gespräches kann so vorbereitet werden, dass einer Ihrer Wissensträger eine Reihe von Fragen entwickelt, die dem Kunden am Telefon gestellt werden.

Ausgehend von den Antworten können dann Umfang und Zusammensetzung eines Pflegekonzeptes angeboten werden. Darin enthalten ist ein Kalender, der die wichtigsten Zeitpunkte zum Düngen, Schneiden und Ausbringen von Pflanzenschutz enthält. Und ebenfalls die Zusammensetzung von Düngern und Schädlingsbekämpfungsmitteln mit Rezepturen und Produktangaben. Je nach Standort und Größe des Rosengartens bekommt der Kunde eine individuelle Empfehlung.

Der besondere Vorteil dieser Methode im Gegensatz zum undifferenzierten Anrufen aller Kontakte ist der geringere Aufwand bei vermutlich gleichem Erfolg. Wir müssen nicht mehr wertvolle Vertriebszeit damit vergeuden, Kontakte anzurufen, die im Moment nicht interessiert sind. Stattdessen rufen wir nur solche Kunden an, die aktiv um ein Beratungsgespräch bitten. Und welcher Verkäufer würde nicht gerne nur mit Kunden reden, die dieses Gespräch auch wollen und mit großer Wahrscheinlichkeit ein Problem haben, das sie lösen können.

2. Anderer Startpunkt – ähnliche Reise

Wenn wir annehmen, dass dieses Konzept sich bewährt hat, könnten wir es auf andere Ausgangspunkte anwenden. Der potenzielle Kunde wird zunächst mit wertvollem Inhalt versorgt, später aufgefordert, sich selbst mit Fragen oder eigenen Beiträgen einzubringen und später werden lediglich diejenigen, die im Moment zu einem Beratungsgespräch bereit sind, zu einem Telefonat gebeten. Angenommen, dieses Prinzip hätte sich für unseren Rosenzüchter bewährt, dann liegt es nahe, eine ähnliche Customer Journey auch für andere Ausgangspunkte zu planen.

So könnte man den Kunden von einem Blogartikel, einem Zeitungsartikel oder einem Radiobeitrag unterschiedlich „abholen". Selbstverständlich könnten Artikel mit unterschiedlichen Inhalten auch jeweils diesen Inhalt als Ausgangspunkt wählen. Ein Artikel über die passende Zusammenstellung von Rosensorten bietet einen anderen Ausgangspunkt der Reise an als ein Artikel über die größten Fehler beim Düngen von Rosengärten. In dem einen Fall kann die Reise länger dauern und mehrere Stationen haben, während im anderen Fall das Interesse bereits warm oder sogar heiß ist und mit weniger Stationen zum Ziel der Reise kommt.

Das Ziel sind die Stationen

Die Konzentration auf die Gestaltung der Stationen einer Reise stellt im Content Marketing ein wichtiges Grundkonzept dar. Die Botschaften der einzelnen Inhalte sind ohnehin abgestimmt auf die Content-Strategie und die Ausgangssituation der Zielperson. Wenn es gelingt, konsequent von unterschiedlichen Ausgangssituationen jeweils eine passende Customer Journey zu planen, wird das Content Marketing die passenden Ergebnisse liefern.

Ausschlaggebend ist die Konzentration auf die Startposition des Interessenten. Nur wer auf passende Weise in seinem aktuellen Denkprozess „abgeholt" wird, kann die Reise antreten und zu einem vorgesehenen Bestimmungsort kommen. Es ist wichtig, das Ziel einer Marketingmaßnahme zu kennen und eindeutig zu definieren. Um das Gelingen zu verbessern, ist es notwendig, die unterschiedlichen möglichen Positionen zu berücksichtigen, von denen aus eine Person die Reise antreten soll.

Im klassischen Marketing wird lange überlegt und dann eine Entscheidung für die Umsetzung getroffen. Mit einem oft langen zeitlichen Vorlauf wird dann die Kampagne veröffentlicht. Für Korrekturen fehlen dann fast immer das Budget und die Zeit.

▶   Machen Sie ganz bewusst einen Plan, um alle relevanten Ausgangssituationen zu identifizieren und die davon ausgehenden Stationen der Reise zu bestimmen.

In den seltensten Fällen wird es sich hierbei um einen einmaligen Prozess handeln. Die Möglichkeit, das genaue Verhalten der Zielperson zu testen und daraus weitere Schritte abzuleiten, ist vor allem bei Onlineaktivitäten besonders einfach durchführbar. Es lohnt sich, von Beginn an solche Korrekturen und Anpassungsprozesse mit einzuplanen.

Ein steter Prozess aus Entwurf, Umsetzung, Messung und Korrektur, um dann wieder mit einem geänderten Entwurf in die Umsetzung zu gehen, ist der Kreislauf, der dem Online-Marketing eine wesentlich höhere Effizienz gibt.

3.3.7 Mit Reichweite für mehr Publikum sorgen

Die grundsätzliche Idee des Content Marketings ist, dass der wertvolle Inhalt von der Zielperson gefunden wird, weil sie danach sucht. Der Inhalt selbst wird angebaut und mehr oder weniger bewusst gefunden und konsumiert. Zusätzlich kann eine Liste an bereits gesammelten Adressen angeschrieben werden, um auf neue Inhalte hinzuweisen.

Mailing

Eines der wichtigen Teil-Strategien beim Content Marketing ist es, „Listbuilding" zu betreiben. Dabei geht es darum, gezielt die Adressen von Menschen einzusammeln, die darum bitten, weiter informiert zu werden. Der wesentliche Unterschied zu gekauften Adressen eines Adressverlages ist es, dass diese Personen Ihnen ganz gezielt selbst und freiwillig eine Adresse überlassen haben und darum gebeten haben, weiterhin zu einem bestimmten Thema informiert zu werden. Dabei spielt es grundsätzlich keine Rolle, ob es sich um E-Mail-Adressen oder Post-Adressen handelt. Wir werden uns noch mit den unterschiedlichen Ideen beschäftigen, wie man E-Mail-Adressen nutzen kann, um im Content Marketing Erfolge zu erreichen. Auf jeden Fall sollten Sie Ihre vorhandenen Adressen nutzen, um diese auf neue, wertvolle Inhalte aufmerksam zu machen.

Social Media

Viele Unternehmen haben bereits sogenannte Firmenseiten auf Social-Media-Plattformen wie Facebook oder Google Plus eingerichtet. Auch XING und LinkedIn bieten die Möglichkeit, Firmenseiten einzurichten. Eventuell nutzen Sie auch bereits Twitter oder Instagram. Das Wesen dieser Plattformen ist es, dass man sich mit anderen Teilnehmern verbindet oder zumindest deren Beiträge bewertet oder gar im eigenen Kreise (ver-)teilt. Es lohnt sich, von Anfang an, die Aktivitäten in den Social Media mit in die Strategie der

Verteilung von Content einzuplanen. Wenn Sie Ihre bestehenden Kontakte in den verschiedenen Plattformen nutzen, um Links zu neuen Inhalten auf Ihrer Seite oder anderen Plattformen zu publizieren, dann kann das Ihre Reichweite erhöhen.

Die Strategie im Umgang mit Social Media sollte darauf ausgerichtet sein, die vorhandene Reichweite zu nutzen, den Dialog mit den Fans zu suchen und nach und nach in der natürlichen Reichweite zu wachsen, ohne in bezahlte Likes oder Follower zu investieren.

Werbung

Wenn Unternehmen neu starten und bislang noch wenige Adressen von Interessenten gesammelt haben, fehlt das Publikum. Es dauert eine Weile, bis Suchmaschinen den wertvollen Inhalt auf der ersten Seite anzeigen. Wer keine eigene Reichweite hat, kann diese kaufen oder mieten. Das ist seit vielen Jahren das Geschäftsmodell von Zeitungen, Fachzeitschriften, Radio- und Fernsehsendern. Deren Reichweite können Unternehmen für Anzeigen nutzen und so Menschen erreichen, zu denen sie selbst keinen direkten Zugang haben.

Werbeunterbrechung

In der klassischen Werbung werden Anzeigen in den eigentlich vom Nutzer verlangten Inhalt eingestreut. Je nach Medium ist das mehr oder weniger störend. Wir alle kennen die störenden Werbepausen im Fernsehen. Niemand will bewusst beworben werden. Wir Konsumenten haben entweder resigniert und ertragen die Unterbrechungen – oder wir schalten um. Ähnlich geht es uns mit Anzeigen, die uns bei unserem eigentlichen Bedürfnis, einen Artikel zu lesen, unterbrechen und ablenken. Bei Onlinewerbung sind längst sogenannte „Ad-Blocker" zu berücksichtigen, die klassische Werbeanzeigen – sogenannte „Banner" – ausblenden und für den Konsumenten unsichtbar machen. Wir können davon ausgehen, dass die althergebrachte Werbeunterbrechung mehr und mehr verschwinden wird, weil das Medium, das sie zulässt, an sich unattraktiv wird. Das klassische Privatfernsehen kann davon ein Lied singen, weil die junge Generation längst zu werbefreier Unterhaltung bei YouTube und den bezahlten Streaming-Diensten wie Amazon Prime und Netflix ausweicht.

Onlinewerbung

Auch Facebook und Google, die auf ihren Plattformen Werbeanzeigen verkaufen, sind sehr daran interessiert, die Werbung als Teil des Benutzererlebnisses zu sehen. Beide Unternehmen haben deshalb Mechanismen entwickelt, um solche Werbeanzeigen auszublenden oder zumindest extrem zu verteuern, wenn diese beim Empfänger auf wenig Gegenliebe treffen. Je geringer die positive Reaktion auf eine bestimmte Anzeige ausfällt – nennen wir es Relevanz der Anzeige – desto teurer muss der Werbetreibende jeden einzelnen Klick beziehungsweise jede Einblendung bezahlen. Und umgekehrt, je positiver die Reaktionen auf die Anzeige ausfallen, desto günstiger wird es für den Werbetreibenden.

Im Vergleich zu den Kosten klassischer Anzeigenwerbung in gedruckten Medien und erst recht im Vergleich zu Werbespots in Rundfunk und Fernsehen, lässt sich Onlinewerbung wesentlich feiner dosieren. Das kann Ihre Strategie im Content Marketing unterstützen, weil Sie so ganz genau auf die Zielperson zugeschnittene Kampagnen mit sehr kleinen Budgets fahren. Die klassischen Anzeigen aus den Anfängen der Onlinewerbung sind längst nicht mehr relevant. Damals wurden bestimmte Werbebanner fest für einen gewissen Zeitraum auf einer bestimmten Seite eingeblendet.

In der nächsten Entwicklungsstufe finden wir das Anzeigen-Netzwerk. Mehrere Anbieter von Content, beispielsweise Verlage, schließen sich zusammen, und der Werbetreibende bucht lediglich die Anzahl der Einblendungen in einem gewissen Zeitraum. Ein Mechanismus sorgt dann dafür, dass die Anzeigen der verschiedenen Anzeigenkunden an unterschiedliche Betrachter zufällig angezeigt werden.

Suchwortwerbung

Eine wesentliche Verbesserung der Wirkung von Anzeigen wurde durch die Idee der Suchwortwerbung erreicht. Google als führende Suchmaschine hatte sich entschieden, statt der üblichen Bannerwerbung eine neue Kategorie von Werbeanzeigen zu etablieren. Bei diesen Werbeanzeigen werden die Anzeigen nur dann angezeigt, wenn ein bestimmtes Suchwort eingegeben wurde. Dadurch kann man die Streuverluste minimieren, weil eine bestimmte Anzeige eben nur dann angezeigt wird, wenn ein bestimmtes Suchwort verwendet wird. Google bietet inzwischen verschiedene Werkzeuge an, um die Relevanz von Suchworten zu bestimmen und die Kosten zu planen.

Mit dieser Art von Werbung können wir die Auffindbarkeit von neuem Content unterstützen, bis die natürliche Sichtbarkeit der Inhalte so weit angestiegen ist, dass wir auf bezahlte Werbung verzichten können.

Content-maskierte Anzeigen

Inzwischen ist es üblich, dass bekannte Tageszeitungen und andere Onlinemedien mit hoher Besucherzahl sogenannte „gesponserte Hinweise" verkaufen. Sie kennen vermutlich Onlinemagazine und Tageszeitungen im Internet, bei denen Ihnen am Ende eines Artikels oder in der rechten Spalte weitere interessante Inhalte mit Überschrift und einem Bild empfohlen werden. Wenn Sie darauf klicken, landen Sie bei einem weiteren Artikel. Allerdings könnten Sie auch auf einen externen Inhalt geleitet werden. Werbetreibende, die ihre eigenen Inhalte über ein Medium mit größerer Besucherzahl bekannter machen wollen, greifen auf diese Möglichkeit zurück. So könnten Sie ebenfalls neue Inhalte Ihrer eigenen Seite bekannter machen.

Custom Audiences

Die Möglichkeit, die Zielgruppe immer genauer zu bestimmen, hat durch Facebook einen entscheidenden Innovationsschub bekommen. Die Erklärung dafür liegt auf der Hand: Die einzelnen Benutzer haben durch die Benutzung von Facebook eingewilligt, dass Facebook ihre demografischen Daten nutzen darf, um Werbeanzeigen danach auszurichten. Werbetreibende können dadurch genau bestimmen, an welche Gruppe von Personen ihre Anzeigen ausgeliefert werden. So ist es beispielsweise sehr einfach für den Werbekunden bei Facebook möglich, nur die weiblichen Kunden im Alter von 28 bis 36 im Raum Stuttgart anzusprechen, die in letzter Zeit Interesse für Babynahrung oder Windeln gezeigt haben. Weil die Menschen in der Regel bei Facebook eingeloggt bleiben, auch wenn sie andere Seiten im Internet besuchen, kann Facebook auch daraus ein Interessensprofil ableiten.

Retargeting

Noch interessanter für unsere Zwecke im Content Marketing sind die Möglichkeiten, die sich durch Retargeting ergeben. Vermutlich haben Sie sich schon einmal über schlecht gemachtes Retargeting gewundert: Da kauft man ein Produkt X in einem Onlineshop und danach „verfolgt" einen dieses Produkt in Form von Anzeigen durch das ganze Internet. Überall und immer wieder tauchen völlig sinnlose Werbeanzeigen für ein Produkt auf, das man bereits gekauft hat. Viel sinnvoller wäre es, jetzt Ergänzungsprodukte für den bereits getätigten Einkauf anzubieten.

Diese schlecht gemachte Form von Retargeting soll uns nicht davon abhalten, über clevere Anwendungsfälle nachzudenken.

> **Beispiele für cleveres Retargeting**
> **Einkaufsprozess**
> Man richtet sich an Kunden, die eine Ware in den Warenkorb gelegt haben, aber den Kauf noch nicht abgeschlossen haben.
> **Anmeldeprozess**
> Man richtet sich an Besucher, die auf einer bestimmten Site waren, aber dort nicht den vorgesehenen Anmeldeprozess, beispielsweise für das Herunterladen einer Studie, abgeschlossen haben.
> **Weiterführender Inhalt**
> Man richtet sich an Leser eines Artikels A und bewirbt damit den Artikel B, der eine Weiterführung oder Weiterentwicklung bedeutet.
> **Anschlusskauf**
> Man richtet sich an Kunden, aber erst nach einer bestimmten Zeit, wenn ein Anschluss- oder Ersatzkauf eines bestimmten Produktes wahrscheinlich ist.

Solche Methoden sind für den Werbetreibenden ausgesprochen kostengünstig, weil die Zielgruppe in der Regel sehr klein ist. Auch wenn der einzelne Klick bei dieser feinen Selektion etwas teurer wird, so ist doch der Return on Invest außergewöhnlich hoch, weil die relevante Zielgruppe besser erreicht wird. Wenn die Auswahl der Zielgruppe, auch „Custom Audience" genannt, geschickt durchgeführt wurde, dann sind auf diesem Wege sehr günstige Anzeigenschaltungen mit sehr großer Wirkung möglich.

Durch Retargeting lässt sich neben den selbst gesteuerten Interaktionen auch Anzeigenwerbung in die Customer Journey einbauen. Unternehmen können dadurch auf sinnvolle Weise die Kommunikation mit der Zielperson aufrechterhalten, auch wenn diese für eine gewisse Zeit nicht auf die Seiten des Unternehmens gelangt.

Lookalike Audiences

Die vielleicht größte Revolution der Werbung in der Informationsgesellschaft ist die sogenannte „Lookalike Audience". Zum Zeitpunkt der Manuskripterstellung dieses Buches ist Facebook hierbei führend. Bei dieser Methode sucht man sich eine bestimmte

Custom Audience, also eine bestimmte Menge an Personen, die mittels einer der zuvor beschriebenen Methoden selektiert wurde. Das könnten beispielsweise alle Besucher Ihrer Website in einem bestimmten Zeitraum oder alle Leser Ihres Newsletters oder alle Käufer eines bestimmten Produkts sein. Diese Zielgruppe nutzen Sie als Ausgangspunkt und lassen einen Werbeanbieter, wie zum Beispiel Facebook, eine sogenannte Lookalike Audience bestimmen. Diese neue Zielgruppe zeichnet sich dadurch aus, dass sie große Ähnlichkeit hinsichtlich der demografischen Struktur, dem Verhalten und dem Interessensprofil hat wie ihre Ausgangsgruppe. Das kann sehr wertvoll sein, weil die neue Zielgruppe örtlich und sprachlich ganz unterschiedlich sein kann. So könnte beispielsweise ein Pizzaservice, der die Besucher seiner Seite als Ausgangspunkt nimmt und der beabsichtigt, in eine andere Stadt zu expandieren, sehr schnell eine relevante Zielgruppe in einer neuen Stadt ansprechen. Auf diese Weise lassen sich auch Sprachen und Landesgrenzen überwinden. Wenn Sie eine bestimmte Dienstleistung erfolgreich in Deutschland verkaufen, ließen sich mit dieser Methode schnell die ähnlichen Kunden in Frankreich oder England adressieren.

Reichweiten und Ergebnisse: messen, messen, messen!
Content Marketing lebt davon, dass die richtigen Personen die Inhalte wahrnehmen und nutzen. Es geht in vielen Marktnischen nicht um große Zahlen von Lesern, weil die Zielgruppe zahlenmäßig sehr klein sein kann. Mit der richtigen Werbestrategie lassen sich die Bekanntheit und Akzeptanz in der Zielgruppe wesentlich beschleunigen.

Content Marketing verfolgt in besonderem Maße die Philosophie des „Testen und Messen". Man experimentiert ganz bewusst mit verschiedenen Ansätzen und misst den Erfolg der Varianten. Dann entscheidet man sich für die erfolgreichere Variante und optimiert diese weiter. Abgesehen von diesen operativen Messmethoden kann auch der Erfolg von Content Marketing insgesamt gemessen werden, um vonseiten der Führung sinnvoll zu steuern. Dazu sollte man sich klar gemacht haben, welche Messwerte relevant sind und wie man sie interpretiert.

Worauf kommt es nun für Entscheider an? Jeder Führungskraft, die sich entschließt, in Content Marketing zu investieren, sollte sich klar machen, an welchen Messwerten der Erfolg festgemacht werden soll. Weil der direkte Umsatzerfolg sich vermutlich nicht sofort im ersten Quartal einstellen wird, sind davon abgesehen noch weitere Messwerte relevant, um die Leistung des Marketings zu messen und weiter zu optimieren. Dabei finden sich die Kennzahlen in unterschiedlichen Dimensionen und werden mit unterschiedlichen Werkzeugen gemessen. Diese Kennzahlen und Messwerte werden zumeist mit englischsprachigen Begriffen benannt. Wir benutzen hier auch diese englischen Begriffe, weil sie in den meisten Werkzeugen auch genau so benannt sind:
Traffic, Visits und Page Views
In diesem Block konzentrieren wir uns auf Kennzahlen, die Ihre eigene Webseite beziehungsweise Blog betreffen. Dabei ist der Begriff „Traffic" der Oberbegriff für den Verkehr, der auf der Seite herrscht. Diesen Verkehr misst man in „Visits" oder „Sessions"

und „Page Views". Ersteres ist der Besuch einer Person auf Ihrer Seite, unabhängig von der Anzahl der Unterseiten, die sie besucht. Die Page Views geben an, wie viele Seiten insgesamt angesehen wurden.

Ein weiteres Kriterium, das sich aus diesem Zusammenhang messen lässt, ist der sogenannte Benutzerfluss beziehungsweise die Absprungrate. Sie können genau messen, wie viele Besucher auf welcher Seite den Besuch begonnen haben, welche weiteren Seiten sie danach besuchten und von welcher Seite sie wieder Ihre Seite verlassen und zu anderen Seiten im Internet beziehungsweise auf der Liste der Suchergebnisse sie zurückgekehrt sind. Alle diese Zahlen lassen sich noch nach dem Ursprung des Traffic aufschlüsseln. Üblich ist es, nach diesen Quellen zu unterscheiden:

- *Direct:* Der Besucher hat Ihre Seite eingetippt oder die URL in das Browserfenster kopiert.
- *Search:* Der Besucher kam nach der Eingabe eines Suchbegriffs durch den Klick auf eines der Suchergebnisse auf Ihre Seite. Hier lohnt es sich, auch im Auge zu behalten, welche Begriffe für Ihre Seite heute bereits funktionieren und welche noch optimiert werden sollten.
- *Paid:* Das ist der Traffic, der durch den Klick auf eine bezahlte Anzeige entstand.
- *Social Media:* Hier sehen Sie den Traffic, der durch einen Klick auf einer Social-Media-Plattform zustande kam.
- *Mail:* Der Traffic, der durch den Klick auf einen Link in einer Ihrer Aussendungen zustande kam.

Es lohnt sich, bestimmte sogenannte Roboter oder kurz „bots" aus den Suchergebnissen herauszufiltern. Es gibt bestimmte Automaten, die regelmäßig Ihre Webseiten besuchen und bestimmte Arbeiten verrichten. Allen voran die Bots der Suchmaschinen, die den Inhalt überfliegen und für die Suchalgorithmen aufbereiten. Und es gibt andere Bots, die Ihre Seite regelmäßig besuchen, ohne dass Sie das verhindern können. Suchen Sie sich einen Experten für die Einrichtung Ihres Analysewerkzeugs, wie zum Beispiel Google Analytics, um solche Unschärfen auszublenden und nur den echten Traffic zu messen. Im Abstand von mindestens einem Monat, idealerweise bereits im Abstand von einer Woche, sollten Sie die Entwicklung des Traffic messen, die Entwicklung beurteilen und gegebenenfalls mit den Zahlen des Vorjahres vergleichen, um auch saisonale Schwingungen besser zu verstehen.

Conversions

Wir haben bei jeder Form von Content grundsätzlich das Ziel, dass der Konsument einen weiteren Schritt geht, eine Entscheidung trifft oder sonst in irgendeiner Weise reagiert. Das nennen wir „Conversion". Oft wird diese auch in einer Quote angegeben und nennt sich dann „Conversion Rate". Das könnte beispielsweise die Prozentzahl der Newsletter-Anmeldungen im Vergleich zu den Besuchern der Anmeldeseite sein. Oder vielleicht die Rate derer, die eine Checkliste anfordern, die Sie in einem Blogartikel als erweiterten Inhalt anbieten. Oder vielleicht die Anzahl derer, die nach dem Betrachten eines Videos einen Link geklickt haben, um mehr zu erfahren. Ebenso kann die Conversion an jedem weiteren Schritt des Prozesses gemessen werden, bis hin zur Quote derer, die ein Kaufangebot angenommen haben und letztlich online oder auf anderem Wege bestellen.

Open und Clicks

Bei Aussendungen kann man die Öffnungsrate und die Klickrate messen. Die Öffnungsrate wird allerdings in der Regel nicht richtig angegeben. Das liegt in der Natur der Sache E-Mail. Das Messverfahren für sogenannte „Opens" sind Aufrufe kleiner unsichtbarer Bilder. Sie kennen das vermutlich von Ihrem Umgang mit E-Mails, dass manche E-Mails mit Bildern und Darstellungen verschönert sind. Diese Bilder können mit der Mail selbst versendet werden. Oder sie werden zum Zeitpunkt des Öffnens und Betrachtens von einem bestimmten Ort im Internet nachgeladen und angezeigt. Um die Öffnungsrate von E-Mails zu bestimmen, werden minimale Bilder mit einer fast unsichtbaren Kantenlänge von einem Pixel so in jeder E-Mail eingesetzt, dass diese beim Öffnen nachgeladen werden. Das System, das diesen Versand vornimmt, packt in jede einzelne E-Mail individuell einen anderen Pixel, sodass später genau bestimmt werden kann, welche E-Mail wann geöffnet wurde. Allerdings hat diese Methode einen Nachteil: Der Benutzer kann das automatische Nachladen von Bildern abstellen. Dann kann diese Zählung nicht stattfinden. Weil bei Apple-Systemen das Nachladen von Bildern standardmäßig eingeschaltet ist und gegebenenfalls abgeschaltet werden kann, während es bei Windows genau umgekehrt ist, ist die angezeigte Öffnungsrate auf Apple-Systemen zumeist deutlich höher. Allerdings kann diese Zahl falsch sein, weil man eine E-Mail auch öffnen kann, ohne dass sie gezählt wurde. Dagegen sind die gezählten Klicks immer eindeutig. Theoretisch könnte ein Klick auf einen Link in einer E-Mail gezählt werden, die gar nicht als geöffnet registriert wird. Clevere E-Mail-Systeme korrigieren diesen Messfehler.

Öffnungsraten können sehr unterschiedlich ausfallen. Bei regelmäßig versandten Newslettern können 30 % Öffnungsrate schon sehr gut sein. Bei E-Mails, die als direkte Antwort auf eine Kampagne versendet werden, habe ich auch schon Öffnungsraten von 90 % oder mehr gesehen. Klickraten sind die relevantere Größe, weil sie die Reaktion auf eine E-Mail darstellen. Hier sind Raten von einem Prozent bis 30 % realistisch. Wichtig ist, dass man die Veränderungen im Auge behält und an der Verbesserung der beiden Kennzahlen arbeitet.

Anzeigenleistung

Wenn Sie Geld in Onlinewerbung stecken, dann wollen Sie auch im Blick behalten, was Sie genau zurückbekommen. Die Leistung von Anzeigenkampagnen ist sehr dynamisch. Am Anfang, wenn Sie noch verschiedene Motive testen, kommt es darauf an, die ideale Kombination aus Text und Bild zu finden, die am Ende die besten Ergebnisse liefert. Letztlich wollen Sie wissen, was eine Conversion kostet, wobei diese Conversion sowohl eine gewonnene E-Mail-Adresse sein kann als auch ein verkauftes Produkt. In jedem Fall kann man genau sagen, was bei welcher Anzeige eine Conversion kostet. Sie wollen sicherstellen, dass Sie die teureren Anzeigen stoppen und Ihre finanzielle Kraft auf die günstigeren Anzeigen konzentrieren. Ab einem gewissen Zeitpunkt kennt jedoch die Zielgruppe alle Anzeigenmotive und wird weniger stark reagieren. Sie sollten diesen Knick in der Leistung der Kampagne erkennen und reagieren. Jetzt ist der richtige Zeitpunkt, um die Kampagne zu stoppen, oder ganz neue Anzeigen zu gestalten. Eventuell kann man auch inzwischen genug Traffic ganz ohne bezahlte Anzeigen messen, sodass Sie ganz auf darauf verzichten können.

Umsätze und andere Vertriebserfolge

Ab einem gewissen Zeitpunkt wechselt die Verantwortung für einen Kontakt vom Marketing in den Vertrieb. Entweder, weil der potenzielle Kunde in einen Onlineshop geleitet wird und nun reif ist, ein Produkt zu kaufen. Oder weil ein Kontakt an einen menschlichen Verkäufer übergeben wurde, der nun die Verantwortung übernimmt. Auch diese Daten wollen Sie als Leistungsmessung mit in die Messung hereinnehmen. Schließlich ist das genau das Ziel von Content Marketing, nämlich neue Kunden zu gewinnen, die Ihre Produkte und Leistungen kaufen.

Testen, testen, testen!

Für viele Menschen ist es eine seltsame Vorstellung, dass man im Rahmen von professionellem Marketing testet. Das klingt offenbar für manche Ohren nach Unwissenheit und Spielerei. Echte Profis müssten doch schon vorher wissen, was funktioniert und was nicht … Allerdings ist das genau der große Vorteil von Onlinemedien: Man kann ausgehend von einem ersten guten Entwurf weiter optimieren. Das Werkzeug dazu ist der sogenannte A/B-Test oder Split-Test, den wir in Abschn. 4.12 noch ausführlich vorstellen werden.

Literatur

Lange, M. (2015). „FISH Model und Content RADAR", Slideshare. Folienvortrag http://de.slideshare.net/talkabout/fish-modell-und-content-radar-zwei-geniale-strategie-tools-fr-dascontent-marketing. Zugegriffen: 17. Aug. 2015.
Osterwalder, A., & Pigneur, Y. (2011). *Business modell generation*. Frankfurt a. M.: Campus.
Osterwalder, A. et al. (2015). *Value proposition design*. Frankfurt a. M.: Campus.

Wie Sie Medien und Werkzeuge nutzen, um Content effektiv und effizient zu produzieren

4

▶ Sie sind jetzt bereits tief in die Ideen der Umsetzung eingestiegen und wissen, wie man mit Content Marketing moderne Marketingstrategien plant und umsetzt. In diesem Kapitel konzentrieren wir uns auf die Feinheiten bei der Umsetzung. Wir betrachten verschiedene Medien und Formen von Content. Dabei wollen wir auch einen Blick auf die konkrete Umsetzung werfen und die Werkzeuge beschreiben, die man einsetzen kann, um die gewünschte Wirkung einfach und kostengünstig zu erzielen. Wenn Sie nicht planen, selbst die Umsetzung im operativen Geschäft durchzuführen, dann werden Sie diesen Teil des Buches vielleicht nur punktuell lesen wollen. Oder Sie nutzen diesen Teil als Nachschlagewerk, wenn Sie sich mit den einzelnen Themen intensiv beschäftigen wollen.

4.1 Wie Sie per Keyword-Recherche herausfinden, wonach potenzielle Kunden suchen

Gemäß einer über mehrere Jahre laufenden Studie von ARD und ZDF (2015) nutzen inzwischen 82 % der Menschen in Deutschland Suchmaschinen wie zum Beispiel Google. Bei den 14- bis 29-Jährigen sind es sogar 93 %. Selbst bei den über 60-Jährigen sind es immerhin noch 62 %. Deshalb ist die Präsenz bei diesen Suchmaschinen inzwischen ein faktischer Wettbewerbsfaktor geworden.

Keywords sind die Begriffe, über die Ihre Inhalte gefunden werden, wenn Ihre potenziellen Kunden Anfragen in Suchmaschinen eingeben. Ihre Zielgruppe tut das, weil sie Antworten auf ihre Fragen beziehungsweise Lösungen für ihre Probleme sucht. In diesem Abschnitt lernen Sie eine grundlegende Strategie kennen, um die passenden Begriffe zu ermitteln, die Ihre potenziellen Interessenten vermutlich verwenden. Und wir

© Springer Fachmedien Wiesbaden 2017
S. Heinrich, *Content Marketing: So finden die besten Kunden zu Ihnen,*
DOI 10.1007/978-3-658-13899-8_4

besprechen eine Vorgehensweise, mit der Sie sich auf die passenden Suchbegriffe fokussieren und die überflüssigen eliminieren können.

4.1.1   Der Unterschied zwischen Keywords und Suchbegriffen

Was zunächst bei dem Begriff „Keyword" verunsichern könnte, ist, dass man darunter auch mehrere Worte oder ganze Sätze verstehen kann. Man spricht auch von sogenannten „Long Tail Keywords", wenn mehre Worte gemeint sind. Lassen Sie uns das an einem Beispiel analysieren. Nehmen wir an, wir möchten die geeigneten Keywords für einen Anbieter von Heizungsplanung ermitteln. Es handelt sich um ein Unternehmen, das sich mit der Planung und Berechnung von Heizungssystemen für größere Wohngebäude und Gebäude der öffentlichen Hand handelt.

Das Keyword ist die Perspektive des Anbieters und der Suchbegriff ist die Perspektive des Suchenden. Wenn ein potenzieller Kunde den Suchbegriff „Wie plant man eine Heizung professionell?" eingibt, erwartet er eine bestimmte Art von Ergebnis. Wenn man diesen Suchbegriff eingibt (Stand Dezember 2015), wird man allerdings enttäuscht, denn keines der ersten Ergebnisse bietet eine Antwort auf die Frage. Offenbar hat zu diesem Zeitpunkt keiner der Anbieter diese Suchanfrage erwartet und mit passenden Keywords versehenen Content angeboten.

Wenn der Suchende jetzt seine Suche verändert und „Wie plant man eine Heizung?" eingibt, wird die Ausbeute besser sein. Bei dieser Suchanfrage erscheinen völlig andere Ergebnisse als zuvor. Und diese Ergebnisse haben eine höhere Relevanz. Ein professionelles Planungsunternehmen könnte ganz leicht mit beiden Suchanfragen weit oben landen, wenn es Content anbieten würde, der auf das Keyword „Heizung Plan professionell" optimiert ist. Es lohnt sich also, verschiedene Varianten von Suchanfragen zu testen, um zwei Ziele erreichen:

4.1.2   Keyword-Recherche Ziel 1: Varianten finden

Wie der Test gezeigt hat, können leichte Abwandlungen des Suchbegriffs ganz unterschiedliche Ergebnisse zutage fördern. Wer professionelles Content Marketing betreibt, sollte sich schon zu Beginn viele Gedanken über die passenden Keywords machen. Entgegen dem alten Gedanken beim Online-Marketing, dass man eine Seite „optimiert", ist es bei Content Marketing das Ziel, ein Portfolio von Inhalten auf einer Seite zu schaffen, die zu einem Themenkomplex passende Lösungen aus unterschiedlichen Perspektiven anbieten.

Lassen Sie uns den Prozess der Keyword-Planung am Beispiel unseres Heizungsplaners einmal durchlaufen. Als erste Idee für ein Keyword könnte man „Heizungsanlage planen" auswählen. Wenn man dieses Keyword als Suchbegriff bei Google eingibt, bekommt man ein erstes Suchergebnis. Unser Ziel ist im Moment jedoch, sinnvolle

Varianten des Keywords zu finden, damit wir eine Übersicht über die relevanten Suchanfragen bekommen und später den Content optimal planen können.

1. **Automatische Vervollständigung für Varianten des Keywords nutzen**
Noch während man in Google den Suchbegriff „Heizungsanlage planen" eingibt,
erscheinen einige zusätzlich leicht abweichende Suchbegriffe als Vorschlag. Google
nennt diese Funktion „Automatische Vervollständigung". Angezeigt werden Suchbegriffe, von denen Google meint, dass sie jetzt relevant sind, und die bereits von anderen
Suchenden eingegeben wurden. Wir können diese Funktion sehr gut nutzen, um Ideen
für alternative Keywords zu sammeln. Am besten, wir legen uns eine Tabelle an, in der
die verschiedenen Suchbegriffe untereinander stehen. Das kann man selbstverständlich
mit den Varianten der Varianten immer weiter treiben und so einen ganzen Fundus an
Keywords sammeln.

2. **Verwandte Suchanfragen für die Recherche von Keywords starten**
Eine weitere Funktion von Google sind die „Verwandten Suchanfragen", die am unteren
Ende der Seite mit den Suchergebnissen angezeigt werden. Auch diese bieten uns Möglichkeiten für Variationen des Keywords an. Auch diese können wir in einer Liste sammeln, um dadurch alle nur denkbaren Variationen des Keywords zu ermitteln.

3. **Automatisch Variationen des Keywords finden**
Das zurzeit kostenlose Werkzeug „Übersuggest" (http://ubersuggest.org/) bietet einen
Automatismus an, um beliebige Varianten eines Suchwortes zu finden. Man gibt ledig-
lich ein Keyword ein, wählt die Art der Suche aus (Web, Bilder, Videos, etc.) sowie die
Sprache und bekommt dann eine lange Liste mit Variationen, die man sofort mit einem
Klick als Liste exportieren kann.

Ebenso bietet Google in AdWords in dem Tool „Keyword Planner" eine Funktion an,
die heißt: „Mithilfe einer Wortgruppe, einer Website oder einer Kategorie nach neuen
Keywords suchen". Auch hier bekommt man eine lange Liste mit Variationen, die man
nun weiter bearbeiten muss.

Spektakulär ist die Präsentation der Rechercheergebnisse durch „answerthepub-
lic" http://answerthepublic.com. Hier bekommen Sie die relevanten Suchanfragen von
Google und Bing semantisch aufbereitet: Zum einen danach, welche Fragen gestellt wurden (vgl. Abb. 4.2), und zum anderen danach, welche Präpositionen im Zusammenhang
mit dem Suchwort verwendet wurden. In Abb. 4.1 sehen Sie das Ergebnis am Beispiel
des Suchwortes „Rosen".

4. **Entscheiden Sie, welche Keywords relevant sind**
Unser Zwischenergebnis ist eine lange Liste mit möglichen Keywords. Wir wissen allerdings nicht, welche davon wirklich relevant für uns sind. Die Relevanz eines Keywords
kann man unter Berücksichtigung zweier Aspekte bestimmen:

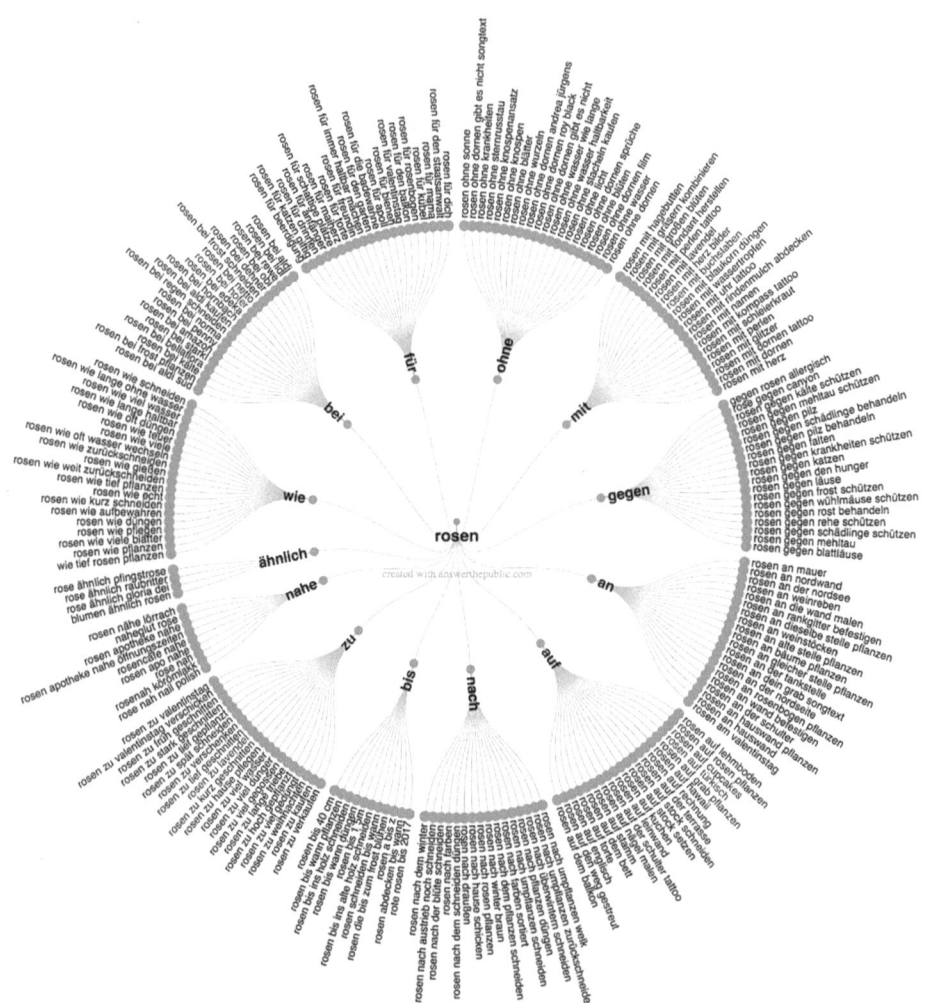

Abb. 4.1 Mit diesen Präpositionen wird nach „Rosen" gesucht

- *Wie passt unser Angebot zur Intention des Suchenden?* Diesen Faktor können wir bei der Planung des Suchwortes noch nicht abschließend klären. Allerdings ist dieser Faktor sehr wichtig, wenn wir im weiteren Verlauf unsere Content-Marketing-Aktivitäten regelmäßig messen und analysieren. Achten Sie jedoch darauf, dass das sogenannte „Snippet", also der erste Teil des Suchergebnisses, der in der Liste der Suchergebnisse auf Google angezeigt wird, zur Intention des Suchenden passt und die wichtigsten Worte sich darin wiederfinden.
- *Wie oft wird der Suchbegriff benutzt?* Die Antwort auf diese Frage liefert uns das von Google angebotene Werkzeug „Keywords Planner", das als Teil von „Google

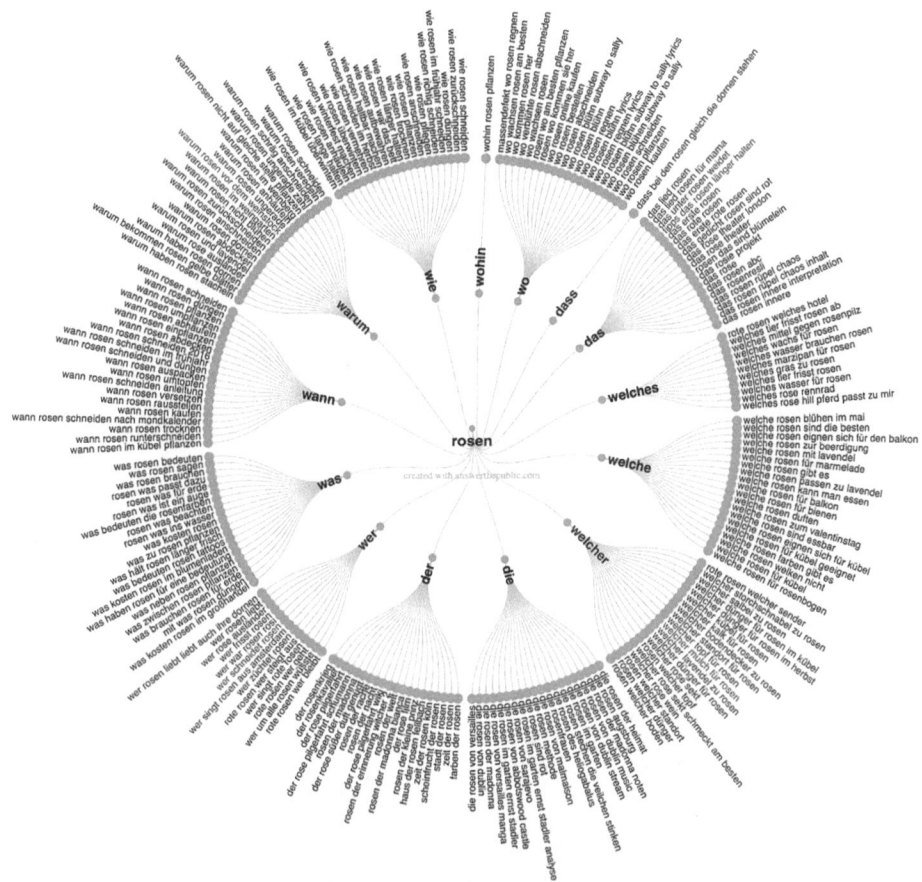

Abb. 4.2 Diese Fragen werden zu „Rosen" gestellt

AdWords" kostenlos angeboten wird. Sie benötigen dazu ein Konto bei Google AdWords, das Sie kostenlos bekommen können. Google bietet dieses Werkzeug seinen werbetreibenden Kunden an, um die passenden Keywords für Anzeigen zu ermitteln. Wir nutzen dieses Tool im Moment unabhängig von dem Plan, eine Anzeige zu schalten.

Anleitung für den Google Keyword-Planner
Loggen Sie sich in AdWords ein und wählen Sie im Menü „Tools" und dann „Keyword-Planner". Nun wählen Sie die zweite Option „Daten zum Suchvolumen und Trends abrufen" und bekommen eine Eingabemöglichkeit, in die Sie Ihre umfangreiche Liste der Keywords einsetzen. Dann wählen Sie noch die geografische Region aus, in der die Analyse laufen soll.

Wenn Sie wollen, können Sie auch Suchbegriffe ausschließen. Das kann sinn-voll sein, wenn man zum Beispiel verhindern will, dass nur solche Abfragen gezählt werden, in denen bestimmte Worte nicht vorkommen. Weil unser Hei-zungsbauer private Hausbesitzer ausschließen will, könnte er das Wort „kostenlos" ausschließen, um damit alle Suchanfragen auszuschließen, die dieses Wort enthal-ten.

Als Ergebnis bekommen Sie eine Tabelle, die in jeder Zeile ein Keyword, die durchschnittlichen Suchanfragen pro Monat, die Intensität des Wettbewerbs, der zu diesem Suchbegriff unter Werbetreibenden besteht, und schließlich den Gebots-preis pro Klick, den Google empfiehlt. Uns interessiert im Moment vor allem die Anzahl der Suchanfragen.

Zusätzlich zu der Tabelle bekommen Sie noch eine Balkengrafik, die zeigt, in welchem Monat üblicherweise wie viele Suchanfragen für alle Suchbegriffe in Summe anfallen. Wenn man mit der Maus über das kleine Symbol links neben einem der Zeilenwerte für die Suchanfragen fährt, ohne zu klicken, bekommt man eine Grafik angezeigt, die die Saisonalität nur für diesen einen Suchbegriff anzeigt.

5. **Finden Sie die beliebtesten Suchbegriffe**

Wir haben nun eine Liste mit relevanten Suchbegriffen, die die Häufigkeit in absteigen-der Reihenfolge anzeigt. Interessant ist, dass der ursprünglich gewählte Begriff „Hei-zungsanlage planen" mit nur 70 Suchanfragen pro Monat weit hinter anderen Keywords liegt. Die „Intensität des Wettbewerbs" ist ein Hinweis darauf, wie viele unterschiedli-che Werbekunden Anzeigen zu diesem Suchbegriff schalten. Man kann erkennen, dass es keinen eindeutigen Zusammenhang zwischen der Häufigkeit des Suchbegriffs und der Wettbewerbsintensität gibt. Das könnte daran liegen, dass bestimmte Keywords zwar häufig verwendet werden, aber nicht zu guten Ergebnissen bei der Konversion in Leads oder Anfragen geführt haben und deshalb diese Keywords inzwischen von den Werbe-treibenden gemieden werden. Es könnte aber auch ganz einfach daran liegen, dass im Umfeld dieses Keywords bislang keine umfassende Recherche stattgefunden hat und daher diese Variante des Keywords von den Anbietern nicht beachtet wurde. Und damit kommen wir zum zweiten Ziel, das wir mit der Analyse von Keywords erreichen wollen.

4.1.3   Keyword-Recherche Ziel 2: Wettbewerb analysieren

Jetzt, wo wir die Keywords ermittelt haben, sollten wir prüfen, welche unserer Wett-bewerber bei den häufigsten Suchbegriffen ganz oben stehen. Es lohnt sich, deren Content zu verstehen und diesen aus der Perspektive der potenziellen Kunden und Inter-essenten zu betrachten. Wir werden uns noch mit der sogenannten „Skyscraper-Technik" auseinandersetzen. Dabei geht es darum, den führenden Content zu analysieren und mit einer verbesserten Variante zu übertreffen.

Hier wollen wir uns jedoch im Moment ansehen, wie sich unsere Keyword-Liste sinnvoll erweitern lässt, wenn wir die bislang besten Keywords erneut in die Suchbegriffe eingeben. Wenn wir das mit dem Keyword „heizung berechnen" tun, erscheint ganz oben ein Suchergebnis, das neue Impulse für weitere Keywords liefert. In diesem Fall ist es das Keyword „heizleistung ermitteln". Außerdem bieten sich nun auch die Varianten mit „berechnen", „rechnen" und „planen" an, die wir schon im letzten Durchgang mit anderen Substantiven kombiniert hatten.

An diesem Beispiel zeigt sich, dass die Kombination „heizleistung berechnen" mit durchschnittlich 1300 Suchanfragen im Monat und bis zu 2400 Suchanfragen in den Wintermonaten der bei Weitem am häufigsten benutzte Suchbegriff ist. Wir konnten also über die Analyse der Keywords des Wettbewerbs ein weiteres, wesentlich stärkeres Keyword recherchieren, das trotz der hohen Anzahl von Suchen im Moment noch wenig umkämpft zu sein scheint. Wenn wir für diese Suchanfrage den passenden Content erzeugen, werden wir vermutlich binnen kürzester Zeit in die oberen Suchergebnisse aufsteigen und können so potenzielle Kunden auf unsere Seite einladen.

▶   Ein zweiter Durchlauf verbessert das Ergebnis der Recherche von relevanten Keywords.

Die Wortkombination „heizleistung berechnen" würde fünfmal so häufig eingegeben werden, wie unser bislang stärkstes Keyword „heizung berechnen" und sogar rund 40-mal häufiger als unser erstes Keyword „heizungsanlage planen". Wenn Sie diese Methode bei Ihrer Planung der richtigen Suchbegriffe einsetzen, können Sie die Produktion des Contents klar priorisieren und darauf achten, dass die aus Sicht der potenziellen Kunden passenden Begriffe verwendet werden.

Diese Strategie zur Recherche von Keywords geht Hand in Hand mit der Messung von Ergebnissen. Dazu wird man in regelmäßigen Abständen den Erfolg der Keywords ermitteln und stetig verbessern.

4.2   Wie Sie Themen und Markttrends erkennen

Wenn Unternehmen eher auf bestimmte Märkte ausgerichtet sind, die inhaltlich flexibel sind, lohnt es sich, eine flexible Content-Strategie zu erwägen. In manchen Branchen, vor allem dann, wenn die Zielgruppe in hohem Maße aus Konsumenten besteht, oder generell, wenn die Themen in einem Markt oft wechseln, empfehlen wir, Werkzeuge zu nutzen, um Trends und Interessen im Markt zu erkennen, damit Sie passend darauf reagieren können.

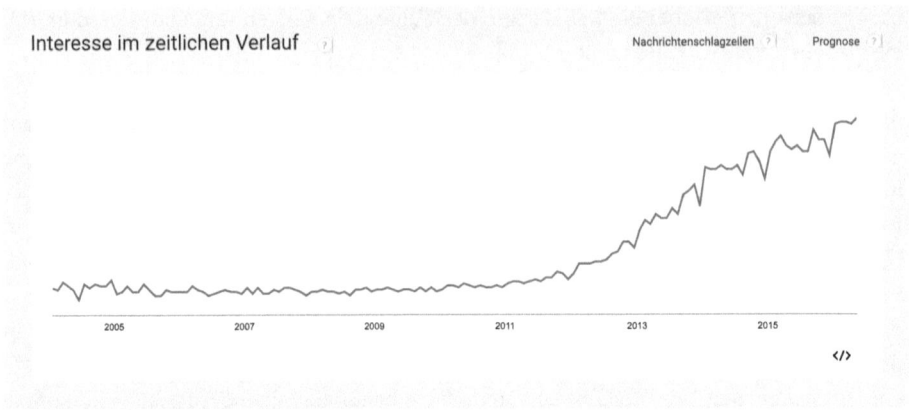

Abb. 4.3   Die Entwicklung des Suchbegriffs „Content Marketing" von 2005 bis 2016

4.2.1   Externe Trends erkennen

Als erstes betrachten wir Trends, die unabhängig von Ihrem Wirken am Markt entstehen. Die hier vorgestellten Werkzeuge nutzen hierfür unterschiedliche Methoden. Trends
ergeben sich durch die Häufung von bestimmten Themen. Diese Häufungen kann man
auf unterschiedlichste Weise messen. Abgesehen davon, dass man leicht feststellen kann,
welche Suchbegriffe in Suchmaschinen eingegeben werden, kann man auch die Häufigkeit bestimmter Worte oder sogenannter „Hashtags" messen, die in den Social Media
genutzt werden. Twitter hat den sogenannten „Hashtag" eingeführt. Darunter versteht
man eine bestimmte Kombination von Buchstaben und Zahlen mit einem vorangestell-
ten Hash-Zeichen, dem „#". Inzwischen hat sich auf allen Social-Media-Plattformen das
Hashtag durchgesetzt, um Beiträge unterschiedlicher Autoren unter einem Suchbegriff
zusammenzufassen. Dieser Brauch macht es möglich, gewisse Strömungen zu erkennen
und die Beiträge dazu mitzulesen. Dadurch lassen sich bestimmte Nachrichten aus der
riesigen Flut der Twitter-Nachrichten herauszufiltern.

Für manche Nachrichtenarten haben sich bestimmte Konventionen von Abkürzungen
herausgebildet. So ist bei Begegnungen der Fußball-Bundesliga die Aneinanderreihung
der Abkürzungen der Vereine üblich. Unter dem Hashtag „#FCBHSV" werden zum Beispiel alle Berichte und Kommentare der Begegnung des FC Bayern mit dem Hamburger
Sportverein zusammengefasst.

Es gibt verschiedene Werkzeuge, die nach verschiedenen Methoden Trends messen.
Sie können daraus Ihre Schlüsse ziehen und geeignete Maßnahmen beschließen, je nachdem, wie Ihr Geschäftsmodell funktioniert.

Google Trends
Google bietet eine Möglichkeit, die Häufigkeit von Suchbegriffen weltweit zu messen,
zu vergleichen und grafisch darzustellen. Unter der URL https://www.google.de/trends

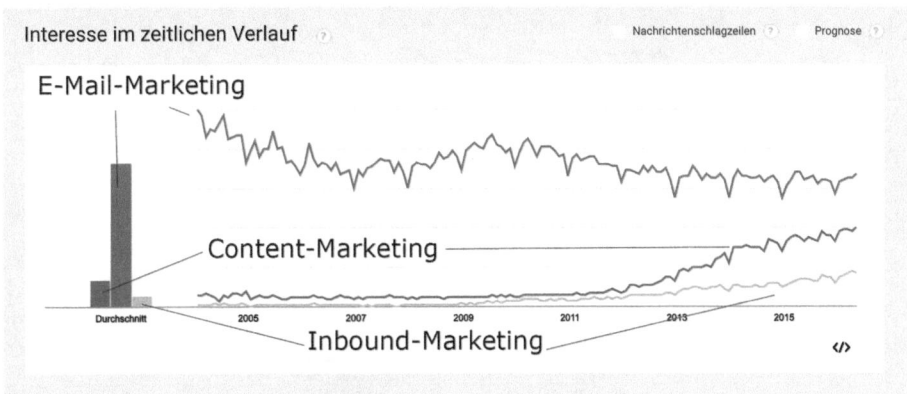

Abb. 4.4 Vergleich der Häufigkeit von Suchen für die Begriffe E-Mail-Marketing, Content Marketing und Inbound-Marketing 2005 bis 2016

finden Sie einen Service von Google, der es Ihnen ermöglicht, bestimmte Suchworte und deren Entwicklung im Laufe der Zeit in bestimmten geografischen Regionen der Welt darzustellen. Die Darstellung in Abb. 4.3 zeigt den weltweiten Verlauf des Suchbegriffs „Content Marketing" von Anfang 2005 bis Mitte 2016.

Weil die Darstellung von Google keine absoluten Zahlen liefert, ist es besonders interessant zu sehen, wie sich unterschiedliche Suchbegriffe im direkten Vergleich entwickeln. In den Darstellungen in Abb. 4.4 habe ich die Entwicklung der Begriffe „Content Marketing", „E-Mail-Marketing" und „Online Marketing" miteinander in Relation gesetzt.

Man sieht in dieser Darstellung ganz deutlich, dass E-Mail-Marketing noch immer die meisten Aufrufe hat, dass jedoch Content Marketing aufholt und Inbound-Marketing ebenfalls deutliche Zuwächse verzeichnet. Die deutlich erkennbaren Zacken nach unten stammen übrigens alle aus dem Dezember. So kann man auch erkennen, dass die Menschen offenbar im Dezember völlig andere Themen bewegen als Content oder E-Mail-Marketing. Diese Saisonalität von Suchbegriffen wird noch deutlicher, wenn wir „DSDS", also die geläufige Abkürzung von „Deutschland sucht den Superstar", wählen (vgl. Abb. 4.5). Bei diesem Begriff sieht man neben dem Verlauf des Interesses über die Zeit auch sehr deutlich, dass er nur während der Ausstrahlung im Fernsehen eine Bedeutung hat und dann fast gegen null geht.

Neben den selbst bestimmten Anfragen bietet Google unter https://www.google.de/trends/hottrends auch einen Überblick über die aktuell häufigsten Suchtrends in einer Region oder Sprache.

Buzzsumo

Auf der Website http://Buzzsumo.com finden Sie ein mächtiges Werkzeug, das vor allem die Verwendung von bestimmten Begriffen auf den wichtigsten Social-Media-Plattformen messen kann. Sie geben zunächst ein beliebiges Suchwort ein und filtern die

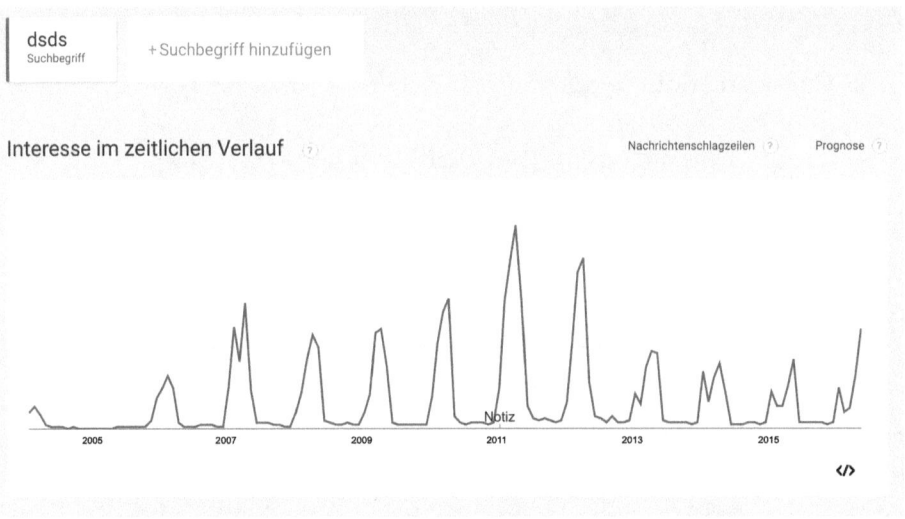

Abb. 4.5 Entwicklung des Suchbegriffs „DSDS" 2005 bis 2016

Ergebnisse nach einem bestimmten Zeithorizont, Sprache, Orten und Inhaltsarten. Das
System zeigt Ihnen, auf welchen Social-Media-Kanälen ein bestimmter Inhalt wie oft
geteilt wurde. Die Nutzung des Werkzeugs in der kostenlosen Version gibt einen groben
Überblick über die ersten zehn Ergebnisse. Die professionelle Nutzung beginnt mit der
„Pro-Version" für 99 US$ pro Monat. Sie erlaubt bessere Auswertungen und bietet die
Möglichkeit, genauer zu untersuchen, wer sich wo für welche Begriffe interessiert.

Socialmention
Dieses kostenlose Werkzeug http://www.socialmention.com untersucht die frei verfügbaren Meldungen aller relevanten Social-Media-Plattformen nach bestimmten Suchbegriffen und erkennt die Reaktionen darauf. Es zeigt nicht nur die Meldungen, in denen
die Suchbegriffe erwähnt wurden, sondern erkennt auch die Art der Reaktion. So wird
als „sentiment" angezeigt, wie groß die Wahrscheinlichkeit ist, dass sich andere darüber
positiv, neutral oder negativ ausdrücken. Außerdem zeigt es als „strength" in Prozent an,
wie groß die Wahrscheinlichkeit ist, dass überhaupt jemand sich mit dem Begriff auseinandersetzt. Unter „passion" bekommt man in Prozent angezeigt, wie groß die Chance auf
wiederholte Nachrichten von einzelnen Beitragenden ist. Eine hohe Kennzahl „passion"
drückt also aus, dass die Anzahl der Beitragenden zwar gering ist, sich aber jeder Bei-
tragende sehr intensiv und häufig äußert. Und schließlich drückt „reach" einen Quotienten aus: Die Anzahl der Autoren durch die Anzahl der Beiträge. Mit Socialmention kann
man auch aktuelle Trends, also besonders gefragte Begriffe anzeigen lassen, ohne dass
man einen bestimmten Begriff vorgibt. Dieses Werkzeug kann man sehr gut verwenden,
um beispielsweise die eigene Marke oder den eigenen Firmennamen zu überwachen.

Epicenter

Auch das Tool https://epicenter.epictions.com/ bietet eine kostenlose Testversion, die jedoch kaum professionelle Ansprüche erfüllen dürfte. Für 39 US$ pro Monat kann man dieses System nutzen, das vor allem deshalb interessant ist, weil man die Multiplikatoren zu bestimmten Themen leicht ermitteln kann. In der kostenlosen Version lassen sich lediglich die Personen ermitteln, die auf Twitter zu einem bestimmten Thema aktiv sind. In der Bezahlversion kommen alle anderen relevanten Social-Media-Kanäle wie Facebook, Instagram, YouTube, Google+ und Slideshare hinzu.

Twitter Trends

Wer sich für kurzfristige Trends interessiert, der wird bei Twitter fündig. Unter https://twitter.com/search-home findet man alle Begriffe, die seit wenigen Stunden oft benutzt werden. Dabei bekommt man Begriffe angeboten, die im Moment besonders häufig verwendet werden.

Google Alerts

Dieser Service von Google ermöglicht es, sich Zusammenfassungen von neuen Suchergebnissen per E-Mail senden zu lassen. Dabei bietet der Dienst viele Einstellmöglichkeiten, um die Ergebnisse zu selektieren. Man gibt ein Stichwort oder eine Kombination von Suchbegriffen ein. Dabei kann man die komplette Bandbreite der Suchmöglichkeiten von Google nutzen. Man kann einfache Suchworte wie „Rosen" oder auch mehrere Worte wie „rote Rosen" verwenden. Ebenso klappt auch der Einsatz von Ausschlüssen wie zum Beispiel „Rosendünger -Pferdemist" was alle Suchergebnisse mit „Rosendünger" liefert, aber ohne die Seiten, die auch „Pferdemist" beinhalten. Wenn der Suchbegriff festgelegt ist, kann man die Frequenz wählen, in der man informiert werden möchte. Die Einstellungsmöglichkeiten sind sofort, täglich oder wöchentlich. Nun wählt man noch die Sprache und die Region, aus der die Suchergebnisse stammen sollen. Als Letztes legt man fest, wie viele Ergebnisse man sehen möchte. Wenn man nun noch seine E-Mail-Adresse festlegt, bekommt man in der gewünschten Häufigkeit eine E-Mail mit allen Inhalten, die inzwischen neu von Google gefunden wurden. Das ist eine sehr einfache Möglichkeit, um alle relevanten Beiträge zu einem bestimmten Suchbegriff bequem einmal täglich oder wöchentlich in seinem E-Mail-Posteingang zu finden.

4.2.2   Trends auf der eigenen Website erkennen

Abgesehen von dem, was in der Welt außerhalb Ihres direkten Einflussbereichs passiert, kann es auch sehr aufschlussreich sein, festzustellen, wie die Welt Ihren Content wahrnimmt. Dafür gibt es eine Reihe von Werkzeugen, die Ihnen dabei helfen, die Einstiegspunkte, die Bewegungen und die Endpunkte von Besuchern auf Ihrer Seite zu messen. Wir konzentrieren uns in diesem Kapitel auf die Einstiegspunkte und die Suchbegriffe, die zu diesen Besuchen geführt haben.

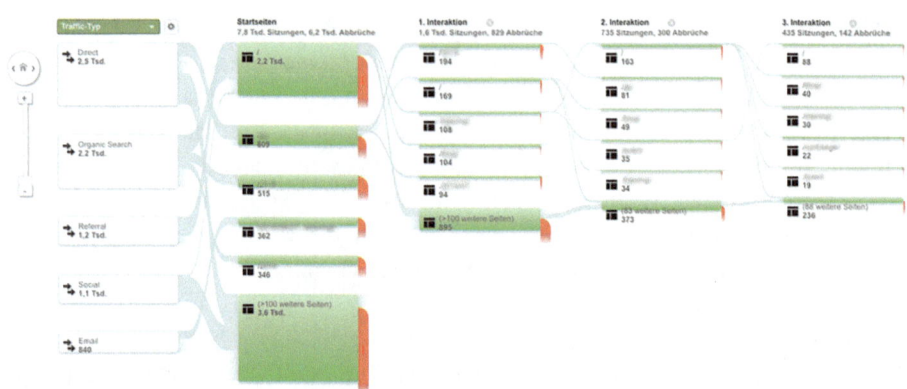

Abb. 4.6 So wird der Nutzerfluss in Google Analytics grafisch dargestellt

Google Analytics

Mit dem kostenlosen Tool von Google kann man die Abfolge des Besuchs von Seiten messen. Dadurch können Sie den sogenannten Benutzerfluss erkennen (s. Abb. 4.6).

Mit diesem Werkzeug können Sie die Reaktion der Besucher auf Ihre einzelnen Seiten analysieren. Dabei kann man auf einen Blick erkennen, wie groß der Anteil der Abbrüche ist und welche nachfolgenden Seiten wie oft nach einer bestimmten Seite angewählt werden. Weil man für die Anzeige bestimmte Zeitabschnitte auswählen kann, ist dadurch eine Entwicklung der gewünschten Wirkung von einzelnen Seiten messbar. Sie können feststellen, ob und wie bestimmter Content „funktioniert" und wie sich der Anteil der erwünschten Reaktionen auf den Content entwickelt.

Google Search Console

Unter diesem Namen ist ein Werkzeug zu finden, das ehemals unter dem Namen „Webmaster Tool" bekannt war. Damit kann man zwei wesentliche Trends messen (vgl. Abb. 4.7):

1. *Links auf Ihre Seite:* Es ist bekannt, dass Links auf bestimmte Inhalte unserer Seiten die Wertigkeit erhöhen. Man spricht hierbei von „Backlink". Links von anderen Seiten bedeuten eine Aufwertung, wenn diese Seiten für sich auch einen gewissen Wert haben. Seiten mit geringer Reputation sind nicht hilfreich. In jedem Fall ist es relevant zu sehen, wann welche Seiten begonnen haben, auf Ihre Seiten zu verlinken. Das liefert die Google Search Console unter dem Bereich „Search Traffic | Links to your site". Dort können Sie eine Tabelle herunterladen, die genau zeigt, zu welchem Zeitpunkt welche Seite auf einer Ihrer Seiten zu verlinken begonnen hat.
2. *Suchworte, mit denen Ihre Seite gefunden wird:* Ebenfalls sehr wichtig ist es zu überwachen, mit welchen Suchworten die Besucher Ihrer Seite dorthin gelangt sind, sofern sie über einen Klick auf ein Suchergebnis kamen. Dazu liefert die Google

Search Console zwei wesentliche Daten für jedes tatsächlich benutzte Suchwort: zum einen die Anzahl der Klicks durch das Suchwort und zum anderen die Position in der Liste der Suchergebnisse. Beide Werte sind in einem täglichen Zeitverlauf sichtbar, sodass Sie ganz leicht die Veränderung der Position in der Google-Suche, aber auch die Entwicklung der Anzahl der Klicks im zeitlichen Verlauf messen können (vgl. Abb. 4.8).

Abb. 4.7 Search Console Backlinks: Hier kann man eine Tabelle mit allen Seiten herunterladen, die auf die eigene Seite verlinken

Abb. 4.8 Die Auswertung von Google zeigt die Position des Artikels im Suchergebnis zu einem Suchbegriff und die Anzahl der Klicks pro Tag

Stetig ist nur der Wandel

In der Welt des modernen Marketings ist Vieles starken Änderungen und Schwankungen unterworfen. Früher oder später konzentrieren sich konkurrierende Unternehmen auf die erfolgreichsten Suchworte. Dadurch entstehen Wettbewerbssituationen, die den Erfolg Ihres Contents beeinflussen können. Neue Suchworte können populär werden, die den Bedarf Ihrer Zielperson besser beschreiben und deshalb öfter gefragt werden.

Sie sollten sich keinesfalls verrückt machen lassen und ständig Trends erforschen und darauf kurzfristig reagieren. Allerdings lohnt es sich, auch die externen und internen Trends in ein monatliches Berichtswesen einzubeziehen. Sie als Führungskraft wollen sicher sein, dass Sie neue Trends erkennen und auf wesentliche Änderungen bestehender Verhaltensweisen Ihrer Zielperson angemessen reagieren.

4.3   Wie Sie Content planen und verteilen

Ihr guter Content will geplant und sinnvoll erstellt werden, um die Bedürfnisse der Zielperson zu treffen. Das haben wir bereits in Abschn. 3.3 des Buches genau erörtert. Die einfachste Möglichkeit ist, eine Tabelle in Excel oder Google anzulegen. Diese Möglichkeit eignet sich allerdings nur für ganz einfache Anforderungen. Sobald mehr als eine Person an der Planung, Erstellung und Verteilung von Inhalten beteiligt ist, wird es unübersichtlich und ist kaum mehr zu organisieren. In diesem Abschnitt möchten wir Ihnen Werkzeuge vorstellen, die Sie und Ihr Team einsetzen können, um die Inhalte konsequent zu planen, rechtzeitig zu veröffentlichen und angemessen zu verteilen.

Scompler

Content Marketing kann auf Dauer nur gelingen, wenn man sich die Arbeit leichter macht und Routinetätigkeiten vereinfacht. Genau darauf ist scompler.com ausgelegt. Es ist eine Cloud-Anwendung, die in der einfachsten Version kostenlos angeboten wird. Einer der Gründer ist Mirko Lange, dessen System zur strategischen Planung von Content (FISH und RADAR) bereits vorgestellt wurde. Daher ist Scompler selbstverständlich auch so entwickelt worden, dass die strategische Planung ebenso wie die praktische Umsetzung gleichermaßen unterstützt werden. Sie finden in Scompler die Möglichkeit, Ihre Zielpersonen, kurz „Persona", anzulegen, die übergeordneten Ziele festzuhalten und Inhalte zu planen, die diese Ziele erfüllen und auf die Zielperson zugeschnitten sind. Sobald das grobe Gerüst steht, können Sie die einzelnen Inhalte auch zeitlich planen. Wenn Sie bereit sind, zur Bezahlversion aufzustocken, unterstützt Sie Scompler dabei, noch bequemer und automatisch Inhalte in Blogs und in den Social Media zu veröffentlichen. In jedem Fall ist Scompler ein solides System, das alle Anforderungen an eine professionelle Redaktionsplanung unterstützt. Weil es kürzlich von einem größeren kanadischen Softwareanbieter übernommen wurde, ist davon auszugehen, dass es sich noch weiter entwickeln wird und auf lange Sicht noch weitere Funktionen zur Unterstützung von Content Marketing bekommt.

CoSchedule

Ein einfacheres Redaktionssystem ist CoSchedule (http://coschedule.com). Es eignet sich vor allem zur effizienten zeitlichen Planung von Blogbeiträgen und Social-Media-Posts, sofern der Blog mit dem Content-Management-System „WordPress" betrieben wird.

- **Was ist CoSchedule und wozu kann man dieses Tool im Content Marketing nutzen?** CoSchedule ist eine Cloud-Applikation und gleichzeitig ein sogenanntes „Plug-in" für WordPress, das als Erweiterung zu dem kostenlosen WordPress erworben wird. CoSchedule macht die Redaktionsplanung in kleinen Teams und mit externen Mitarbeitern sehr einfach. Um das Redaktionssystem zu nutzen, muss man nicht die Rechte zum Zugriff auf die WordPress-Administrationsebene haben. So können Mitarbeiter oder externe Kräfte Beiträge erstellen, zeitlich planen und die passenden Social-Media-Beiträge verfassen, ohne diesen Mitarbeitern Zugang zu den sensiblen Daten der eigenen Webseite geben zu müssen. Die praktische Kalender-Ansicht ermöglicht es, den Überblick über alle geplanten Blogbeiträge sowie die damit verbundenen Social-Media-Aktivitäten zu behalten.
- **Redaktionsplanung mit CoSchedule:** Nach der groben Strukturierung und Keyword-Recherche kann man den Redaktionsplan direkt in CoSchedule umsetzen. Man hat im Kalender die Möglichkeit, neue Blogposts zu einem bestimmten Datum mit Überschrift und Inhaltsangabe zu planen. Diese werden zeitgleich in WordPress angelegt. So plant man Blogbeiträge mit einem komfortablen Vorlauf von mehreren Wochen oder Monaten im Voraus. Im nächsten Schritt werden die Beiträge als Entwürfe in WordPress angelegt. Durch CoSchedule ist das mit wenigen Klicks erledigt. In der Eingabemaske werden Autor, (Arbeits-)Titel, Kategorie, Veröffentlichungsdatum und Status des Beitrags eingetragen. Per Drag&Drop können geplante Beiträge auch später jederzeit ganz leicht auf einen anderen Termin geschoben werden. Auch externe Autoren können die Beiträge einstellen und je nach den zugewiesenen Rechten lediglich zur Veröffentlichung anfragen oder selbst freigeben. Was in der Benutzung von CoSchedule im Moment noch fehlt, ist eine tabellarische Ansicht der geplanten Beiträge. Diese zusätzliche Ansicht könnte die Arbeit mit diesem Werkzeug noch erheblich vereinfachen.
- **Social-Media-Management mit CoSchedule:** Eine der wichtigsten Funktionen dieses Tools ist die Planung und automatische Veröffentlichung der Beiträge im eigenen Blog, aber vor allem auch der Social-Media-Beiträge (vgl. Abb. 4.9). Aus deutscher Sicht fehlt XING, aber Facebook, Twitter, LinkedIn und Google+ sind die Kanäle, in denen der neu erscheinende Inhalt Ihres Blogs automatisch bekannt gemacht werden kann.
  Der besondere Vorteil ist, dass die Social-Media-Posts erstellt und terminiert werden können, ohne dass sich der Nutzer auf den verschiedenen Plattformen einloggen muss. Über die Eingabemaske wird ganz einfach ausgewählt, wo und wann der Post erscheinen soll und um welchen Typ es sich handelt: reiner Text, ein Foto oder ein Link. Dann wird der Text des Posts eingetragen und anschließend werden

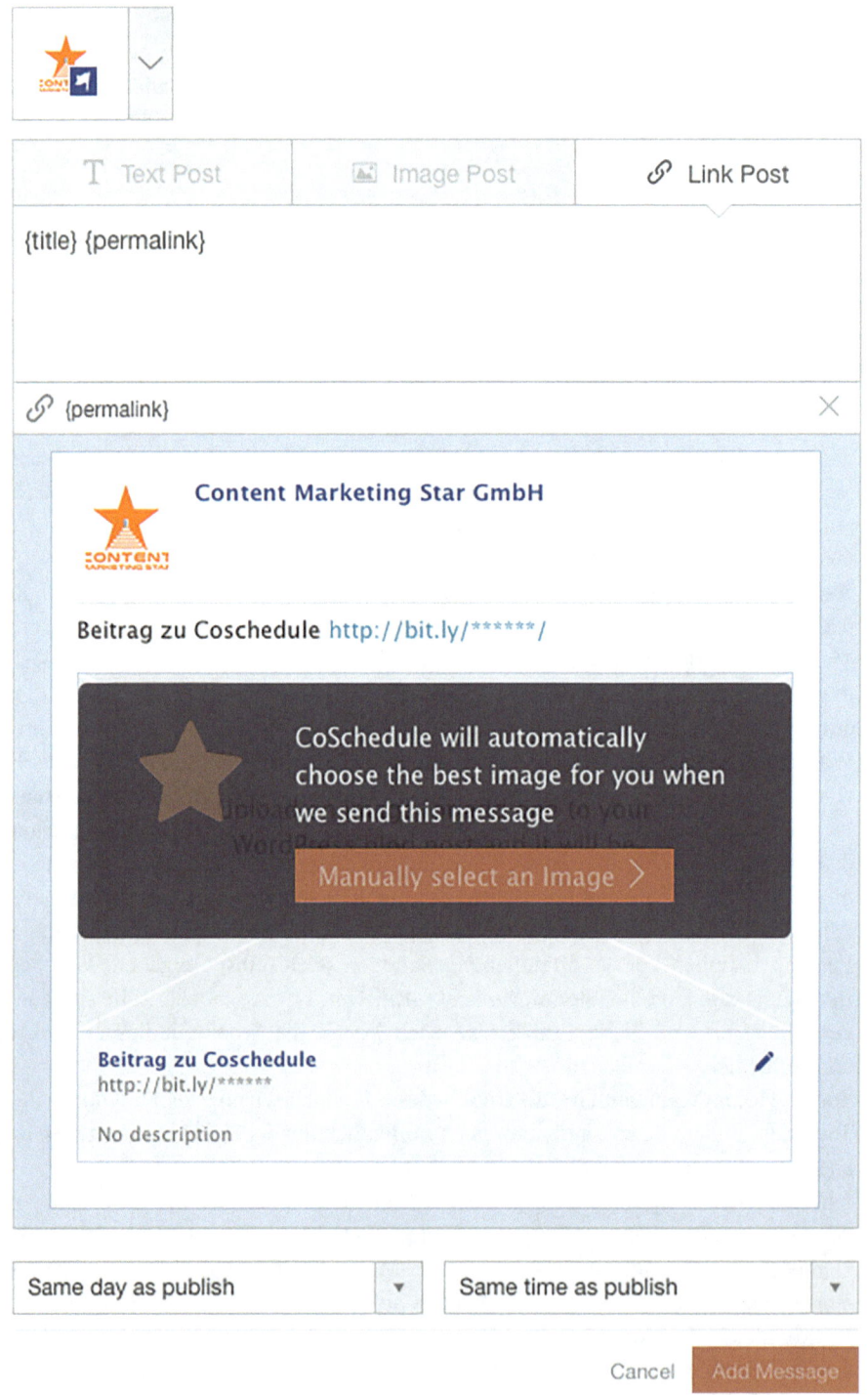

Abb. 4.9 So kann direkt im Blogbeitrag die Verteilung über Social Media geplant werden

das Vorschaubild sowie der anzuzeigende Vorschautext ausgewählt. Das Veröffentlichungsdatum der Social-Media-Posts wird abhängig vom Blogpost eingestellt: gleichzeitig, am gleichen Tag zu einer anderen Uhrzeit, am nächsten Tag, drei Tage später oder zu einem beliebigen Zeitpunkt. Selbstverständlich können die Termine auch unabhängig vom Erscheinungsdatum des Blogartikels zu einem festen Datum geplant werden. Es ist auch möglich, besonders beliebte Blogartikel in regelmäßigen Abständen immer wieder über Social Media zu verbreiten. Man kann dies ebenfalls direkt in der kalendarischen Ansicht von CoSchedule tun. Die geplanten Social-Media-Posts eines Beitrags werden als „Social-Queue" direkt in der Eingabemaske und in WordPress im Bearbeitungsmodus des Blogbeitrags angezeigt. Außerdem kann man sich auch in der Kalender-Ansicht sämtliche Posts eines Zeitraums anzeigen lassen. So sieht man beispielsweise auf einen Blick, an welchem Tag noch nichts geplant ist. Hier kann man dann mit wenigen Klicks alte Blogbeiträge erneut promoten oder auch ganz unabhängig von einem bestimmten Blogbeitrag andere Posts einstellen.

- **Projektmanagement mit CoSchedule:** CoSchedule bietet zusätzlich auch die Möglichkeit, zu jedem Beitrag Aufgaben und Zuständigkeiten festzulegen. Über die Kommentarfunktion können direkt Fragen und Anmerkungen zu einzelnen Blogbeiträgen oder Posts geklärt werden. Kleine Teams ohne weiteres Projektplanungs-Tool können die Task-Funktion aber sehr gut in ihre Abläufe integrieren.

Hootsuite

Der Schwerpunkt bei Hootsuite liegt weniger auf der Planung als auf der Verteilung von Content. Mit diesem umfangreichen Werkzeug können kleine und große Redaktionen den Überblick über verschiedene Social-Media-Kanäle behalten. Dabei ist es möglich, eigene und fremde Accounts zu überwachen und nach beliebigen Filterfunktionen bereinigt zu sehen, wer was wann zu einem bestimmten Thema veröffentlicht oder geteilt hat. Für unsere Zwecke relevant ist vor allem die Funktion, Inhalte vorauszuplanen und von einer übersichtlichen Darstellung aus für alle angeschlossenen Social-Media-Kanäle zu steuern. So kann ein Link zu einem Beitrag im eigenen Blog mit wenig Zeitaufwand zur Veröffentlichung in unterschiedlichen Plattformen geplant werden. Mit wenig Zeitaufwand können Sie ganz einfach Dutzende von Veröffentlichungen in Facebook, Google+, Instagram, Twitter, LinkedIn und vielen anderen Plattformen planen. Die Veröffentlichung erfolgt dann automatisch zu genau dem Zeitpunkt. Im weiteren Verlauf können Sie dann die Reaktionen auf Ihre Veröffentlichungen ebenfalls von Hootsuite aus messen. Sie sehen auf einen Blick, welcher Beitrag wie oft ein Like bekommt oder geteilt wurde.

Bufferapp

Bufferapp (buffer.com) ist vergleichbar mit Hootsuite, aber darauf ausgelegt, besonders einfach Beiträge in eine Art Warteschlange einzustellen. Vorher bestimmen Sie, welche Social-Media-Kanäle Sie grundsätzlich bedienen wollen. Dann geht es darum, ein grobes Zeitschema festzulegen, wann in welchem Kanal veröffentlicht werden soll. So legen Sie beispielsweise fest, dass Sie in Twitter immer montags, mittwochs und freitags zu einer bestimmten Tageszeit posten wollen. In Facebook beispielsweise täglich am Nachmittag und so weiter. Jeden Beitrag ordnen Sie den Kanälen zu, und mehr muss nicht getan werden. Buffer veröffentlicht Ihre Beiträge nach dem geplanten Raster. Diese Funktion eignet sich auch sehr gut, um fremden Inhalt mit Kommentaren zu versehen und zu teilen. Es gibt für alle gängigen Internetbrowser kleine Plug-ins, sodass Sie mit einem Klick eine bestimmte Seite in Buffer einstellen können, der dann zu den geplanten Zeiten veröffentlicht wird.

Edgar

Die Cloud-Applikation (app.meetedgar.com) ist in gewisser Weise eine Weiterentwicklung von Buffer. Mit diesem Tool legen Sie eine Bibliothek von Posts an. Dabei geben Sie den Posts eine Kategorie, um bestimmte Themen zu unterscheiden. So könnten Sie die Themen „Tipps", „Anwendungsfälle", „Sinnsprüche" und „Lustiges" anlegen. Jeder zu teilende Inhalt wird mit Bild und Text gespeichert und einer Kategorie zugeordnet. Dann planen Sie noch ein Kalenderschema, indem Sie festlegen, an welchem Wochentag welche Kategorie gepostet werden soll. Ab einem gewissen Füllstand in der Bibliothek schaffen Sie sich auf diese Weise einen Automatismus, der regelmäßig Ihre neuen und älteren Inhalte über Social Media verteilt und so den Inhalt präsent hält.

A fool with a tool is still a fool

Bei der Anwendung dieser Werkzeuge empfiehlt es sich, Augenmaß walten zu lassen. Der große Vorteil dieser Werkzeuge ist es, dass Ihre Inhalte mit wenig Aufwand regelmäßig in den Social Media verteilt werden, ohne dass jemand ständig in Facebook und Co. damit beschäftigt ist. Dennoch sollten Sie den Dialog nicht aus den Augen verlieren und Social Media nicht als reine „Link-Schleuder" missbrauchen. Zusätzlich zu den automatischen Nachrichten empfiehlt es sich, weitere persönliche Beiträge einzustreuen und vor allem auf Fragen und Anmerkungen zu reagieren.

4.4 Warum SEO out ist und was Sie stattdessen tun sollten

Suchmaschinenoptimierung oder kurz SEO existiert seit Mitte der 1990er Jahre, als Betreiber von Webseiten die Inhalte der Seiten anpassten, um die Seiten für die Algorithmen der Suchmaschinen relevanter erscheinen zu lassen. Auch wenn ab 2004 Google und andere Suchmaschinen immer neue und geheime Methoden einsetzen, um die ungerechtfertigte Manipulation einzudämmen, gab es noch 2010 erfolgreiche Wege, um auch ohne relevanten Inhalt zu einem Suchwort ganz oben in den Suchergebnissen zu landen. Damit ist es spätestens seit den verschiedenen Updates des Suchalgorithmus von Google mit den geheimnisvollen Namen „Panda" und „Penguin" in den Jahren 2011 und 2012 vorbei. Das ist auch nicht weiter verwunderlich, denn Google kann sich wohl kaum bieten lassen, dass eine kleine Gemeinde von „Black Hat"-Spezialisten einen Weltkonzern an der Nase herumführt, wie man die dunklen Zauberer der illegitimen Suchmaschinenoptimierung nannte. Google kann nur dann seine Kundenzufriedenheit halten und damit seine Marktposition weiter ausbauen, wenn der Konzern sicherstellt, dass Menschen das finden, was sie suchen, und nicht das, was ihnen als gutes Suchergebnis untergeschoben wird.

4.4.1   Themenkompetenz oder Suchworte?

In den vorangegangenen Kapiteln haben wir genau untersucht, wie man zu einem Thema die passenden Suchworte findet und sich in die Position des Suchenden begibt. Wenn man in der Vergangenheit versuchte, eine komplette Website für bestimmte Suchbegriffe zu optimieren, dann versucht man dies heute mit den einzelnen Seiten einer Webseite. Also statt die Hauptseite auf alle wichtigen Suchworte zu optimieren, geht man heute so vor, dass man jede einzelne Unterseite auf ein ganz bestimmtes Suchwort beziehungsweise eine Kombination von Suchworten optimiert. So erreicht man, dass man eine größere Bandbreite an Begriffen abdeckt und dennoch die einzelne Seite in Bezug auf den einzelnen Suchbegriff an Relevanz steigert.

Wenn wir nochmals unser Beispiel mit dem Rosendünger heranziehen, dann wird schnell deutlich, dass es kaum gelingen wird, die komplette Breite der relevanten Suchbegriffe rund um Rosenzucht in eine Seite zu packen. Im alten Verständnis von SEO mag das durch die bewusste Verwendung aller Suchworte in einem Text gelungen sein. Aber im modernen Verständnis von SEO ist es nicht möglich, denn jetzt entscheidet der Leser über die Relevanz. Und wenn zwar jeder Suchbegriff vorkommt, aber der eine Begriff, mit dem die Seite gefunden wurde, beim Lesen des Textes nicht sofort heraussticht, dann ist der Inhalt in Summe für diesen einen Suchenden nicht sehr relevant. Obwohl die Seite alles ein wenig abdeckt, wird das Interesse der speziellen Suche nicht befriedigt.

Vielfalt zahlt letztlich auf Kompetenz ein
Wenn ein Suchender im Moment die Frage stellt, „Wie werde ich die Läuse ohne Chemie wieder los?", dann würde man im alten SEO genau diese Suchworte irgendwo auf der Seite unterbringen, um der Suchmaschine zu signalisieren, dass dieser Content vorkommt. Aber oben auf der gefundenen Seite würde dann vielleicht ein anderer Aspekt der Rosenzucht stehen. Ein Besucher würde dort landen, nicht sofort finden, wonach er suchte, und dann spontan die Entscheidung treffen, die Zurück-Taste zu drücken und sein Glück beim nächsten Eintrag der Suchergebnisseite zu versuchen.

Weil Google und andere Suchmaschinen ihren Benutzern diese Enttäuschung ersparen wollen, messen sie inzwischen auch, was der Benutzer tut, nachdem er die Seite aus der Liste der Suchergebnisse ausgewählt hat. Google prüft, wie lange jemand auf der Seite bleibt und ob er von dort weitere Inhalte der Webseite konsumiert. Wenn er das tut und länger verweilt, mehrere Seiten der Seite liest und nicht auf die Suchseite zurückkehrt, dann ist das ein Signal für Relevanz. Wenn der Benutzer die Seite schnell wieder verlässt, kann Google daraus ableiten, dass der Suchmaschinenkunde nicht das gefunden hat, was er ursprünglich suchte.

SIO statt SEO

Statt die unterschiedlichen Seiten einer Website für die Suchmaschine zu optimieren, sollte man sie besser für das Individuum optimieren, das auf der Suche ist. Vielleicht wird *Search Engine Optimization SEO* irgendwann durch *Search Individual Optimization SIO* abgelöst. Der Gedanke, genau den Inhalt zu bieten, den ein Individuum im Kopf hatte, als es eine Suchanfrage auslöste, ist genau der Gedanke, den wir durch Content Marketing bedienen wollen. Auf diese Weise können wir die komplette Themenwolke rund um eine oder mehrere Personas bedienen, ohne innerhalb eines Textes Kompromisse zu machen oder den Text eher für eine Suchmaschine zu schreiben als für den Menschen, der von dem Text in Wirklichkeit profitieren soll.

Mehrere Suchbegriffe optimieren

Wenn wir uns also auf SIO konzentrieren, dann nutzen wir die Ergebnisse der Keyword-Recherche um einen Redaktionsplan zu erstellen, der Inhalte einer Themenwolke konsequent aus der Perspektive des Suchenden aufarbeitet und immer genau auf die Erwartungen des Suchenden angepasst ist. So absurd das auf den ersten Blick klingen mag, so wirksam ist es in der Praxis. Wenn wir uns noch mal auf Rosen konzentrieren, dann können die Suchbegriffe „Rosen schneiden", „Rosen beschneiden", „Rosenschnitt" sowie die spezielleren Themen „Kletterrosen schneiden", „Strauchrosen schneiden" und „Bodendeckerrosen schneiden" in der Recherche entstanden sein. Jeder dieser Suchbegriffe ist einen eigenständigen Beitrag Wert. Auch wenn vielleicht die Inhalte ähnlich sein mögen und wenn auch ein Rosenspezialist all diese Suchanfragen in einem Artikel beantworten könnte, so wäre diese Zusammenfassung dennoch aus Sicht des Suchenden keine optimale Lösung.

Wenn ich mir als Individuum die Frage stelle, wie ich meine Rosen beschneide, dann bekomme ich das Hier-bist-Du-richtig-Gefühl nur dann, wenn sofort unterschwellig klar wird, dass hier genau – und zwar ganz genau – das behandelt wird, was ich suchte. Und wenn ein anderer Suchender in seinem Sprachschatz „Rosenschnitt" als das Wort ausgewählt hatte, das ihm relevant erscheint, dann will dieses Individuum auch bei genau diesem Begriff abgeholt werden.

Der Suchende hat immer recht

Sicherlich wäre der fachlich und thematisch relevante Inhalt der beiden Artikel zu „Rosen schneiden" und „Rosenschnitt" sehr ähnlich. Sie würden von den verwendeten Worten unterschiedlich sein, aber die Inhalte wären gleich. Das ist für viele Laien absurd, aber für Menschen, die etwas von Marketing verstehen, geht das Herz auf. So ist es endlich möglich, die unbekannte Variable der individuellen Denkweise von potenziellen Kunden gleichzeitig abzudecken. Wir müssen nicht mehr Kompromisse eingehen und die Mehrheit ansprechen. Wir können statt mit der Gießkanne jetzt mit der Spritzpistole arbeiten und jedem Individuum das bieten, was es anfangs erwartete.

Viele Customer Journeys führen zu Ihnen

Diese Systematik der verschiedenen Suchbegriffe und individuellem Content, der sehr speziell auf einzelne Keywords optimiert ist, kann dynamisch geplant werden. Man beginnt mit einem Keyword und ergänzt nach und nach die Schwester-Artikel. So wird eine Internetpräsenz als Sammlung von Artikeln nach und nach zu einem Kompetenzklumpen, zu einer Themenwolke. Das ist das größte Ziel, das wir nach und nach mit unserer Strategie erreichen wollen. Wir wollen dem interessierten Besucher auf vielerlei Weise zeigen, dass er hier zu seinem Themengebiet genau die im Moment gesuchten Inhalte findet, aber darüber hinaus auch noch weitere Inhalte, die ihn interessieren und eine weitere Auseinandersetzung mit der Seite lohnend machen.

Die Strategie ist es, viele Anknüpfungspunkte für unterschiedlich eingestellte Besucher zu bieten, nach dem Konsum der ersten gefundenen Unterseite weiterzuklicken und sich innerhalb des Inhalts der eigenen Seite zu bewegen und Zeit dort zu verbringen. Unser Ziel ist es, Relevanz darzustellen, dadurch Interesse zu schaffen und dem Interessenten eine Vielfalt an wertvollen Informationen zu bieten. Schließlich wollen wir ihn letztlich dazu animieren, aus der Anonymität herauszutreten und sich mit uns zu verbinden.

Die Verweildauer nach dem Klick auf das Ergebnis einer Suchergebnisseite ist ein sehr gutes Indiz für die Relevanz der Seite in Bezug auf die individuelle Suche. Niemand außerhalb der eingeweihten Kreise kennt den genauen Algorithmus der Suchmaschinen, aber ich denke, dass dieser Aspekt auf jeden Fall eine wichtige Rolle spielen dürfte, weil die Zeit, die ein Besucher auf einer gefundenen Seite verbringt, ganz sicher fast schon ein Beweis, aber mindestens ein starkes Indiz für die Relevanz der Suchergebnisse ist.

4.4.2 Cornerstone: Die Ecksteine Ihrer Internet-Immobilie

Manche Keywords haben in einer Themenwolke eine besondere Bedeutung. Sie sind die Begriffe, die mit den meisten anderen Begriffen verwandt sind und in gewisser Weise Knotenpunkte des Themas darstellen. Es sind die Begriffe, die man in einer Gliederung als Hauptüberschriften wählen würde. Es sind die Kerne, um die sich die Kristalle des Inhalts bilden.

Man erkennt diese Begriffe daran, dass man versucht sein könnte, mehrere unterschiedliche Beiträge auf das gleiche Keyword zu optimieren. Wenn das der Fall ist, sollte man statt mehrerer Beiträge, die auf den gleichen Suchbegriff optimiert sind, besser unterschiedliche Varianten der Keyword-Recherche verwenden und einen einzigen Cornerstone-Artikel schreiben.

Im Umfeld unserer Rosen könnten das Begriffe wie „Rosengarten" oder „Rosenzucht" sein. So ein Cornerstone-Artikel legt es darauf an, verschiedene Aspekte des

Begriffes nicht in der Tiefe, aber sehr breit abzudecken. Im Gegensatz zu allen anderen Artikeln, die sehr spitz auf einen Suchbegriff hin optimiert sind, wollen wir bei Cornerstone-Seiten alle Aspekte abdecken und ein breites Bild zeichnen.

Dazu gehören auch viele interne und externe Links, die auf relevante, weiterführende interne Seiten verweisen und ebenfalls auf externe Seiten, die das Thema klären und aus anderen Perspektiven behandeln. Durch diese internen und externen Links erkennt die Suchmaschine die starke Vernetzung des Cornerstone-Artikels, was durch eine Aufwertung des Artikels quittiert wird. Vor allem wird jedoch der Leser dazu animiert, die Links zu besuchen und auf diese Weise weitere Inhalte der Website zu konsumieren. Selbst wenn der Besucher zwischenzeitlich die externen Links anklickt, bleibt bei richtiger Einstellung der Link die eigene Seite offen und der Besucher kehrt später mit hoher Wahrscheinlichkeit zurück.

4.4.3   Meta Description: Das Schaufenster für die Suchenden

Das erste, was der Suchende nach dem Eingeben seines Suchbegriffs sieht, ist die Auflistung der Ergebnisse auf der SERP, der Suchergebnisseite. Ganz oben stehen die bezahlten Anzeigen, die mit den sogenannten organischen Suchergebnissen im Wettbewerb stehen. Direkt darunter reihen sich die aus Sicht von Google besten Treffer in absteigender Reihenfolge auf. Der Suchende sieht eine Überschrift in blauer Schrift, darunter in grün eine Internetadresse (URL) und darunter zwei dunkelgraue Zeilen Text. In Abb. 4.10 als Beispiel ein Eintrag, der bei dem Suchbegriff „Content Marketing" erscheint.

Diese Anzeige des Suchbegriffs ist wie ein Schaufenster. Mal abgesehen davon, dass ein oben stehender Eintrag wesentlich öfter angeklickt wird als einer, der unten steht, kann man sich sicher vorstellen, dass die Aufmachung der sogenannten Meta Description einen wesentlichen Einfluss darauf hat, ob der Suchende klickt oder nicht. Google versichert, dass der Inhalt der Meta Description absolut keinen Einfluss auf die Reihenfolge der Suchergebnisse hat. Das mag stimmen, jedoch ist der Inhalt der Meta Description ausschlaggebend für die Entscheidung des Menschen. Auch wenn ein Beitrag zunächst nicht ganz oben steht, kann eine attraktive Meta Description dazu führen, dass ein Beitrag öfter angeklickt wird als die weiter oben stehenden Beiträge. Sollte das zur Regel werden, wird der öfter angeklickte Beitrag letztlich im Ranking aufsteigen. Deshalb wirkt eine gut gewählte Meta Description als Suchmaschinenoptimierung oder besser als SIO.

Content Marketing Star - Agentur - Full Service
content-marketing-star.de/ ▾
Werden Sie mit **Content Marketing** zum Star in Ihrer Zielgruppe. Wir sind die Agentur für einen steten Zustrom an Neukunden für Unternehmer und Selbständige.

Abb. 4.10   Dies ist eines der Ergebnisse, wenn man nach „Content Marketing" sucht

▶   Individuelle Meta Descriptions verbessern Klick-Chancen.

Bestimmt ist Ihnen aufgefallen, dass in der Anzeige der SERP in den einzelnen Beiträgen alle Worte fett dargestellt werden, die auch oben als Suchworte eingegeben wurden. Dadurch wird dem Suchenden mit einem einfachen Stilelement gezeigt, in welchen Suchergebnissen genau seine gewählten Worte auftauchen. Weil wir einen Beitrag auf genau einen Suchbegriff optimieren wollen, wird sofort klar, dass wir eine Meta Description wegen des eng begrenzten Platzes ebenfalls nur auf wenige mögliche Worte eines Suchbegriffs abstimmen können. Die Anzeige der Suchworte in Fettschrift kann also nur dann den gewünschten Effekt bringen, wenn auch für jeden einzelnen Beitrag genau zu dem angestrebten Suchbegriff passend die Meta Description gewählt wird, damit die Attraktivität und damit die Platzierung des Beitrags Schritt für Schritt steigen.

4.5   Wie Sie einen exzellenten Blogartikel verfassen

Jeder kann einen guten Blogartikel schreiben. Wer das noch nie gemacht hat oder wenig Erfahrung mit Schreiben hat, wird vielleicht denken, dass das gar nicht stimmen kann. Aber es ist mit ein wenig Übung und einem klaren Plan ganz einfach, auch wenn der erste Versuch bestimmt noch steigerungsfähig sein wird. Wenn Sie die klare Anleitung in diesem Abschnitt befolgen und den so entstandenen Artikel noch einmal mit den Checklisten überprüfen, die Sie ebenfalls hier bekommen, dann wird sich die Qualität und Wirksamkeit Ihrer Texte in Ihrem Blog erheblich erhöhen.

4.5.1   So wird „Corporate Blogging" ganz einfach

Dieser Abschnitt beschreibt in wenigen Schritten, wie man einen guten Blogartikel schreibt. Dabei geht es nicht um künstlerisch wertvoll oder literarisch schön, sondern um Zweckmäßigkeit. Sie wissen bereits, warum das alte Marketing immer weniger funktioniert und dass Sie Lösungen für Probleme aufzeigen sollen, um wertvoll für Ihre Zielgruppe zu sein. Es ist also klar, dass jeder Artikel ein bestimmtes Problem der von Ihnen auserwählten Zielgruppe lösen sollte. Jeder einzelne Artikel sollte mindestens ein Problem lösen oder wenigstens entscheidend zur Problemlösung beitragen, falls das Problem komplexer ist und nur schrittweise gelöst werden kann.

„Am Anfang das Ende im Sinn haben"
Der inzwischen verstorbene Management-Vordenker Stephen R. Covey hat so eines seiner Prinzipien genannt, die er in dem Weltbestseller Die *7 Wege zur Effektivität* (2005) dargelegt hat. Wir wenden dieses Prinzip auf die Erstellung von Blogartikeln an, indem wir zunächst darüber nachdenken, was der Leser als nächstes tun soll. Ganz anders als im klassischen Journalismus kommt es beim Schreiben in Blogs darauf an, dass der

Leser eine weitere Aktion ausführt, die ihn entweder zum Teil Ihres „Tribe" macht oder sogar bereits eine Kaufentscheidung trifft. Wenn wir einen Blogartikel schreiben wollen, machen wir uns zunächst bewusst, dass der Zweck dieses Artikels, also die Handlung, die der Leser als nächstes unternehmen soll, ganz klar festgelegt ist. Dann fallen die nächsten Schritte sehr leicht. Definieren Sie bitte zuerst, was diese nächste Aktion sein sollte. Hier einige Ideen dazu:

- einem Link folgen
- sich in eine Liste eintragen
- ein Dokument herunterladen
- ein Produkt kaufen
- eine Telefonnummer anrufen
- eine E-Mail schreiben
- eine Sprachnachricht senden
- einen Kommentar schreiben

Widerstehen Sie der Versuchung, mehrere solcher Ziele gleichzeitig verfolgen zu wollen. Je klarer und eindeutiger der Pfad ist, auf den Sie die Zielperson senden wollen, desto häufiger wird das auch in der Praxis gelingen. Beliebigkeit und Unentschlossenheit verringern die Erfolgsaussichten. Das Ende des Artikels sollte auf jeden Fall mit einer klaren CTA („Call-to-Action"), also einer eindeutigen Handlungsaufforderung, enden. Wer den Artikel bis zu Ende gelesen hat, bekommt hier ein eindeutiges Angebot, wie er mehr bekommen oder noch tiefer einsteigen kann. Deshalb ist es auch wichtig, dass eine gute Zwischenüberschrift das Fazit ziert, damit der Leser, der inzwischen den Artikel nur noch überfliegt, diesen wichtigen Teil des Artikels genau liest.

Außerdem kann es hilfreich sein, für die ungeduldigen Leser gleich zu Beginn eine erste CTA einzubauen. Vor allem dann, wenn Sie eine CTA ausgewählt haben, bei der der Leser gegen Abgabe seiner Kontaktdaten zusätzlichen Content bekommen soll. Beispielsweise nach dem ersten Absatz kann eine sehr gute Stelle sein, um schon einmal vorweg zu erklären, was man bekommt, wenn man seine Adresse hinterlegt.

Eine gute Überschrift macht Lust auf mehr
Wie kann man eine packende Überschrift erzeugen, wenn man sich noch nicht viel mit der Gestaltung von Überschriften auseinandergesetzt hat? Viele Menschen, die eine Überschrift schreiben sollen, denken zunächst daran, den Inhalt des Textes zu beschreiben, so, wie wir das in der Schule gelernt haben, wenn wir Aufsätze und ähnliche Texte schreiben durften. Das ist hier jedoch nicht hilfreich. Es soll keine Beschreibung sein, sondern der Beginn eines Spannungsbogens. Schließlich wollen wir erreichen, dass möglichst schon zu Beginn klar wird, was man von dem Artikel erwarten kann und es gleichzeitig interessant wird, für diejenigen, die zur Zielgruppe gehören. So würde zum Beispiel die Überschrift „3 geniale Schminktipps, die Sie 10 Jahre jünger aussehen lassen, ohne dass Sie stundenlang vor dem Spiegel sitzen müssen" mich nicht ansprechen.

Allerdings dürfte es für die vorgesehene Zielgruppe sehr wohl interessant sein. Die Überschrift verrät, worum es geht und was man davon hat, ohne schon den Inhalt zu verraten. Die Zielgruppe wird angezogen und interessiert.

Zur Gestaltung von Überschriften kann man ganze Bücher schreiben, und einige sind sicher schon erschienen. Sie finden in diesem Buch die *Checkliste Überschriften,* die Ihnen dabei helfen kann, die nächsten Überschriften zu Ihren Artikeln spannender und interessanter gestalten. Und ganz zum Schluss sollten Sie sich diese Fragen stellen, bevor Sie Ihre Überschrift gelten lassen:

- Wird ein klares Nutzenversprechen direkt oder indirekt angeboten?
- Macht die Überschrift neugierig auf den Rest des Textes?
- Wird sofort klar, für wen der Artikel gedacht ist?

Wenn Sie diese Fragen mit einem klaren Ja beantworten können, dann ist die Überschrift passend und kann verwendet werden.

Warum der erste Absatz entscheidet
Der erste Absatz des Artikels ist die Chance, den Leser in den Artikel hineinzuziehen. Der Leser fand die Überschrift anziehend, und jetzt müssen wir das gegebene Versprechen einlösen und gleichzeitig Lust darauf machen, den Artikel zu lesen oder zumindest zu überfliegen. Der erste Absatz sollte diese drei Stilelemente haben:

1. **Eröffnungssatz:** Nehmen wir einen Text dieses Kapitels als Anschauungsobjekt. Im ersten Satz des Abschn. 4.5 steht: „Jeder kann einen guten Blogartikel schreiben." Das ist eine starke Aussage. Diese Aussage wird im nächsten Satz relativiert, aber dieses erste Statement lässt die Herzen der Zielgruppe höherschlagen und ist die Erfüllung des (indirekten) Versprechens der Überschrift.
2. **Nutzenversprechen:** Was bekomme ich, wenn ich mich entschließe, diesen Artikel zu lesen? Am Beispiel meines Eröffnungsabsatzes sehen Sie dieses klare Nutzenversprechen: Sie werden lernen, gute Blogartikel zu schreiben. Sie müssen lediglich den Artikel lesen und die hier beschriebenen Tipps umsetzen.
3. **Ankündigung:** Bieten Sie dem Leser einen zusätzlichen Nutzen an, der später im Artikel beschrieben wird. Im Sinne von „weiter unten im Text bekommen Sie …" oder „im Laufe des Artikels gebe ich Ihnen …". In meinem Beispiel kündige ich an, dass Sie noch Checklisten bekommen, die Ihnen helfen werden, gute Blogartikel zu erstellen.

Wenn Sie einen guten ersten Absatz geschaffen haben, bekommen Sie die Bereitschaft des Lesers, seine Zeit zu investieren. Sie liefern eine Art „Trailer" wie man das aus dem Kino kennt: Ein Film wird beworben und die richtige Zielgruppe bekommt Lust, sich den Film später anzusehen und würde ihn vermutlich am liebsten jetzt gleich sehen. Machen Sie den ersten Absatz zu einem Trailer für den Artikel selbst.

Gliedern Sie den Artikel mit aussagekräftigen Zwischenüberschriften

Anders als in typischen Druckprodukten wie Zeitungen und Zeitschriften, haben Blog-artikel keine Platzbeschränkung. Wir können verschwenderisch mit Zwischenüberschrif-ten sein und dadurch dem Leser die Möglichkeit geben, den Artikel zu überfliegen. Ich denke, dass in unserer Zeit die Menschen immer weniger Zeit investieren wollen, um den Inhalt von online dargebotenen Texten zu verstehen. Das schnelle Scrollen durch einen Text ist zum Standard geworden. Daher ist es wichtig, den Artikel mit guten Zwi-schenüberschriften zu strukturieren und dafür zu sorgen, dass auch beim Überfliegen die Chance besteht, den Leser wieder in den Text zu ziehen.

Es ist wichtig, dass wir Wiedereinstiegspunkte anbieten, um vom Scrollen wieder zum Lesen zu kommen. Diese Zwischenüberschriften sollen den Leser immer wieder zum Weiterlesen animieren, aber auch Signale an die Suchmaschinen senden, weil der Suchbegriff, auf den der Artikel hin optimiert wurde, auch öfter in den Zwischenüber-schriften vorkommt. Das wirkt auf das Unterbewusstsein des Lesers, weil der „Hier-bin-ich-Richtig"-Impuls immer wieder zum Lesen anspornt, aber auch Google die Texte in den Zwischenüberschriften genau bewertet.

Das Fazit fasst den Sinn des Ganzen zusammen

In manchen Büchern über Rhetorik werden Sie lesen können, dass Meister der Rede-kunst den Schluss zuerst ersinnen. Das klingt auf den ersten Blick nicht sinnvoll, aber wenn wir uns noch einmal in Erinnerung rufen, dass wir als erstes über den Sinn des Artikels nachdenken wollen und was wir damit genau bewirken wollen, dann wird klar, dass es durchaus richtig ist. Wenn wir über das „Wozu" des Artikels nachdenken, können wir auch gleich als Erstes das Ende des Artikels schreiben. Dieser letzte Teil soll dem Leser eindeutig klar machen, was er nun tun soll, und für ihn im Zuge dessen auch noch einmal in kompakter Form die wesentliche Erkenntnis des Artikels zusammenfassen.

4.5.2 Drei Baupläne für Blogartikel – auch wenn Sie wenig eigenen Content haben

Die wichtigsten Elemente eines Artikels haben wir bereits ausführlich diskutiert, aber all das ist kaum hilfreich, wenn wir keinen Inhalt haben. Wie erzeugt man also den Inhalt eines Blogartikels? Wenn Sie bereits genügend Texte haben, dann werden Sie jetzt viel-leicht nicht interessiert sein. Aber selbst dann kann es spannend sein, den vorhandenen Inhalt aus einer anderen Perspektive neu aufzubereiten. Schließlich wissen Sie ja inzwi-schen, dass es nicht der beste Weg ist, einen einzigen Artikel für alle relevanten Such-worte auffindbar zu machen. Viel besser ist es, jeweils einen Artikel für jeweils einen Suchbegriff zu optimieren. Daher ist der Bedarf an guten Texten, die ein bestimmtes Thema aus unterschiedlichen Perspektiven von Suchworten aufbereiten, schier uner-schöpflich. Es gibt vermutlich noch deutlich mehr Wege, einen Artikel zu gestalten, aber diese drei Möglichkeiten geben bestimmt eine gute Grundlage, die Sie sofort umsetzen können:

1. Eine Liste, die Ihrer Zielgruppe Lösungsideen liefert
Machen Sie eine Liste von Problemen, Gründen dafür, Auslösern davon oder historischen Begebenheiten. Dabei ist es wichtig, dass zu der Auflistung auch die jeweils passenden Lösungsansätze mit beschrieben werden. Hier ein paar Beispiele:

- Die häufigsten Probleme mit der Rechtschreibung seit der Reform und wie man sie umgeht.
- Die Gründe für wenig Traffic auf Webseiten und wie man kostengünstig Abhilfe schafft.
- Die gefürchtetsten Auslöser von schlechter Presse und welche Gegenmaßnahmen Sie planen können.
- Die schlimmsten Arbeitsunfälle seit 2001 und wie Profis sie zuverlässig im eigenen Betrieb vermeiden.
- Die vier Gründe für Pilzbefall im Rosengarten und wie man die ganze Saison gesunde Rosen erhält.

Auf der Basis einer solchen Liste können Sie einen ausführlichen und hilfreichen Artikel schreiben, der langfristig bestehen kann und so auch noch nach Jahren für die Zielgruppe wertvollen Nutzen stiftet.

2. Ein Aggregat von anderen Inhalten, Quellen und Meinungen, die Lösungen bieten
Es gibt in unserer vielschichtigen Welt jede Menge Angebote, die auch schon Lösungen für Ihre Zielgruppe bieten. Sie könnten eine Auswahl dieser Dinge heranziehen und Ihrem Leser Ihre Wertung, Meinung oder Empfehlung mitgeben. Sie könnten einen wertvollen Artikel schreiben, indem Sie Ihren Lesern diese Drittprodukte aufzeigen und durch Ihre Wertung eine Empfehlung beziehungsweise Warnung aussprechen, oder einfach nur eine Marktübersicht herstellen. Hier einige Ideen:

- Bücher: Die besten Rezeptbücher für vegane Ernährung und welche Sie lieber nicht kaufen sollten
- Werkzeuge: Die ultimative Liste von Werkzeugen, die in jedem Haushalt liegen sollten, und welchen Unsinn Sie sich sparen können
- Software und Apps: Die besten und die schlechtesten Apps für Unternehmer – eine praxisorientierte Marktübersicht
- Blogartikel: Die besten online verfügbaren Artikel über Rosenzucht und was darüber hinaus noch wichtig ist

3. Eine Anleitung, die schrittweise einen Weg zu einer Lösung aufzeigt

Man kann einen ganzen Artikel damit füllen, eine wohl überlegte schrittweise Anleitung in einen Blogartikel zu packen. Dieses Kapitel ist der schlagende Beweis dafür. Auf den ersten Blick mag es befremdlich sein, dass ein Agenturinhaber, der davon lebt, dass Kunden seiner Agentur unter anderem das Schreiben von Blogartikeln übertragen, gerade dieses Wissen kostenlos preisgibt. Inzwischen wissen Sie aus den ersten Kapiteln dieses Buches, warum das nicht im Widerspruch steht. Die entscheidende Aussage dazu: Wenn Sie lernen wollen, wie man einen Artikel selbst schreibt, damit Sie ihn selber schreiben können, ist das gut. Und falls Sie jemals auf die Idee kommen werden, dass das Schreiben zwar wichtig für Ihre Vermarktung ist, aber nicht zu Ihren Kernkompetenzen gehört, dann werden Sie vielleicht eine Agentur suchen, die schlüsselfertiges Content Marketing für Sie machen kann, damit Sie sich wieder Ihrem Geschäft zuwenden können und das Marketing von alleine läuft. Wenn Sie sich dann an uns erinnern, hat dieses Buch wunderbar funktioniert. Und falls Sie nur davon profitieren und niemals zum Kunden werden, ist das auch nicht schlimm. Behalten Sie das Buch und uns in Erinnerung und empfehlen Sie uns bitte weiter, wenn wir hilfreich waren.

4.5.3 Alles, was Sie über perfekte Blogartikel wissen sollten

Wenn der Artikel fertig ist und Sie sich zufrieden zurücklehnen, ist noch nicht alle Arbeit getan. Damit ein Blogartikel gut funktioniert, ist es notwendig, noch weitere Punkte zu berücksichtigen. Wir haben diese Punkte in einer Checkliste zusammengefasst, die Sie gleich im Anschluss finden. Bitte denken Sie daran, dass Sie unter www.content-buch. de jederzeit die aktuellsten Ergänzungen finden. Schließlich ändert sich einiges schneller, als man eine neue Auflage eines Buches produzieren kann.

Mit einem Blogartikel ganz oben landen

Wenn Sie einen Blogartikel unter den ersten Suchergebnissen bei einer Suchmaschine wie Google platzieren wollen, dann muss er relevant sein. Allerdings besteht Wettbewerb, denn sicherlich gibt es zu dem von Ihnen präferierten Suchbegriff bereits einige Ergebnisse von anderen Anbietern. Die erste Seite bei Google bietet im Moment genau zehn Plätze. Auch wenn 50 oder mehr Unternehmen um diese Plätze kämpfen, kann es nur für zehn davon einen Platz auf der ersten Seite geben. Die Ergebnisse auf Seite eins bei Google unterliegen einer Dynamik. Je interessanter der Suchbegriff ist, desto mehr Anbieter von Inhalten werden darum kämpfen, den begehrten Platz auf der ersten SERP (Search Engine Result Page) beziehungsweise Suchergebnisseite zu bekommen. Deshalb ist es unseriös zu versprechen, dass man mit einem bestimmten Suchbegriff garantiert auf die erste Seite gelangen kann. Man kann es anstreben und es dürfte in den meisten Fällen auch gelingen, aber man kann nicht mit einem Trick oder einem Kniff Google überlisten.

Wie kommt man auf Seite eins bei Google?

Vorangehend haben wir bereits alle Parameter für einen guten Blogbeitrag diskutiert und genau erklärt, welche Eigenschaften im Text für eine bessere Auffindbarkeit wirken. Dazu sollten die für den Suchenden relevanten Begriffe im Blogartikel sofort erkennbar sein. Der Titel, die Überschriften und der erste Absatz sollten für den Leser sofort das widerspiegeln, wonach er sucht. Das ist das moderne SEO (Search Engine Optimization). Die Suchmaschinen versuchen mit immer größerem Erfolg, nicht nur Worte zu finden, sondern die Suchabsicht des Benutzers zu erraten. Deshalb wollen wir bei der Erstellung des Contents, wie beispielsweise Blogartikeln, die Erwartung der Zielperson vorausdenken und sozusagen mit vorauseilendem Gehorsam bedienen. Wir wollen genau die Antwort auf die in der Suchmaschine gestellte Suchanfrage bedienen. Wenn das gelingt, wird die Zielperson den Artikel schätzen und die Suchmaschine, die den Nutzer bedienen will, ebenfalls.

Aber selbst wenn Sie alles richtig gemacht haben, kann es sein, dass Ihr Blogbeitrag nicht sofort auf der ersten Seite erscheint. Das liegt daran, dass es auch externe Parameter gibt, die den Wert eines Beitrags aus Sicht der Suchmaschine beeinflussen. Diese externe Bewertung einer Seite sind die Links von relevanten Seiten, die auf einem bestimmten Blogbeitrag verweisen.

4.5.4   Die Skyscraper-Methode

Eine einfache Methode, um auf die erste Seite zu kommen, ist, die aktuell besten Beiträge qualitativ zu übertreffen. Man nennt diese Methode „Skyscraper Method" nach der Idee, immer höhere Türme zu bauen und vorhergehenden Content zu übertreffen. Dazu empfehle ich einen einfachen 7-Punkte-Plan.

Der 7-Punkte-Plan der Skyscraper-Methode

1. Geben Sie das gewünschte Suchwort ein. Nutzen Sie dafür auf jeden Fall ein Inkognito-Fenster, damit Ihr sonstiges Suchverhalten nicht das Ergebnis verfälscht. Öffnen Sie die ersten fünf angezeigten Beiträge zu einem Suchbegriff.
2. Lesen Sie diese Beiträge aufmerksam und machen Sie sich Notizen, wie darin der Suchbegriff verwendet wird.
3. Achten Sie dabei nicht nur auf die wortwörtliche Nutzung des Suchwortes, sondern auch auf weitere verwandte und relevante inhaltliche Aspekte.
4. Entwickeln Sie zu jedem der Beiträge ein bis drei Ideen, wie man diesen Beitrag besser machen kann.
5. Nutzen Sie die so entstandenen Punkte als Checkliste, um einen neuen, besseren, längeren, unterhaltsameren und informativeren Artikel aufzusetzen.
6. Verwenden Sie bessere Bilder, Videos sowie interne und externe Links, um den neuen Artikel nach allen Regeln der Kunst weiter aufzuwerten.

7. Sorgen Sie dafür, dass andere Seiten mit hohem Renommee auf Ihre Beiträge verweisen.

Veröffentlichen Sie den neuen Artikel und nutzen Sie Social Media oder eine kurz laufende Werbekampagne, um ihn bekannt zu machen. Beobachten Sie in wöchentlichen Abständen seine Entwicklung.

Je nachdem, von welchem Land aus Sie Google benutzen, werden ganz andere Ergebnisse dargestellt. Das erkennt Google über die IP-Adresse, die jedes Gerät zugeteilt bekommt, wenn es sich mit dem Internet verbindet. Wenn Sie weitere Daten an Google freigeben, kann dort sogar erkannt werden, in welcher Stadt oder in welchem Stadtteil Sie sich befinden, wenn Sie die Suche starten. Das ist aus der Perspektive der Nutzer sehr sinnvoll, kann aber für unsere Zwecke hier sehr hinderlich sein. Um professionell zu messen, an welcher Stelle der Suchergebnisse einzelne Artikel stehen, gibt es eine Reihe von Werkzeugen am Markt.

Ranking und Suchbegriffe überwachen
Ein etabliertes Werkzeug ist Sistrix (www.sistrix.com). Sie können es nutzen, um die Entwicklung des Ranges bei der Anzeige in Suchmaschinen kontinuierlich zu messen. Die Ergebnisse, die Sistrix liefert, sind in zweierlei Hinsicht wertvoll: Zum einen bekommen Sie einen Überblick aus der Perspektive des Suchwortes. Das bedeutet, dass Sie sehen können, welche Ergebnisse bei der Eingabe bestimmter Suchbegriffe erscheinen. Das klingt auf den ersten Blick profan, weil man das ja auch ohne weitere Hilfsmittel sieht, wenn man bei Google einen Suchbegriff eingibt. Allerdings ist es hier möglich, diese Ergebnisse ohne die Verfärbungen durch den eigenen Standort und die eigenen Suchgewohnheiten zu sehen. Sistrix ermöglicht es, die Suchergebnisse aus allen relevanten Ländern zu zeigen. Zum anderen bekommen Sie die Ergebnisse aller tatsächlich verwendeten Suchworte pro Website. Wenn Sie also beispielsweise die Adresse Ihrer Firmenwebseite eingeben, bekommen Sie eine Liste der Suchworte, die zu Ihnen führen. Zu jedem Suchwort bekommen Sie zusätzlich dessen Bedeutung hinsichtlich der Häufigkeit und des Wettbewerbs. Sie können also sehen, welche Suchbegriffe mit Ihrer Seite in Verbindung stehen und wie oft diese Suchbegriffe tatsächlich verwendet werden.

Dieses Werkzeug bietet eine solide Grundlage, um ernsthaft Ergebnisse zu messen und die Auswirkungen Ihres Content Marketings auf die Entwicklung Ihrer Sichtbarkeit in Ihren Zielmärkten genau zu verfolgen. Außerdem bekommen Sie eine Übersicht der externen Links, also aller anderer Seiten, die auf Ihren Beitrag verlinken.

Yoast: Plug-in für besserer Suchergebnisse
Wenn Sie Ihren Blog mit dem Content-Management-System „WordPress" betreiben, empfehle ich Ihnen das kostenlose Ergänzungsprodukt „Yoast" (http://yoast.com). Dieses sogenannte Plug-in ermöglicht es, die einzelnen Beiträge und Seiten bereits bei der

Erstellung zu optimieren. Allerdings ist es im Moment nur in englischsprachiger Version erhältlich. Sie legen ganz einfach einen Suchbegriff fest, und Yoast meldet Ihnen sofort Verbesserungsvorschläge zurück. Außerdem können Sie das Suchergebnis, wie es später in Google angezeigt werden wird, genau festlegen. Sie können den Seitentitel, die Anzeige der URL und die ersten beiden Zeilen des Suchergebnisses direkt eingeben. Dadurch ist es wesentlich leichter, den Suchenden genau den ersten Eindruck zu liefern, der zum Klick auf das Suchergebnis führen soll. Yoast bietet Ihnen eine einfache Möglichkeit, die Meta Description festzulegen, ohne programmieren zu müssen.

Das Plug-in liefert Ihnen noch vor der Veröffentlichung des Blogartikels eine Checkliste mit allen guten Eigenschaften des Textes und allen Punkten, an denen Sie noch arbeiten sollten. Die Rückmeldung erfolgt über einen Farbcode rot, orange und grün. So bekommen auch weniger erfahrene SEO-Spezialisten ganz klare Anleitung, wie man einen Blogartikel aus Sicht von SEO optimiert.

Weiterhin bietet Ihnen dieses kleine Ergänzungsprodukt die Möglichkeit, das Bild und den Text für Social Media vorzugeben. Wenn später ein Leser den Beitrag teilt, können Sie mit dem Werkzeug bereits vorbestimmen, welches Bild und welcher Text von Ihrem Beitrag jeweils in den unterschiedlichen Plattformen Facebook, Google+ und Twitter angezeigt werden sollen.

Bananacontent: Plug-in für Kontrolle des Rankings
Einen Schritt weiter geht das mit etwa zehn Euro pro Monat kostenpflichtige Werkzeug „bananacontent" (http://bananacontent.de). In gewisser Weise ist dieses Produkt eine Erweiterung von Yoast. Das Plug-in funktioniert ebenfalls nur mit WordPress-Blogs und geht bei der Analyse des Artikels noch einen Schritt weiter. Das Keyword können Sie nicht nur auswählen, sondern Sie bekommen zusätzlich eine Einschätzung der Relevanz des Keywords (also die Häufigkeit der Suchen) und Anregungen, welche anderen Keywords ebenfalls passend und vielleicht sogar besser geeignet wären. Außerdem überwacht das Plug-in das Ranking zum gewählten Keyword und zeigt Ihnen im Laufe der Zeit an, von wo auf Ihren Artikel verlinkt wird. So können Sie direkt beim Erstellen und der späteren Weiterentwicklung wichtiger Artikel auf Ihrer Seite auf Leistungsdaten der einzelnen Beiträge zurückgreifen. Dadurch bekommen Sie auch ohne detaillierte SEO-Kenntnisse eine genaue Rückmeldung zur Platzierung Ihrer Artikel bei Google und der Verlinkung durch externe Beiträge. Damit ist dieses Plug-in ein praktisches Werkzeug, das bei der konsequenten Anwendung der in diesem Buch beschriebenen Optimierungstechniken eine praktische Hilfe leistet.

4.5.5   Fachbeiträge gezielt platzieren

Vermutlich ist Ihre Website beziehungsweise Ihr Blog nicht der einzige Ort, an dem zu diesem Thema interessante und wertvolle Beiträge entstehen. Neben den Marktbegleitern dürfte es auch andere Blogs und Online-Präsenzen geben, auf denen man zu einzelnen oder allen Ihrer Keywords Beiträge findet. Hier leistet das soeben beschriebene „banana-content" ebenfalls einen guten Dienst, weil es für das gewählte Suchwort anzeigt, welche anderen Blogs und Seiten gute Orte für Promotion wären. Sie können aber auch manuell eine Liste von relevanten Blogs erstellen und damit arbeiten. Das Prinzip ist sehr einfach. Zunächst nehmen Sie sich vor, in regelmäßigen Abständen die neuesten Beiträge bestimmter Blogs zu überfliegen. Sofern ein für Ihr Thema relevanter Beitrag dabei ist, kommentieren Sie diesen Beitrag. Bitte achten Sie darauf, dass es eine echte Auseinandersetzung mit dem Thema ist und nicht nur ein plumper Standard-Kommentar, der auch als Spam beziehungsweise simple Werbung enttarnt werden könnte. Gehen Sie auf den Artikel ein. Gegensätzliche Meinungen sind nicht verpönt, solange der Stil der Diskussion wertschätzend ist. Jeder Kommentar hat außer Ihrem Namen auch einen Link zu Ihrem Blog oder einem bestimmten Blogartikel. So können Sie die Leser des anderen Blogs zu einem ergänzenden oder vielleicht sogar im Wettstreit stehenden Artikel lenken.

Qualität des Contents setzt sich durch
Diese Form des sogenannten „link building" kann entscheidend dazu beitragen, dass Ihre Inhalte von der Zielgruppe gesehen und – sofern die Qualität stimmt – in anderen Beiträgen weiter geteilt beziehungsweise verlinkt werden. Die Voraussetzung ist, dass Sie und Ihr Team nicht nur tumb Links verteilen, sondern als echte Kommunikationspartner zu Ihrem Thema zur Verfügung stehen. Lassen Sie sich auf Diskussionen ein. Liefern Sie zusätzliche Inhalte und Ergänzungen, wenn es zum ursprünglichen Beitrag passt. Der Zusammenhang sollte direkt sein und nicht an den Haaren herbeigezogen wirken. Streuen Sie Links zu Ihren Beiträgen, aber auch zu gelungenen Beiträgen Dritter ein, die nichts mit Ihnen zu tun haben. So etablieren Sie sich als Drehscheibe zu Ihrem Thema.

Laden Sie den Wettbewerb zu sich ein
Die Idee des Content Marketings ist bekanntlich auf dem Prinzip der Reziprozität aufgebaut, wonach man erst gibt und dann nimmt. Das gilt auch für Gastautoren. Laden Sie Dritte ein, auf Ihrem Blog einen passenden Beitrag zu veröffentlichen. Diese Dritte können Betreiber anderer Blogs zu Ihrem Thema sein oder Autoren, die auf andere Weise relevant für Ihr Thema sind. Im Gegenzug werden Sie ebenfalls früher oder später als Autor auf andere Seiten eingeladen werden. Eventuell begünstigen Sie diese Entwicklung, indem Sie eine sogenannte Blogparade starten. Dabei rufen Sie ein Thema aus und schreiben andere Blogs und Autoren an, einen Artikel zu einem bestimmten Thema oder einer speziellen Frage zu schreiben und auf dem eigenen Blog zu veröffentlichen. Dabei bitten Sie darum, in jenen Artikeln zu Ihrem Aufruf zur Blogparade zu verlinken, und bieten im Gegenzug an, jeden Beitrag unter Angabe des Autors und des Blogs ebenfalls zu verlinken. So entsteht eine gegenseitige Verlinkung mit einer hohen Qualität, weil für den Leser eine ganze Parade von Artikeln zu einem ganz bestimmten Thema auffindbar wird. Diese thematische Dichte wird von Suchmaschinen positiv bewertet, sodass alle Beteiligten einer Blogparade zu diesem Thema oder Begriff aufgewertet werden.

Weil diese Art der Verbesserung von Suchergebnissen kein einmaliger Prozess ist, der nach einmaliger Durchführung ein bestimmtes, festes Ergebnis liefert, muss jeder ernsthaft an Sichtbarkeit interessierte Marktteilnehmer immer wieder aktiv werden. Es ist sicherlich nicht nötig, alle paar Tage das Ranking zu überprüfen. Allerdings sollten Sie es zum Teil Ihres regelmäßigen monatlichen Controllings machen, die Entwicklung des Rankings Ihrer wichtigsten Suchworte zu messen. Anhand der Entwicklungstrends sollten Sie gezielt den Redaktionsplan anpassen und zu den wichtigsten Suchbegriffen Ihres Themenfeldes konsequent an Ihrer Sichtbarkeit arbeiten.

Checkliste für gute Blogartikel

Diese Checkliste dient als finale Kontrolle für Ihren Blogartikel. Sie bezieht sich auf inhaltliche Aspekte, das Format und viele technische Fragen, die im Zusammenhang mit Suchmaschinen und der Auffindbarkeit des Artikels wichtig sind. Die Fragen sind zum großen Teil so formuliert, dass ein „Ja" eine gute Antwort ist und ein „Nein" ein Hinweis auf Verbesserungsmöglichkeiten. Den aktuellsten Stand dieser Checkliste können Sie auf der Seite mit dem Leserservice zum Buch anfordern: www.content-buch.de

1. Haben Sie das Ziel des Artikels zu Beginn des Schreibens klar definiert? Hat der Artikel eine eindeutige Call-to-Action? Ist dem Leser klar, was nun zu tun ist?
2. Wird in der Überschrift ein klares Nutzenversprechen direkt oder indirekt angeboten?
3. Macht die Überschrift neugierig auf den Rest des Textes?
4. Wird sofort klar, für wen der Artikel gedacht ist?
5. Beginnt der Artikel im ersten Absatz sofort mit einem starken Eröffnungsabsatz?
6. Wird bereits im ersten Absatz ein Nutzenversprechen für den kompletten Artikel abgegeben?
7. Befindet sich am Ende des ersten Absatzes eine interessante Ankündigung eines besonderen Inhalts des Artikels?
8. Gibt es gute Zwischenüberschriften zur Gliederung und zum Wiedereinstieg beim Scrollen?
9. Ist der gesamte Inhalt darauf ausgerichtet, eine Lösung für ein wichtiges Problem der Zielgruppe zu liefern?
10. Wie lautet das Keyword, unter dem der Artikel gefunden werden soll? (Anmerkung: „Keyword" ist ein Fachbegriff, der auch mehrere aufeinanderfolgende Worte meint, also auch „Wie schreibt man einen guten Blogartikel?" ist ein Keyword.)
11. Ist der Titel, der von Google angezeigt wird, passend und aussagekräftig?

12. Gibt es eine gute Inhaltszusammenfassung, die im Zusammenhang mit dem Suchergebnis bei Google angezeigt wird?
13. Enthält die URL die Keywords – möglichst am Anfang?
14. Enthält der Artikel passende Links innerhalb und außerhalb Ihrer Seite, die dem Leser helfen, relevante Zusatzinformation zu finden?
15. Gibt es genau eine Überschrift, die mit dem HTML Tag H1 versehen ist? Ist das Keyword in dieser Überschrift enthalten?
16. Sind die Zwischenüberschriften mit H2-Tags versehen und enthalten ein- oder zweimal das Keyword?
17. Welcher Text soll bei Facebook angezeigt werden, wenn der Artikel geteilt wird?
18. Gibt es ein gutes Beitragsbild, das beim Teilen mit angezeigt wird?
19. Ist im Bild ein Metatag eingebaut, das den Suchbegriff enthält?
20. Gibt es eine angenehme, lesefreundliche Formatierung, die auf PC, Tablet und Mobilgeräten ein angenehmes Lesen ermöglicht?
21. Wurde die Lesbarkeit des Textes verbessert, indem konsequent alle Passivformulierungen („Der Ball wurde geworfen") durch Aktivformulierungen („Paul warf den Ball") ersetzt wurden?
22. Sind Fremdworte und Fachbegriffe weitgehend durch deutsche Worte ersetzt oder zumindest erklärt?
23. Enthält der Beitrag mehrere Links zu anderen Artikeln Ihrer Seite, die inhaltlich ergänzen oder weiter führen?
24. Existiert mindestens ein externer Link zu einer wichtigen anderen Seite, die eine hohe Reputation hat?
25. Gibt es einen Zeitplan, den Beitrag konsequent und mehrfach in Social-Media-Kanälen mit unterschiedlichen Titeln und Kurzbeschreibungen zu veröffentlichen?

Bitte vergessen Sie nicht, dass es nicht nur um das Schreiben an sich geht. Im professionellen Umfeld muss ein Blogartikel auch gefunden werden und auf Ihre Marketingstrategie einzahlen. Diese Checkliste soll Ihnen dabei helfen, die verschiedenen Aspekte zu sehen und sie präsent zu halten.

4.6 Wie Sie Autoresponder, E-Mail-Ketten und automatisierte Nachrichten clever einsetzen

Dieses Werkzeug ist vielleicht das mächtigste Werkzeug, das modernes Marketing zur Verfügung stellt. Unternehmen, die auf den Einsatz dieser Methode verzichten, verschenken immenses Potenzial. Dieser Abschnitt erklärt das Prinzip und zeigt zwei wesentliche Einsatzmöglichkeiten auf, die in fast jedem Unternehmen sofort eingesetzt werden können. Später bekommen Sie noch die Möglichkeit, eine Checkliste zu nutzen, die den Aufbau und die Wirkungsweise Ihres Marketings entscheidend verbessern kann.

Persönlicher Dialog ist durch nichts zu ersetzen. Ein ausführliches Gespräch Auge in Auge wird wohl immer der intimste und ehrlichste Austausch zwischen Menschen bleiben. Und wir haben im Laufe der Menschheitsgeschichte verschiedene Wege der Kommunikation entwickelt, die dann eingesetzt werden können, wenn persönliche Treffen nicht möglich sind. Seit der Erfindung des Post-Wesens sind Briefe ein Weg, um tiefste Gefühle und innige Gespräche auf Papier zu bannen. Das Briefgeheimnis ist ein wichtiges Gut, das zeigt, wie sehr wir dieser Form der Kommunikation vertrauen. Heute sind, nach einigen technologischen Zwischenschritten, Smartphones und Computer an die Stelle der Postkutscher getreten. Vieles hat sich geändert, aber die grundlegenden Mechanismen und Gepflogenheiten sind gleich geblieben.

Warum „Jaques Wein-Depot" viel Geld zum Fenster hinaus wirft

Vor vielen Jahren habe ich einmal ein paar Flaschen Wein bei einem der Läden dieses Franchise-Unternehmens gekauft. Dabei habe ich meine Adresse hinterlassen. Heute kann ich mich nicht mehr erinnern, warum. Seit mindestens zehn Jahren habe ich dort nichts mehr gekauft. Dennoch bekomme ich mit hartnäckiger Regelmäßigkeit Briefe, in den letzten zehn Jahren bestimmt hundert oder mehr Werbebriefe. Bis auf ein paar wenige habe ich sämtliche dieser Briefe ungeöffnet weggeworfen. Warum? Es hat sich gezeigt, dass in den Briefen nur Weinangebote stehen. Sonst nichts Lesenswertes. Also sehe ich einen Brief von „Jaques" in meiner Eingangspost, will momentan keinen Wein kaufen und werfe ihn weg.

Warum öffne ich nicht wenigstens das Kuvert und sehe nach, was diesmal drinnen ist? Weil ich gelernt habe, dass ein Brief mit dem Logo von „Jaques" nicht lesenswert ist, außer, ich will gerade in diesem Moment Wein kaufen. Und weil von außen auf dem Kuvert bereits in den meisten Fällen Weine und Angebotspreise stehen, kann ich den Brief gefahrlos entsorgen, ohne ein schlechtes Gefühl dabei zu haben. Zwischen „Jaques" und mir gibt es keine Beziehung. Ich weiß, dass es dieses Unternehmen gibt, aber mehr nicht. „Jaques" hat nichts für mich getan. Ich schulde „ihm" nichts.

So vermeiden Sie die zwei häufigsten Fehler

Den ersten Fehler, den der Weinhändler gemacht hat, ist, dass er mir beigebracht hat, dass er mir immer nur Werbung sendet. Seine Briefe sind weder informativ noch unterhaltsam oder hilfreich. Er sendet mir nur Angebote. Es gibt keine Beziehung. Sie können diesen Fehler vermeiden, wenn Sie zunächst ausschließlich wertvollen Content an Ihre Kunden kommunizieren. Und da wäre wirklich jede Menge, was so ein Weinhändler für mich tun könnte. Er könnte mir Tipps für die richtige Weinverkostung liefern, Kochrezepte mit den aktuellen Zutaten der Saison, die gut zu Wein passen, Tipps zu Aufbewahrung und Lagerung, eine Informationsreihe über die jeweils passenden Weingläser, Reisetipps zu den schönsten Weingegenden, ein Nachschlagewerk zu Traubensorten und Vieles mehr. Wenn Sie jetzt denken, dass das nicht sinnvoll ist, weil dieser Weinhändler damit keinen Umsatz machen kann, dann irren Sie sich. Mit dieser Art von nützlichen Geschenken beginnen Sie einen Beziehungsaufbau, wie es schon in Abschn. 2.3 beschrieben ist. Wenn Sie diesen Fehler vermeiden wollen, dann beginnen Sie die Beziehung mit neuen Kunden, indem Sie hilfreich und nützlich sind, und halten Sie Ihre Angebote vorerst zurück.

Den anderen Fehler, den Sie besser vermeiden wollen, will ich Ihnen gerne an einem Bild erklären: Wenn Sie eine Dose Nivea-Creme sehen, dann wissen Sie, was drin ist, nämlich die besagte Creme. Die Marke ist bekannt. Sie haben sie vermutlich schon selbst einmal benutzt. Ganz sicher kämen Sie kaum auf die Idee, eine Packung Nivea-Creme zu öffnen, um nachzusehen, was drin ist. Auch ohne die Dose zu öffnen, wissen wir einfach, dass die bekannte Creme drin ist. So ist das auch mit den Briefen von „Jaques". Ich weiß, was drin ist, und muss sie nicht öffnen. Schon außen am Kuvert haben Marketingmenschen – vermutlich ohne Böses zu ahnen – alles verwirklicht, was sie irgendwann einmal über Markenpräsenz und Corporate Identity gelernt haben. Und es ist für diesen Zweck das falsche Mittel. Der Zweck, den ein Kuvert hat ist, dass erstens der Inhalt geschützt ankommt und zweitens der Empfänger das Kuvert öffnet und den Inhalt sieht. Letzteres findet nicht statt, wenn ich glaube, schon zu wissen, was drinnen ist.

Also achten Sie darauf, dass Ihr Kuvert oder Ihr E-Mail-Betreff dazu führt, dass der Empfänger überhaupt öffnet. Das können Sie erreichen, indem Sie nicht schon auf dem Kuvert verkünden, was drinnen zu finden ist. Was beim Verpackungsdesign die richtige Strategie ist, funktioniert bei Briefen nicht. Dort sollten Sie das Kuvert neutral halten, um die Neugier des Empfängers zu nutzen. Wenn Sie einen Brief bekommen, der keinen Absender hat und Ihre Adresse per Hand geschrieben ist, werden Sie ihn bestimmt nicht ungeöffnet wegwerfen. Wenn das Kuvert mit Logos und Botschaften bedruckt ist, können Sie den Brief leichten Herzens entsorgen, weil Sie glauben, den Inhalt zu kennen.

So nutzen Sie E-Mails und Briefe zum Beziehungsaufbau

Vielleicht haben Sie schon einmal in einem Weltklasse-Hotel übernachtet. Falls nicht, wird es Sie vielleicht dennoch nicht erstaunen, dass Sie dort besten Service erwarten können. Sie bekommen nicht einfach den Zimmerschlüssel in die Hand gedrückt, sondern ein freundlicher Mensch begleitet Sie mit Ihrem Gepäck zu Ihrem Zimmer. Dort bekommen Sie eine kurze Einweisung in die besonderen Vorzüge des Zimmers und des Hotels. Sie erfahren alles über den Frühstücksraum, Fitness und SPA, besondere Services, die Sie in Anspruch nehmen können, und was Sie sonst noch so wissen sollten, um sich wohl zu fühlen und die Angebote des Hotels in vollen Zügen zu genießen. Darauf legt das Hotel Wert. Das Management des Hotels hat sich überlegt, was ein Gast zu Beginn des Aufenthalts wissen sollte und wissen will.

Genau das können Sie sich im Zusammenhang mit Ihren potenziellen Kunden auch bereits überlegen. Nehmen wir einmal an, Sie haben einen neuen Interessenten gewonnen, der sich auf einer Messe für Sie interessiert hat und nun Post von Ihnen bekommt. Oder ein Interessent hat Ihre Website gefunden und seine E-Mail-Adresse eingetragen. Oder Ihr Chef hat auf einer Tagung einen Vortrag gehalten und im Nachgang mehrere Visitenkarten eingesammelt. Wenn Sie einiges falsch machen wollen, dann senden Sie diesen Interessenten jetzt eine Nachricht mit Ihrer Preisliste oder einem Katalog mit der sinngemäßen Nachricht „Kauf jetzt!". Viel besser wäre es, wenn Sie jetzt zunächst eine Nachricht senden, die einen Wert hat. Vielleicht ein wichtiger Tipp? Oder eine Idee, die man sofort verwerten kann. Oder eine Anleitung zur Lösung eines typischen Problems, das Ihre Zielgruppe regelmäßig hat. Oder eine Zusammenstellung der drei häufigsten Fehler oder der sieben wertvollsten Werkzeuge. Sie sehen schon, die Ideen sind unendlich vielfältig. Wichtig ist nur, dass Sie sich nützlich machen.

▶   Wer verkaufen will, muss hilfreich sein.

Vielleicht ist dies das Credo des modernen Marketings: Seien Sie hilfreich und bauen Sie eine Beziehung auf, statt gleich von sich zu sprechen und Angebote zu machen. Zugegebenermaßen ist das nichts Neues, aber offenbar in Vergessenheit geraten. Also lassen Sie uns hilfreich sein. Anhand von zwei Beispielen will ich Ihnen konkrete Ideen liefern, was Sie ab sofort umsetzen können.

Das Begrüßungskomitee – Der Onboarding-Autoresponder
Diese Variante eignet sich für jeden Fall von Erstkontakt, den Sie vorher nicht kennen. Es wäre gut, wenn Sie wissen, in welchem Kontext der Kontakt zustande kam. Vielleicht im Zusammenhang mit einer Anzeigenwerbung, einem neuen Fan oder Follower auf einer Social-Media-Seite, oder es handelt sich um einen zufälligen Besucher Ihrer Website, der sich für den Newsletter eingetragen hat. Wenn wir uns in die Kundenperspektive begeben, ist jeder dieser neuen Kontakte anders entstanden. Die Ausgangssituation der Personen unterscheidet sich. Also ist es nur angemessen, wenn wir uns jeder dieser drei Ausgangssituationen unterschiedlich widmen. Nehmen wir einmal den Fall der Anzeigenwerbung, um ihn hier ausführlich zu besprechen.

Beispiel

In unserem Beispiel handelt es sich um ein Immobilienunternehmen, das Thema war „Familiengerechtes Wohnen im Grünen". Menschen, die das Thema interessiert, sehen die Anzeigen, reagieren und nennen ihre (E-Mail-)Adresse, um weitere Informationen zu bekommen. Statt jetzt sofort ein Angebot zu senden, wie das vielleicht in der Vergangenheit das einzig bekannte Mittel war, reagieren Sie clever und beginnen den Beziehungsaufbau.

Als erstes senden Sie eine Nachricht, die den potenziellen Kunden „abholt". Dann führen Sie ihn langsam an die Partnerschaft heran. Und schließlich testen Sie seine Bereitschaft, jetzt aktiv zu werden. Die Reihenfolge könnte konkret so aussehen:

1. Das ist hilfreich für Menschen, die sich überlegen, ins Grüne zu ziehen. (Gedanken zum Leben auf dem Land und was sich gegenüber dem Stadtleben ändert.)
2. Die sieben wichtigsten Fragen, die Sie sich stellen sollten, um für das Leben auf dem Land gerüstet zu sein (Checkliste).

3. Werde ich auf dem Land glücklich sein? (Interview mit vier Familien, die es gewagt und nicht bereut haben.)
4. Was erhoffen Sie sich vom Land? (Eine Umfrage mit zwei bis drei Fragen, um besser zu verstehen, was der Antrieb und die Hoffnung sind.)
5. Der Plan für einen Wechsel des Lebensraums. (Checkliste mit allen To-dos und Schritten, um den Umzug vorzubereiten.)
6. Das erste Angebot …

Die Nachrichten könnten in kurzer Abfolge von wenigen Tagen Abstand versendet werden. Sie sehen, dass erst viel später als zunächst erwartet das erste Angebot zu einer Kaufentscheidung kommt. Wenn im sechsten Schritt eine erste Kaufbotschaft kommt und vorher aus Kundensicht alles wertvoll und hilfreich ist, bildet sich eine gewisse Beziehung. Vom Kennen geht es über in Mögen und schließlich Vertrauen. Erst dann folgt das erste Angebot. Das zeigt, dass Sie nicht nur irgendetwas gegen Bezahlung anbieten, sondern sich viele und hilfreiche Gedanken machen, um Ihre Zielgruppe in deren aktueller Lebenssituation zu unterstützen. Nach diesem grundsätzlichen Muster können Sie jede Art von Kennenlernprozess aufbauen.

Wichtig dabei kann sein, dass Sie sich ein Beispiel an den Methoden guter Soap-Operas oder Fernsehserien nehmen: Am Ende ist immer ein Spannungshöhepunkt. Das Ende der Sendung ist ein sogenannter „Cliff Hanger". Das ist ein Begriff aus dem Film-Genre und meint, dass der Zuschauer zum Schluss einer Episode kommt, wo, bildlich übersetzt, ein Mensch an einer Klippe hängt, angstvoll nach unten sieht – und dann kommt der letzte Schnitt. Aus. Den Rest gibt es in der nächsten Folge. Also ist der Zuseher gespannt auf die nächste Episode. Dieses Prinzip dürfen wir übernehmen und die Abfolge der Nachrichten so aufbauen, dass am Ende jeder Nachricht Spannung auf den Inhalt der nächsten Nachricht erzeugt wird.

Schön, dass wir uns gesehen haben – Der Vertiefungsprozess
Hier eine weitere Idee für eine Serie von Nachrichten im Nachgang zur ersten persönlichen Begegnung.

Beispiel
Ich verwende dieses Prinzip nach Messen, Veranstaltungen oder wenn Menschen einen Vortrag von mir sahen und mir ihre Visitenkarte gaben. Ebenso ist das für jede Art von Erstkontakt vorstellbar. Hier könnte die Reihenfolge so aussehen:

1. Danke für Ihre Zeit. Sie hatten darum gebeten, einige Unterlagen zu bekommen. Siehe Anlage.
2. Es ist ja nicht so leicht, sofort etwas zu unternehmen. Konnten Sie die Unterlagen schon verwenden? Hier noch ein paar Tipps.

3. Aus vielen Kontakten wissen wir, dass sich Menschen in Ihrer Situation diese Fragen stellen. Liste. Hier ein paar Anregungen, die Ihr Leben leichter machen sollen.
4. Wenn Sie jetzt schon wissen, was Ihre nächste Handlung sein wird, hier noch einige Tipps ...
5. Was hat es für einen Sinn? Kurze Umfrage zu den Motiven und Hürden ...
6. Was die meisten Menschen in Ihrer Situation befürchten. Und später darüber lachen ...
7. Was man vorher nicht weiß, aber unbedingt wissen will: Aussagen von Referenzkunden.
8. Es gibt viele Wege, einen ersten Schritt zu tun. Das sind die Schritte, die Sie später feiern werden ...

Hier könnten sich die Nachrichten anfangs im Abstand von wenigen Tagen bewegen und dann mit größerem Abstand erfolgen. Wichtig ist, dass Sie aus der Reaktion der Empfänger ableiten können, wer wirklich interessiert ist und wer nur am Zaun steht und zusieht.

Wenn Sie denken, dass diese Methode der geplanten Abfolge von Botschaften Ihr Marketing revolutionieren könnte, finden Sie hier eine Checkliste für funktionale Autoresponder und Nachrichten-Serien.

Checkliste Autoresponder
Diese Checkliste ist eine finale Kontrolle Ihrer automatisierten Nachrichten an Kunden. Sie bezieht sich auf inhaltliche Aspekte, das Format und viele technische Fragen, die wichtig sind. Die Fragen sind zum großen Teil so formuliert, dass ein „Ja" eine gute Antwort ist und ein „Nein" ein Hinweis auf Verbesserungsmöglichkeiten. Den aktuellen Stand dieser Checkliste können Sie auf der Seite mit dem Leserservice zum Buch anfordern: www.content-buch.de

1. Haben Sie eine Abfolge geschaffen, die zunächst nichts fordert, aber viel gibt?
2. Ist die Abfolge so, dass mindestens die ersten drei Nachrichten nur geben?
3. Ist die erste Forderung leicht zu erfüllen, wie eine einfache Meinungsumfrage oder eine andere einfache Bitte?
4. Haben Sie in allen Nachrichten einen Mechanismus, um das Öffnen und das Klicken zu messen, damit Sie die engagierten Empfänger ermitteln können?
5. Folgen dann weitere, für den Kunden wertvolle Botschaften?
6. Hat jede einzelne Nachricht eine eindeutige Call-to-Action? Ist dem Leser klar, was nun zu tun ist?
7. Wird in der Betreffzeile ein klares Nutzenversprechen direkt oder indirekt angeboten?
8. Macht die Überschrift neugierig auf den Rest des Textes?

9. Wird im Betreff sofort klar, für wen die Nachricht gedacht ist?

10. Ist der Eröffnungsabsatz mit starkem ersten Satz, Nutzenversprechen und einer interessanten Ankündigung versehen?

11. Ist der gesamte Inhalt darauf ausgerichtet, eine Lösung für ein wichtiges Problem der Zielgruppe zu liefern?

12. Gibt es eine angenehme, lesefreundliche Formatierung, die auf PC, Tablet und Mobilgeräten ein angenehmes Lesen ermöglicht?

13. Wurde die Lesbarkeit des Textes verbessert, indem konsequent alle Passiv-Formulierungen („Der Ball wurde geworfen") durch Aktiv-Formulierungen („Paul warf den Ball") ersetzt wurden?

14. Sind Fremdworte und Fachbegriffe weitgehend durch deutsche Worte ersetzt oder zumindest erklärt?

15. Ist das Ende spannend und macht es Lust auf die nächste Nachricht?

16. Haben Sie die Idee des „Cliff Hangers" aus Serien im Fernsehen umgesetzt, damit die nächste Nachricht bereits positiv erwartet wird?

17. Gibt es ein klares Ziel, auf das Sie die Empfänger hin orientieren möchten?

18. Können Sie Leser, die keine Kunden wurden, in einer anderen Serie oder einem Newsletter „parken", um sie später erneut mit einem anderen Produkt zu aktivieren?

4.7   Wie Sie mit professionellen Podcasts neue Kunden gewinnen

Ein Podcast ist ein Unternehmerradio, das Ihre Botschaft direkt zu Ihrer Zielgruppe bringt. Aber nur, wenn Sie es richtig machen. Ihr professioneller Podcast kann schon bald neue Kunden für Sie bringen – Tag für Tag. Viele Podcaster der ersten Stunde sprechen davon, dass sie anfangs einiges falsch gemacht haben. Dieser Abschnitt bringt die wichtigsten Punkte für Sie als Unternehmer auf den Punkt und erklärt Schritt für Schritt, wie man einen wirksamen Podcast plant, erstellt und damit neue Kunden gewinnt.

4.7.1   Für wen und wozu Podcasts?

Was ist ein Podcast?
Viele Menschen denken, dass ein Podcast einfach nur eine Audio-Aufnahme ist. Allerdings trifft es das nicht ganz, denn ein Podcast ist eine regelmäßig erscheinende Sendung, die über das Internet ausgeliefert wird. Es ist in den allermeisten Fällen eine reine Audio-Produktion, allerdings gibt es ebenso Videoproduktionen. Hier wollen wir uns auf die reine Audio-Produktion beschränken, weil diese Variante das beste Verhältnis von Aufwand und Nutzen darstellt. Eine typische Podcast-Folge ist zwischen zehn Minuten

und über einer Stunde lang. Allerdings dürften die meisten typischen Ausgaben etwa 20 min lang sein. Das hängt mit den Gewohnheiten der Podcast-Hörer zusammen.

Wer hört Podcasts?

Im Gespräch mit meinen Kunden kommt oft die Frage: „Wer, bitteschön, hört denn Podcasts?" Dann erkenne ich sofort, dass ich einem Nicht-Podcaster gegenüber sitze. Podcast-Hörer nutzen Zeiten, in denen sie zwar hören können, aber die Augen – und oft auch die Hände – für etwas anderes eingeteilt sind. Beim Autofahren, in der U-Bahn, beim Sport, bei der Hausarbeit oder wann auch immer man sonst Musik hören würde, aber stattdessen auch etwas „Sinnvolles" hören kann.

Seit im Jahr 2014 das iOS 8 als Betriebssystem der Apple iPhones auf den Markt kam, erfreuen sich Podcasts eines zusätzlichen Booms. Bislang war die Podcast-App eine Option. Seit der Version 8 des Betriebssystems ist sie im Standardumfang der mitgelieferten Apps und kann auch nicht mehr gelöscht werden. Dadurch hat sich die Zahl der Podcast-Hörer nochmals erhöht.

Warum Podcasts von vielen unterschätzt werden

Podcast-Hörer sind wie Radio-Hörer, nur wählerischer. Wenn YouTube in bestimmten Bereichen das Fernsehen als Medium angreift, dann ist der Podcast ein Wettbewerber des Radios. Menschen haben damit begonnen, sich ihr eigenes Radioprogramm zusammenzustellen. Das tun sie, indem sie sich die Sendungen aussuchen, die sie interessieren.

Podcasts werden in der Regel abonniert. Das bedeutet, dass die vom einzelnen Hörer ausgewählten Programme automatisch aktualisiert werden. Wenn eine neue Ausgabe eines abonnierten Podcast veröffentlicht ist, wird die Audio-Datei ohne weiteres Zutun des Hörers auf dessen Smartphone geladen. Dem Hörer werden neue Episoden angezeigt, ähnlich wie ihm neue E-Mails angezeigt werden, und er kann sie hören, wenn er oder sie Zeit dafür hat. Diese automatische Auslieferung ist ein Faktor, der die Reichweite von Podcasts erheblich steigert, weil er die typischen Konsumgewohnheiten der Hörer unterstützt. Man ist gerade im Auto, beim Sport oder beim Hausputz, und statt des Radios schaltet man sich einen aktuellen Podcast ein.

Warum ein Podcast im besonderen Maße Vertrauen aufbaut

Wenn man einen Text liest, dann kann man einen Schreibstil erkennen. Nicht immer und nicht bei jedem Autor, aber bestimmt können Sie Ihren Lieblingsautor sofort erkennen, falls Sie einen haben. Viel stärker wird der Effekt, wenn statt nur Text zusätzlich eine Stimme ins Spiel kommt. Selbst wenn Sie nur selten Radio hören, werden Sie die Moderatoren inzwischen an ihrer Stimme erkennen. Wenn Sie regelmäßig eine bestimmte Sendung hören, zum Beispiel im Auto auf dem Weg zur Arbeit, dann entwickelt sich eine gewisse Verbundenheit. Diese Verbundenheit, die sich zu Vertrautheit und schließlich Vertrauen entwickeln kann, ist die besondere Kraft des gesprochenen Wortes. Selbst wenn Sie keine „besondere Stimme" haben, ist sie dennoch etwas Besonderes und unverwechselbar. Der Klang der Stimme erzeugt beim Hörer eine besondere Nähe, die man mit einem Lesetext kaum erreichen kann. Die Regelmäßigkeit der Erscheinung von neuen Podcast-Folgen in Verbindung mit der Vertrautheit der Stimme kann in wesentlich stärkerem Maße zum Beziehungsaufbau mit der Zielgruppe dienen.

4.7.2   Inhalte und Produktion von Podcasts

Welchen Inhalt kann man nutzen, um einen Podcast zu füllen?
Falls Sie bereits einen regelmäßigen Blog haben, ist es sehr leicht, die Blogtexte als Grundlage für den Podcast zu verwenden. Solche von einer Person gesprochenen Texte nennt man unter Podcast dann „Selfie", weil man sich selbst aufnimmt. Der Text muss nur ein wenig an die gesprochene Sprache angepasst werden und Bezüge im Text, wie zum Beispiel „Wie Sie weiter oben gelesen haben", müssen umformuliert werden. Das andere beliebte Podcast-Format, ist das Interview. Bei diesem Format bringt ein Gastgeber unterschiedliche Interviewpartner mit in die Sendung. Wenn der Gastgeber seinen Gast so befragt, dass es für die Zielgruppe des Podcasts relevant und interessant ist, entsteht wertvoller Content. In beiden Fällen ist es hilfreich, wenn Sie mit einem gewissen Vorlauf schon viele Wochen vorher wissen, welches Thema Sie wann behandeln wollen.

Was ist bei der Produktion eines Podcasts zu beachten?
Lassen Sie uns unterscheiden zwischen der Frage, welchen Aufwand es kostet, einen Podcast zu planen und andererseits, wie viel Aufwand es ist, eine Podcast-Folge aufzunehmen und zu produzieren. Beginnen wir mit der Planung.
Viele Podcast-Projekte scheitern daran, dass man nach der dritten oder vierten Folge keinen relevanten Content mehr findet und dann die Sache einschlafen lässt. Erfahrene Podcast-Hörer erkennen das sofort und werden mit ziemlicher Sicherheit erst dann abonnieren, wenn der Anbieter bewiesen hat, dass er ein wenig Durchhaltevermögen mitbringt. Gehen Sie am besten so vor:

- Machen Sie sich zunächst einen Redaktionsplan, was Sie in den ersten zehn oder 20 Folgen inhaltlich behandeln wollen.
- Dann sollten Sie die Inhalte der ersten fünf Folgen komplett vorbereiten. Das bedeutet, entweder den Sprechtext fertig zu schreiben oder die Interviews mit den Interviewpartner zeitlich zu planen und die Fragen vorbereitet haben.
- Finden Sie einen Titel, der ansprechend ist, aber auch die wesentlichen Suchworte enthält, nach denen jemand suchen würde, der als Zielgruppe passt.
- Als nächstes sollten Sie sich ein Cover erstellen lassen, das quadratisch ist und mindestens 2500 Pixel Kantenlänge hat. Dabei sollten Sie den Designer so beauftragen, dass das Cover in voller Größe ansprechend sein soll, aber auch stark verkleinert, mit nur zwei cm Kantenlänge noch unverwechselbar und klar in der Aussage ist.
- Lassen Sie sich einen Einstieg (Intro) und einen Ausstieg (Outro) erstellen, der musikalisch das ausdrückt, was zu Ihnen und Ihren Inhalten passt. Viele musikalisch

begabten Menschen können das mit der Apple Software „GarageBand" tun. Oder Sie fragen in Ihrer lokalen Radiostation nach, ob einer der Moderatoren das für Sie tun kann. Achten Sie auf jeden Fall darauf, dass die Musik frei von Rechten Dritter ist und keine GEMA-Gebühren anfallen.

Wenn Sie einen Dienstleister suchen, der das für Sie löst, schreiben Sie uns eine E-Mail an info@content-marketing-star.de mit dem Betreff „Podcast Produktion", und wir geben Ihnen gerne eine aktuelle Liste von geeigneten Dienstleistern.

Wie viel Aufwand ist es, einen Podcast zu produzieren?
Wenn Sie selbst kreativ sind, können Sie diese Vorbereitungsarbeiten sicher binnen drei Arbeitstagen leisten. Wenn Sie das alles nicht selbst machen wollen, können Sie die Dienstleistung für Ton und Grafik einkaufen. Als Budget würde ich dafür 1500 EUR oder weniger einplanen.

Wie nimmt man eine Podcast-Folge auf?
Zur Aufnahme eines „Selfie-Podcast" benötigen Sie ein Notebook oder einen anderen PC, die passende Software zur Aufnahme und die Hardware. Sie benötigen dazu ein gutes Mikrofon, eine erschütterungsfreie Aufhängung (Spinne) und einen Ständer. Die Aufnahmesoftware kann Apple GarageBand oder das Profi-Werkzeug Logic Pro X sein. Wenn Sie Windows einsetzen, empfiehlt sich Audacity oder das Profi-Werkzeug Adobe Audition.

Für die Aufnahme eines Interviews benötigen Sie entweder zwei Mikrofone, die dann jeweils einen Sprecher aufnehmen. Das ist ein wenig komplexer einzustellen, funktioniert aber zumindest bei Apple problemlos mit zwei USB-Mikrofonen ohne weitere Hardware zum Mischen. Oder man macht das Interview per Skype und nutzt für die Aufnahme ein Plug-in zu Skype, wie zum Beispiel http://www.ecamm.com (Mac) oder http://voipcallrecording.com/ (Windows). Dann hat man am Ende des Skype-Interviews eine Aufnahme, die man weiterverarbeiten kann.

Bei beiden Varianten müssen nun noch der Anfang und das Ende der Aufnahme geschnitten werden. Möglicherweise sind auch noch einzelne Passagen zu schneiden, wenn Sie Teile der Aufnahme herausnehmen wollen. Schließlich müssen noch das Intro und das Outro vor beziehungsweise nach der Aufnahme eingesetzt werden und das Ganze auf ein Lautstärken-Niveau angepasst werden. Nun wird die fertige MP3-Datei zu dem Medienserver hochgeladen und mit Texten für Titel und Beschreibung versehen.

Für die Aufnahme kann man etwa zehn Minuten für 8000 Zeichen Sprechtext einplanen. Bei einem Interview ist der Zeitaufwand durch das Interview selbst bestimmt. Für die Nachbearbeitung der Audiodatei, Produktion der finalen MP3-Datei, Begleittexte und das Hochladen zum Server sollten Sie ca. zwei bis drei Stunden pro Folge einplanen.

Wie kommt mein Podcast zum Kunden?
Ihre potenziellen Hörer nutzen eine Podcast-App, um ihre Podcasts zu abonnieren und die jeweils neuesten Folgen zu hören. Dazu gibt es neben der fest eingebauten App bei

Apple auch andere Apps, die auf anderen Betriebssystemen genutzt werden können. Alle diese Apps nutzen einen sogenannten „RSS Feed" als Grundlage. Dieser Feed ist ein bestimmtes Format, in dem neben der MP3-Datei mit den Audiodaten auch Titel, Coverbild und eine Beschreibung des Inhalts der einzelnen Folgen übertragen werden. Um diesen Feed zu erzeugen, gibt es mehrere Methoden. Man kann den Feed von einem eigenen Server erzeugen, wenn man das technische Verständnis dafür im Hause hat. Oder man nutzt ein sogenanntes Plug-in für WordPress, um von seinem Blog aus die Podcast-Folgen zu verbreiten. Dieses Verfahren bietet sich jedoch nur bei sehr kleinen Zielgruppen an, weil sonst die Website am Tag der Erscheinung neuer Folgen so stark beansprucht würde, dass kaum noch eine sinnvolle Nutzung möglich ist.

Es empfiehlt sich, einen professionellen Medienserver zu mieten, was bereits ab fünf Dollar pro Monat möglich ist. Anbieter sind libsyn.com, blubrry.com oder podbean.com. Sie alle haben gemeinsam, dass man dort einen Podcast mit Cover und grundlegenden Informationen anlegen kann. Danach werden die einzelnen Folgen als Audio-Datei hochgeladen und mit Texten und einem Erscheinungstermin gespeichert. Der Medienserver liefert Ihnen eine URL, die den Feed enthält. Mit dieser URL können Sie dann Ihren Podcast bei den Podcast-Verzeichnissen, wie iTunes, Stitcher oder anderen Verzeichnissen anmelden. Zu dem jeweils vorgesehenen Datum spielt dann der Medienserver die neuen Folgen in den Feed, und die einzelnen Nutzer bekommen die neueste Ausgabe der abonnierten Podcasts auf Ihr Smartphone.

Wie kann ich den Hörer meines Podcasts direkt ansprechen?
Das Prinzip des Content Marketings beruht auf Anbau, Ernte, Destillat und Reife (siehe Abschn. 3.1). Wenn Sie einen Podcast produzieren, ist das lediglich der Anbau. In diesem Fall ist zur Ernte ein Medienbruch zu überwinden, weil der Hörer nun sein Hören unterbrechen muss, um sich auf einer Website einzutragen und seine E-Mail-Adresse zu hinterlassen. Wegen dieses Hindernisses ist es notwendig, attraktiven zusätzlichen Inhalt anzubieten, den der Hörer zusätzlich per E-Mail bekommen kann. Dieser Inhalt ist so gestaltet, dass er als sinnvolle Verstärkung des gehörten Inhalts wirken soll, zum Beispiel eine zusätzliche Liste von Links, eine Checkliste, eine grafische Darstellung oder etwas anderes, was als gesprochenes Wort nicht seine volle Wirkung entfalten würde. Sie können dann den Kontakt zum Podcast-Hörer bekommen, wenn dieser sich im Tausch gegen seine E-Mail-Adresse den versprochenen Inhalt abholen will.

Und weil wir nach dem gleichen Prinzip arbeiten, haben wir ein Angebot für Sie: Wenn Sie uns Ihre E-Mail-Adresse anvertrauen, bekommen Sie wie versprochen eine Checkliste für Ihre Podcast-Produktion und zusätzlich eine Zusammenfassung aller Empfehlungen für Hardware und Software. Weil sich das öfter mal ändert, senden wir Ihnen ca. alle sechs Monate kostenlos ein Update und einen Überblick zu allem, was man als erfolgreicher Podcast-Anbieter wissen sollte.

Anleitung Podcast produzieren
Vorbereitung

- Themenplan für mindestens zehn Ausgaben erstellen.
- Grafik für Cover erstellen mit 2500 × 2500 Pixel. Achtung: Auch verkleinert auf 2 × 2 cm gut erkennbar?
- Text für Intro erstellen: In zehn Sekunden sagen, für wen der Podcast ist und was die Zielgruppe davon hat.
- Text für Abspann erstellen: Klare Aufforderung zur Tat – was soll der Hörer jetzt tun?
- Musik für Intro und Abspann aussuchen – passend zur Aussage des Podcast und zur Zielgruppe.
- Intro und Abspann produzieren und als MP3-Datei speichern.
- Hardware, Software und Medienserver anschaffen (Details dazu nachfolgend).

Aufnahme Einzelsprecher

- Sprechtext gut lesbar ausdrucken (Achtung: Papierrascheln) oder in großer Schrift auf dem PC anzeigen (Achtung: Geräusche von Tastatur und Maus).
- Wasser zum Trinken bereitstellen.
- Aufnahme-Software laufen lassen.
- Podcast mit Energie einlesen. Dabei sich vorstellen, dass man zu einer realen Person spricht, die vor einem sitzt. Am besten mehrere Ausgaben hintereinander einsprechen. Dann ist man im Fluss und spart Zeit.

Aufnahme Interview

- Gliederung des Interviews und eventuell vorbereitete Fragen ausdrucken.
- Interviewpartner im 90-Grad-Winkel an einen Tisch setzen, etwa einen Meter Abstand.
- Getränke bereitstellen.

Bei Skype-Interviews

- Vorher alle Programme beenden, die die Bandbreite belasten, weil sie im Hintergrund Dateien laden oder hochladen (Mail, Outlook, Dropbox, Evernote, etc.) Das gilt für beide Gesprächspartner. Eventuell andere Benutzer, die am selben WLAN arbeiten, ebenso informieren. Ideal: Alleine am Router und Kabelverbindung.

Besondere Tipps

- Weil eingefleischte Podcast-Hörer beim Hören oft nicht auf das Abspielgerät schauen können oder wollen, ist es hilfreich, wenn man als Erstes noch vor dem Intro die Nummer der Folge und eventuell den Titel ansagt, damit man beim vor- und zurückklicken sofort weiß, wo man ist.
- Bei Versprechern: Vor dem Mikro laut in die Hände klatschen (damit man die Stelle beim Schneiden besser findet), danach kurze Sprechpause und dann wieder beim letzten Satz oder Absatz anfangen zu sprechen. Später den Teil vom Beginn des Satzes bis kurz nach dem Klatschen herausschneiden.

Hardware

- Microfon Podcaster http://amzn.to/1ylpGXU
- Spider (entkoppelte Aufhängung) für Podcaster http://amzn.to/1wtOPA7
- Tischstativ http://amzn.to/1xdMqg1 oder Schwenkarm http://amzn.to/ZGVPwF

  Optional für sehr gute Aufnahmeergebnisse

- Pronomic MS-SCREEN Micscreen. Portabler Diffusor für Mikrofonaufnahmen http://amzn.to/1ylqH2b
- Windscreens zum Aufstecken auf das Mikrofon (auch als Transportschutz) http://amzn.to/1woNTv7
- Software für iOS (Mac)
- Aufnahme GarageBand (auf allen neuen Mac-Geräten installiert) oder das Profi-Werkzeug Logic Pro X https://itunes.apple.com/de/app/logic-pro-x/id634148309
- Mitschneiden von Skype-Gesprächen http://www.ecamm.com
- Software für Windows
- Aufnahmen mit Audacity
- Mitschneiden von Skype-Gesprächen http://voipcallrecording.com
- Medienserver
- Empfohlene Anbieter sind libsyn.com, blubrry.com oder podbean.com

4.8   Wie Sie einen guten Newsletter planen und professionell umsetzen

Viele Unternehmen versenden Newsletter, um ihre „Kundenbindung" zu verstärken. Allerdings wird das selten erreicht – leider oft sogar das Gegenteil. Dieser Abschnitt bringt auf den Punkt, worauf es bei der Planung und Erstellung von Newslettern ankommt und wie Sie dafür sorgen, dass der Newsletter gelesen wird. Zunächst sehen wir uns an, welche Fehler bei Newslettern weit verbreitet sind. Anschließend erfahren Sie, wie Sie die schlimmsten Fehler vermeiden, die Ihrer Reputation schaden können.

4.8.1   Die sechs häufigsten Fehler bei Newslettern

1. **Ego-Perspektive:** Sehr oft lesen wir Newsletter, die belanglose Ereignisse des Versenders wie in einer Reportage erzählen. Dann liest man „Wir haben unser zweites Logistikzentrum in Hinterdupfing eingeweiht" oder „Hans-Peter Müller ist jetzt unser neuer Finanz-Chef". All das mag aus Sicht des versendenden Unternehmens interessant sein und die Gemüter bewegen, aber was hat das mit uns als Leser zu tun? Wenn es für uns keine Relevanz hat, dann darf es nicht im Newsletter stehen. Wenn das neue Logistikzentrum eine Verbesserung der Liefergeschwindigkeit aus Sicht des Kunden mit sich bringt, dann kann das im Newsletter stehen, aber wenn nicht, dann raus damit!
2. **Kein Nutzen für den Leser:** „Wir haben dieses Angebot. Und dann noch jenes neue Produkt für Sie zum Sonderpreis." Gähn. Ein Newsletter darf uns Nutzen bringen, sonst melden wir uns ab. Oder noch schlimmer: Der Newsletter wird ungelesen gelöscht. Das ist deshalb schlimmer, weil das beispielsweise bei Gmail-Adressen von Google erkannt wird und dadurch der Versender als potenzieller Spam-Versender markiert werden kann. Dann dringt man auch bei den Empfängern nicht mehr durch, die sich vielleicht interessieren würden. Leser wollen einen direkten Nutzen aus dem Newsletter selbst. Schreiben Sie Texte, die gerne gelesen werden, weil sie Nutzen bringen. Drei Faktoren bilden den Nutzwert eines Artikels: Nachrichten, Unterhaltung und Wissen. Wenn Ihr Newsletter weder echte Neuigkeiten, noch unterhaltend oder lehrreich ist, dann sollten Sie sich die Mühe künftig sparen.
3. **Irrelevanter Zeitbezug:** Ich will keine Oster-Angebote von meiner Hausbank und auch keine Weihnachtsgrüße von dem Hotel, in dem ich vor zwei Jahren einmal übernachtet habe. Niemand zwingt Sie, einen Newsletter mit einem saisonalen Thema zu versenden. Im Gegenteil: Gerade, weil es so viele sinnlose Newsletter in gedruckter oder elektronischer Form zu Weihnachten gibt, sollten Sie nur dann einen versenden, wenn Sie einen direkten, werthaltigen Bezug des Inhalts zu diesem Ereignis für den Leser bieten können. Wirklich niemand braucht ein „Halloween-Angebot" von seinem Reifenhändler. Dann lieber eine Woche vorher oder nachher ohne den saisonalen Bezug versenden und nicht in der Flut der vielen irrelevanten Nachrichten untergehen.
4. **Schlechte Überschrift:** „Newsletter 04-2016" ist kein guter Titel, nicht nur weil niemand Ihre Newsletter in aufsteigender Folge abheftet, sondern auch, weil dieser Text mich nicht dazu animiert, die E-Mail zu öffnen. In der Schule haben wir gelernt, dass eine Überschrift den Inhalt erklären soll. Das ist jedoch für die Überschriften in Newslettern ganz sicher falsch. Die Überschrift ist der Köder, der ja bekanntlich dem Leser schmecken soll und nicht dem Texter. Wie man eine gute Überschrift textet, können Sie mit der „Checkliste Überschriften" ganz einfach für sich umsetzen.

5. **Fehlende Aufforderung zur Tat:** Selbst wenn der Inhalt interessant ist und mir als Leser einen Nutzen gebracht hat, reicht das noch nicht. Damit der Newsletter einen zählbaren Erfolg bringt, soll der Leser aktiv werden. Er soll eine Handlung ausführen. Das ist im besten Fall der Kauf eines Produkts und wenigstens der Klick auf einen Link, die Beantwortung einer (Um-)Frage, eine Empfehlung in den Social Media oder das Herunterladen weiterer Inhalte. Jeder Newsletter sollte eine zentrale CTA (Call-to-Action) haben. Mehrere davon verwirren und bewirken weniger statt mehr Interaktion, was uns gleich zum sechsten Fehler führt.

6. **Zu viele Inhalte:** Sehr viele Unternehmen gestalten ihre Newsletter wie die Seite mit den Kleinanzeigen in der Tageszeitung. Das ist unübersichtlich und führt dazu, dass kaum eine Reaktion auf die Inhalte erfolgt. Viel besser ist es, genau ein Thema zu haben und daraus eine klare Aufforderung abzuleiten. Allenfalls kann man im Abspann des Newsletters noch auf andere Angebote verweisen und so eine Möglichkeit für die Leser bieten, die danach suchen. Aber der Newsletter selbst sollte sich auf ein Thema konzentrieren, dadurch einen klaren Nutzen (Nachricht, Unterhaltung, Wissen) für den Leser bieten und zu einer klar festgelegten Handlung einladen.

4.8.2 Acht Ideen für bessere Newsletter, die auch wirklich gelesen werden

Wenn Sie sich vorstellen, Sie wären nicht Unternehmer, sondern Herausgeber eines Magazins, einer Tageszeitung oder einer Fachzeitschrift, dann wird schnell klar, worauf es ankommt. Der Newsletter muss für sich selbst einen Wert darstellen und nicht nur der verlängerte Arm einer Marketingabteilung sein. Der Leser muss den Newsletter lesen wollen – im Idealfall sogar darauf warten. Damit das gelingt, erhalten Sie hier eine Reihe von Ideen, die Ihren Newsletter lesenswert und wirksam machen werden.

1. **Klären Sie zuerst das „Wozu":** Bevor Sie das erste Wort Ihres Newsletters schreiben, beantworten Sie sich diese eine Frage: „Wozu?" Oder etwas ausführlicher gefragt: „Was soll durch den Newsletter beim Leser bewirkt werden? Was genau soll sich durch den Newsletter verändern oder herbeigeführt werden? Was ist das präzise unternehmerische Ziel des Newsletters? Dieses wichtigste Hauptmotiv wird dann das zentrale Element Ihres Newsletters. Alles andere ordnet sich unter. Der Newsletter hat diesen einen Zweck, und den soll er auch wirklich erfüllen. Wenn Sie es sich ein wenig leichter machen wollen, einen guten Newsletter zu verfassen, verwenden Sie die „Checkliste Newsletter" oder nutzen Sie gerne unseren Service und laden Sie sich die Checkliste herunter.

2. **Schreiben Sie lesefreundlich:** Lesefreundlichkeit erreichen Sie durch den passenden Stil und den richtigen Umfang. Je nachdem, wer Ihre Zielgruppe ist, sollten Sie die Sprache der Zielgruppe treffen und darauf Rücksicht nehmen, dass kaum jemand beim Lesen von E-Mails oder Post besonders viel Zeit mit einzelnen Nachrichten

verbringen will. Daher beschränken Sie die Anzahl der Worte im Lesetext des News-letters auf maximal 150 bis 300 Wörter, was je nach Lesegeschwindigkeit einer Lese-dauer von einer bis zwei Minuten entspricht. Längere Texte bringen Sie in Ihrem Blog unter und bieten einen Link an, wenn jemand mehr lesen will. Der Text im Newsletter soll bei aller Knappheit dennoch in sich funktionieren und nicht nur auf einen wei-teren Text im Blog hinweisen, weil das sonst zu leicht als „Bauernfängerei" enttarnt wird. Der Text im Blog, also der Blogbeitrag selbst, kann auch nach allen Regeln der Kunst perfektioniert werden.

3. **Zeitpunkt des Versands:** Je nach Zielgruppe kann es sinnvoll sein, die Newsletter morgens, mittags, abends oder gar am Wochenende zu versenden. Wenn Sie bereits Erfahrungswerte mit Ihren bisherigen Newslettern gesammelt haben, können Sie Ihre Versandsoftware nutzen, um den optimalen Zeitpunkt des Versands zu ermitteln. Ansonsten lohnt es sich zu experimentieren und das Verhalten Ihrer Newsletter-Emp-fänger zu analysieren. Falls Sie eine private Zielgruppe ansprechen, dürfte es sinnvoll sein, den Versandtermin auf den Abend oder das Wochenende zu verlegen, wenn die Menschen Zeit haben, sich damit zu beschäftigen. Bei einer beruflichen Zielgruppe ist es sicher sinnvoll, den Newsletter an einem Wochentag zu versenden – womöglich nicht am Montag – und einen Zeitpunkt zu wählen, wenn der Posteingang nicht schon überquillt. Also am späten Vormittag oder ein paar Stunden nach der Mittagspause. Die beste Antwort auf die Frage, wann der ideale Versandtermin ist, wird sich am bes-ten durch Tests in Ihrer konkreten Zielgruppe herausfinden lassen.

4. **Mobile Leser ansprechen:** Inzwischen werden 30 bis 50 % aller E-Mails mobil gele-sen und bearbeitet – oder gelöscht. Daraus ergeben sich einige wichtige Tipps, die Sie unbedingt umsetzen sollten, wenn Sie diesen Anteil der Leser nicht verlieren wollen.
   - Prüfen Sie die Lesbarkeit Ihres Newsletters auf den geläufigsten Smartpho-nes. Moderne Versandsysteme für E-Mail-Newsletter bieten die Möglichkeit, die Schriftgröße für mobile Geräte zu optimieren.
   - Die meisten Smartphones zeigen nicht nur den Titel, sondern auch die ersten weni-gen Worte des Textes der Nachricht an, bevor sie geöffnet ist (das kann auch bei Outlook beziehungsweise Apple Mail so eingestellt werden). Achten Sie darauf, dass dieser erste Text, den der Leser gemeinsam mit der Überschrift angezeigt bekommt, auch wirklich eine Einladung zum Öffnen ist. Vermeiden Sie den leider ach so häufigen Einstiegssatz „Wenn diese Nachricht nicht richtig dargestellt wird …" und verwenden Sie stattdessen einen Satz, der als Untertitel funktioniert und Lust macht, den Newsletter zu öffnen.
   - Vermeiden Sie große Bilder, die unnötig Ladezeit und Bandbreite kosten. Optimie-ren Sie die Bilder auf eine sinnvolle Auflösung und Qualität.

5. **Vermeiden Sie das Wort „Newsletter":** Inzwischen gibt es einige Spamfilter, die das Wort Newsletter an sich schon als Hinweis auf unerwünschte Nachrichten nehmen. Deshalb lohnt es sich, dieses Wort komplett zu eliminieren. Das gilt für den Fließtext ebenso wie für die Fußzeile. Auch der Link zum Abbestellen sollte ohne das Wort auskommen. Hier drei Ideen, wie Sie einen Ersatz für „Newsletter" finden:

- Finden Sie einen Titel, der thematisch zu Ihrem Unternehmen passt. Ein Hersteller von Drehmaschinen könnte sich für „Revolution" entscheiden, ein Fitnesshersteller für „Puls".
- Benennen Sie einfach die Zielgruppe. „Praxisinformation für Vertrieb und Führung" oder „Wochenrückblick für die Druckereibranche" könnten hier Beispiele sein.
- Lassen Sie sich von bekannten Titeln von Zeitungen und Zeitschriften inspirieren. Warum nicht die „Allgemeine Maschinenzeitung", die „Berater-Umschau" oder das „CRM Tagblatt"?

6. **Investieren Sie in eine gute Überschrift:** Die Überschrift entscheidet, ob Ihr Newsletter geöffnet oder ungelesen gelöscht wird. Nutzen Sie hierfür die „Checkliste Überschriften". Wenn Sie mehrere Ideen für eine gute Überschrift haben und sich unsicher sind, welche die bessere ist, könnten Sie das testen. Das klappt ganz einfach, indem Sie den Newsletter zunächst an fünf Prozent Ihrer Leser mit der einen und weitere fünf Prozent mit der anderen Überschrift senden. Nach ein paar Stunden werten Sie aus, was besser funktioniert hat, und senden dann den Newsletter mit der besten Überschrift an die restlichen 90 %. Moderne Newsletter-Systeme können das automatisiert erledigen.

7. **Erhöhen Sie die Frequenz:** Es ist kaum sinnvoll, einen Newsletter nur vier Mal pro Jahr zu versenden. Kaum ein Empfänger wird sich noch an Sie erinnern. Wenn Sie eine sehr geringe Frequenz bevorzugen, rate ich zu mindestens monatlich, weil das die Frequenz ist, in der nennenswerte Fachzeitschriften erscheinen. Wenn Sie näher an Ihre Leser heran wollen, dann sollte die Frequenz mindestens 14-tägig oder besser wöchentlich sein. Dann ist es besonders wichtig, dass der Inhalt wertvoll und unterhaltsam und dabei schnell zu lesen ist.

8. **Nehmen Sie neue Leser bei der Hand:** Wenn sich ein neuer Leser in Ihre Liste für den Newsletter einträgt, kann es bei monatlicher Erscheinung bis zu vier Wochen dauern, bis er den ersten neuen Newsletter bekommt. Die Wahrscheinlichkeit ist groß, dass diese Person bis dahin vergessen hat, dass sie sich eingetragen hatte. Im schlimmsten Fall wird sie sich sofort wieder abmelden oder die Nachricht als unerwünschte Werbung markieren. Es wäre besser, wenn Sie jeden neuen Leser sofort, nachdem er sich eingetragen hat, mit einer Serie von drei bis sieben kurzen Nachrichten an Ihr Unternehmen heranführen und ihm bereits unmittelbar viel wertvollen Inhalt anbieten. Wenn Sie beispielsweise als Anbieter von Werkzeugmaschinen einen Newsletter für Ihre Kunden herausgeben, dann könnte die erste E-Mail zur Begrüßung eine Arbeitsschutz-Fibel mit cleveren Ideen zur Unfallverhütung versenden. Dann zwei Tage später eine Übersicht über die wichtigsten (Messe-)Termine in der Werkzeugindustrie. Und weitere drei Tage später die „Fünf besten Tipps zum Energiesparen im produzierenden Gewerbe". Das sind, wie schon erwähnt, nur Beispiele. Ein Leser, der diese Art der Heranführung an Ihre Kompetenz erfahren hat, wird mit höherer Wahrscheinlichkeit Ihren ersten Newsletter richtig einordnen und sich an Sie erinnern.

Schaffen Sie einen Newsletter, der gerne und langfristig gelesen wird

Stoppen Sie die Zeitverschwendung bei den Menschen, die Ihnen im professionellen Umfeld am wichtigsten sein dürften, nämlich Ihren Kunden und Interessenten. Nutzen Sie diese Tipps und verbessern Sie Ihre Newsletter, damit Ihre Zielgruppe bei Ihrem nächsten Newsletter wesentlich öfter auf „Öffnen" statt auf „Löschen" klickt. Machen Sie mit Ihrem Newsletter die Leser zu besseren, informierteren, fröhlichen, gebildeten oder schlicht zufriedeneren Menschen.

Checkliste Newsletter

- Was ist der Zweck des Newsletters aus der Sicht des Versenders?
  - Nach dem Lesen des Newsletters soll erreicht sein, dass …
- Was ist der konkrete Nutzen für den Leser?
  - Nachricht
  - Unterhaltung
  - Wissen
- Wird die gewünschte CTA (Aufforderung zur Tat) explizit eingefordert?
  - An welcher Stelle im Text?
  - Wie viele Wiederholungen der Aufforderung sind enthalten?
- Ist die Überschrift gut gewählt?
- Denken Sie daran, dass der erste Satz spannend wie ein Untertitel gestaltet sein soll, denn er wird in der Vorabansicht auf Smartphones und in vielen E-Mail-Programmen bereits angezeigt, bevor die E-Mail geöffnet wird.
- Haben Sie einen ersten Absatz als Einleitung, der aus drei Sätzen besteht: Paukenschlag im ersten Satz, Nutzenversprechen und schließlich einer interessanten Ankündigung?
- Gibt es gute Zwischenüberschriften zur Gliederung und zum Wiedereinstieg beim Scrollen?
- Ist der gesamte Inhalt darauf ausgerichtet, eine Lösung für ein wichtiges Problem Ihrer Zielgruppe zu liefern?
- Beträgt die Anzahl der Worte im Lesetext des Newsletters etwa 150 bis 300 Wörter?
- Prüfen Sie, ob das Wort „Newsletter" wirklich nicht vorkommt.
- Legen Sie Versanddatum und Zeitpunkt fest.
- Es sollte im Fußtext eindeutig erkennbar sein, wer der Absender ist und wie man sich mit einem Klick wieder aus der Liste der Empfänger austragen kann. Das ist professionell und gehört zum guten Ton.

Checkliste Überschriften
Quick Check für eine gelungene Überschrift

- Wird ein klares Nutzenversprechen direkt oder indirekt angeboten?
- Macht die Überschrift neugierig auf den Rest des Textes?
- Wird sofort klar, für wen der Artikel gedacht ist?
- Ist das Thema klar, ohne die Lösung schon mit zu verraten?

Beispiele für Überschrift als Aufforderung oder Befehl

- Holen Sie sich jetzt … damit …!
- Verzichten Sie ab sofort auf …!
- Reagieren Sie jetzt, damit nicht …!
- Vermeiden Sie ab sofort …, damit Sie schon bald …!
- Profitieren Sie ab morgen schon von …!
- Schenken Sie sich selbst jetzt einen …!

Beispiele für Überschrift-Muster „Wie Sie … ohne zu …"

- Wie Sie permanent passende Kundenanfragen bekommen, ohne Ihr ganzes Budget für Marketing auszugeben
- Wie Sie Ihre Jahresziele sicher erreichen, ohne dauern selbst die Zahlen zu überprüfen
- Wie Sie Ihre Mitarbeiter konzentriert und motiviert halten, ohne dauernd Geschenke zu verteilen
- Wie Sie mit Ihrem Chef besonders gut auskommen ohne zu schleimen
- Wie Sie Ihre Kinder zu besonderen Persönlichkeiten erziehen ohne sie zu überfordern
- Wie Sie 1000 EUR oder mehr pro Jahr einsparen ohne sich einschränken zu müssen

Beispiele Überschrift-Muster „Zuerst … aber dann."

- Zuerst dachte ich, dass es unmöglich ist, die passenden Kunden zu erreichen, aber dann ging mir ein Licht auf
- Anfangs schien es, als ob wir nie eine bezahlbare Wohnung finden können, aber dann geschah etwas Unvorhersehbares
- Zunächst dachte ich, dass Kaltakquise nicht funktionieren kann, aber dann las ich einen Artikel und alles wurde anders
- Auf den ersten Blick war ich unscheinbar, aber dann begann ich mit dieser Übung und seither strahle ich etwas aus

- Bislang dachte ich, dass meine Mitarbeiter keinen Handstrich zu viel tun, aber dann bekam ich diesen Tipp und jetzt sind wir ein starkes Team
- Bis letzte Woche wusste ich nicht, wie ich jemals mein Einkommen vervielfachen sollte, aber dann fand ich diesen entscheidenden Ratschlag

Beispiele Überschrift als Frage

- Wie viele Kunden möchten Sie ab morgen hinzugewinnen?
- Was ist der wichtigste Grund, warum so viele Mitarbeiter innerlich gekündigt haben?
- Mit welchen einfachen Hilfsmitteln können Sie Ihren Ertrag sofort messbar steigern?
- Was passiert, wenn Sie ab sofort nur noch tun, was sich wirklich für Sie lohnt?
- Welcher Ihrer Mitarbeiter kostet Sie jedes Jahr aufs Neue mehr als er Ihnen einbringt?
- Was würden Sie noch heute in Angriff nehmen, wenn dies Ihr letztes Lebensjahr wäre?
- Welchen Ratschlag Ihrer Großeltern haben Sie bisher ignoriert, obwohl Sie ihn nie vergessen werden?
- Was war der größte Misserfolg des vergangenen Jahres und was haben Sie für die Zukunft daraus gelernt?

Beispiele Überschrift-Muster Liste

- Die 7 Gründe, warum …
- Die 3 Tipps für … und …
- Die 12 Ideen, die Ihrem … sofort zu mehr … verhelfen
- Die 99 Worte, die Sie Ihrem … niemals zumuten wollen
- Die 5 …, die für Ihr … verantwortlich sind und wie Sie ab sofort mehr … erreichen können
- Die 17 Irrtümer, die immer wieder für … sorgen, obwohl … so einfach wäre

Beispiele Überschrift als Testimonial

- Wie Steve Jobs seine Präsentationen gestaltete und was Sie davon lernen können
- Warum die deutsche Nationalmannschaft Weltmeister wurde und wie Ihr Team schon morgen davon profitieren kann
- Was die drei erfolgreichsten Filme der Weltgeschichte für Ihre Webseite tun können
- Wie Sokrates noch immer die Geschicke erfolgreicher Unternehmer beeinflusst

- Warum die Römer schon vor langer Zeit … umgesetzt haben und wie Sie davon profitieren können
- Wie Udo Lindenberg schon als junger Künstler seinen Erfolg geplant hat und was Sie für Ihre Karriere daraus lernen können

Beispiele Überschrift als Provokation

- Sie geben zu viel Geld für … aus und Sie wissen es!
- Du hast keine Chance, jemals besser zu sein als …!
- Ihnen ist doch wohl klar, dass Sie schon längst …, obwohl Sie es nicht wahrhaben wollen!
- Sie wollen ein … werden? Das glauben Sie doch nicht wirklich!
- Das ist also alles, was Sie in den letzten 12 Monaten im Bereich … zustande gebracht haben?

4.9　Wie Sie ein Webinar als Lead-Generator planen

Sie können mit professionellen Webinaren schnell die passenden Kunden finden und binden. Sie erhalten hier einen Überblick, wie Sie Ihr erstes Webinar professionell gestalten und überzeugend durchführen. Außerdem erfahren Sie, wie Sie die Teilnehmer für Ihr Webinar finden und nach dem Webinar in einen sinnvollen Marketingprozess überführen.

Webinare sind vielleicht der effektivste Weg, um durch wertvollen Content hochwertige Leads zu erzeugen. Die Erklärung dafür ist zum einen die tief gehende Interaktion, die mit dem Publikum möglich ist. Zum anderen ist es einfach, die Kontaktdaten der Teilnehmer zu bekommen, weil es ein Teil des Anmeldeprozesses ist. Und schließlich kann die Aufzeichnung des Webinars zusätzlich als wertvoller Content verwendet werden.

4.9.1　So planen Sie Ihr erstes Webinar

Ein ungewöhnlicher Tipp ganz zu Beginn: Vermeiden Sie das Wort „Webinar"! In den letzten Jahren ist mit diesem Begriff so schrecklich viel Schindluder getrieben worden. Vielen Menschen, die nur ein Webinar mitgemacht haben und danach nie wieder, haben die digitale Version einer Kaffeefahrt hinter sich gebracht und vermutlich entsetzt den Aus-Knopf betätigt, als der Verkäufer in dem Webinar anfing, die virtuelle Heizdecke anzupreisen. Denken Sie sich einen anderen Begriff dafür aus. Hier einige Idee zur Anregung Ihrer Fantasie:

- Online-Workshop
- Digitales Seminar

- Live-Video-Kurs
- Remote Meeting

Sie haben bestimmt noch weitere Ideen. Die Bezeichnungen können ruhig ausgefallen sein. Wichtig ist, dass es keinen direkten Bezug zu dem Begriff „Webinar" gibt. Wenn die Bezeichnung neugierig macht, ist das am besten.

Die Zielgruppe

Ihre Zielgruppe kennen haben Sie längst als Persona definiert. Hier geht es darum, die Zielgruppenbeschreibung in den Titel des Webinars zu packen. Beispiel: „Der Online-Workshop für ambitionierte Rosenzüchter", „Das 5-teilige Live-Videoprogramm für alle frischgebackenen Führungskräfte" oder „Das kompakte Content-Marketing-Seminar für Unternehmer, die das Wesentliche erfahren wollen".

Der Nutzen

Auch beim Nutzen denken und formulieren Sie aus der Perspektive des potenziellen Interessenten:

- Erfahren Sie in 30 min, wie Sie Ihre Rosen auch ohne Chemie schädlingsfrei und gesund halten
- Holen Sie sich die fünf wichtigsten Ideen, um sich als junge Führungskraft Respekt und Anerkennung zu verdienen
- Hier bekommen Sie in weniger als einer Stunde die wichtigsten Tipps, um Ihr Marketing wirksamer und kostengünstiger zu machen

Auf jeden Fall soll die Nutzenformulierung dazu anspornen, sich für das Webinar anzumelden.

Ihre Zielsetzung

Legen Sie fest, was ein Teilnehmer des Webinars im besten Fall während des Webinars oder spätestens am Ende des Webinars tun soll. Was genau soll er tun? Etwas kaufen? Sich in eine Liste eintragen? Eine Telefonnummer wählen? Was auch immer Sie festlegen, achten Sie darauf, dass der komplette Inhalt des Webinars auf diese Handlung hin optimiert sein muss.

Der Zeitpunkt

Wann kann Ihre Zielgruppe sich die Zeit nehmen, an einem Webinar teilzunehmen? Wenn Sie berufstätige Privatpersonen ansprechen, wird das sicher in den frühen Abendstunden sein. Oder vielleicht richtet sich Ihr Webinar an Menschen, die vormittags Zeit haben, weil dann die Schulkinder nicht stören? Oder Sie haben ein Thema, das als berufliche Fortbildung gelten kann? Die Möglichkeiten sind vielfältig. Sie sollten sich überlegen, wann Ihre Zielgruppe Zeit hat, und dann das Webinar planen. Tipp: Dienstag bis

Donnerstag sind nach meiner Erfahrung die besten Tage für Webinare, die nachmittags stattfinden. Und Freitagvormittag habe ich auch gute Erfahrungen gemacht.

Die Technik

Neben einem PC oder einem Notebook mit einer eingebauten Kamera benötigen Sie ein Headset. Wenn Ihr PC keine eingebaute Kamera hat, können Sie eine USB-Webcam anschaffen. Achten Sie auf gute Ausleuchtung Ihres Gesichts. Eventuell verwenden Sie ein Studio-Licht oder eine Schreibtisch-Lampe, die Sie mit einigem Abstand aufstellen und Ihr Gesicht beleuchten.

Tipp: Achten Sie darauf, dass die Kameralinse auf Augenhöhe oder leicht darüber ist. Die typische Von-unten-nach-oben-Perspektive von Webinar-Anfängern sollten Sie Ihren Teilnehmern ersparen!

Das Wichtigste ist professioneller Ton. Dazu benötigen Sie ein Headset mit Kabel – kein Bluetooth! Alternativ können Sie auch einen Kopfhörer und ein professionelles Mikrofon benutzen. Wichtig ist, dass es keine Rückkoppelungen oder Hall gibt und dass Umgebungsgeräusche weitestgehend vermieden werden.

Schließlich können Sie sich noch für eine Webinar-Plattform entscheiden. Davon gibt es einige, die sich preislich und von der Nutzung unterscheiden. Ich persönlich habe bislang mit diesen Plattformen Erfahrungen gesammelt, die ich kurz mit Ihnen teilen will:

- Edudip: Innovative, moderne Plattform https://www.edudip.com/r/6if7
- Spreed: Stabile Plattform, vor allem für kleine intensive Webinare http://www.spreed.com
- Adobe Connect: Nutze ich über den Service von smile2.de, mit dem auch bezahlte Webinare möglich sind und andere Produkte in einem Shop vermarktet werden können.
- GotoWebinar: Die Plattform von Cisco, mit der ich schon öfter als Gastreferent auf Online-Kongressen gearbeitet habe http://www.gotomeeting.com/webinar
- Google+ und Hangout: Mit diesen Plattformen habe ich noch nicht gearbeitet. Diese beiden können die richtige Plattform sein, weil viele Unternehmen in ihren Firmennetzen nicht alle Webinaranbieter zulassen. Die beiden genannten dürften aber in den meisten Unternehmen alle Sicherheitsanforderungen erfüllen.
- WebinarJam: ein Anbieter, der verspricht, die technische Kapazität von mehr als 1000 Teilnehmern leisten zu können: http://www.webinarjam.com. In diesem Artikel vom Januar 2015 ist eine Liste der 15 populärsten internationalen Anbieter zu finden: https://www.elegantthemes.com/blog/resources/the-15-best-webinar-software-products-from-around-the-web

Die Struktur des professionellen Webinars

Wenn Sie sich Gedanken zur Struktur Ihres professionellen Webinars machen, dann biete wir Ihnen diese einfache Gliederung an. Das Ziel ist es, die passenden

Teilnehmer schnell in das Thema zu führen und dann wertvollen und verwertbaren Inhalt zu liefern, bevor letztlich die CTA, also die „Call-to-Action" eingefordert wird. Hier die drei Elemente etwas ausführlicher:

1. **Problem:** Zunächst konzentrieren wir uns auf das Problem der Zielgruppe. Wir wollen in den ersten Minuten des Webinars erreichen, dass der Zuhörer für sich feststellt: „Hier bin ich richtig! Das ist genau mein Problem, das ich lösen will." Wir erklären ausführlich das Problem, dessen Lösung wir gleich behandeln werden. Dieser Teil des Webinars kann 15 bis 20 % der geplanten Zeit in Anspruch nehmen.
2. **Lösung:** Im zweiten Teil liefern wir wertvollen Inhalt, der erklärt, was zu tun ist, um das Problem zu lösen. Dazu bieten wir alle möglichen Formen von Inhalt: Tabellen, Grafiken, Pläne, Erklärungen, Anleitungen und andere Inhalte, die dem Teilnehmer vermitteln, was er tun kann, um sein Problem zu lösen. Dadurch erarbeiten wir uns die nötige Kompetenz als potenzieller Lösungsanbieter. Wir zeigen, dass wir wissen, was zu tun ist. Dieser Teil ist der größte Anteil des Webinars und kann 70 bis 80 % der Zeit einnehmen.
3. **Call-to-Action – CTA:** Im letzten Teil legen wir fest, was der Zuhörer tun soll, um zu erfahren, wie er genau die Anregungen umsetzen soll. Bekanntlich ist es oft nicht ausreichend, zu wissen, was man tun soll. Damit es gelingt, ist das „Wie" ganz entscheidend. Den wertvollen Inhalt, wie das Problem zu lösen ist, wollen wir jedoch nicht ohne Weiteres verschenken. Jetzt muss der Interessent aktiv werden. Die CTA kann ein Produktkauf sein (Beispiel: „Bestellen Sie jetzt die präzise Anleitung, wie Sie Ihre Rosen eine komplette Saison ohne Schädlinge und gesund halten") oder auch lediglich die Abgabe einer E-Mail-Adresse sein (Beispiel: „Tragen Sie hier Ihre E-Mail-Adresse ein und Sie bekommen die sieben besten Tipps für gesunde und farbenprächtige Rosen in Ihrem Garten").

Der Inhalt

Beachten Sie, dass ein Webinar gegenüber einem persönlichen Gespräch eine deutlich geringere Konzentration des Teilnehmers erfordert. Der Teilnehmer sieht ein Livebild des Sprechers, Folien oder beides auf dem Bildschirm seines Computers und hört dazu den Ton. Die mir bekannten Webinar-Systeme erlauben es, dass der Moderator zwischen der großen Darstellung des Sprechers und der großen Darstellung der Folien hier und her schalten kann. Auch ist zumeist eine gleichberechtigte Darstellung von beidem möglich. Zusätzlich ist auch fast in allen Systemen ein sogenannter Chat möglich. Das ist ein Textfenster, in dem die Teilnehmer Fragen oder Bemerkungen schreiben können.

Sie sollten daher schon bei der Planung der Präsentation einen spannenden Wechsel zwischen den unterschiedlichen Ansichten einplanen, damit es nicht langweilig wird. Vielleicht sind die folgenden Tipps für Sie hilfreich:

Vier Tipps zum Aufbau von Folien für Webinare

1. Wenn Sie in einer „normalen" Folie eine Überschrift und mehrere Unterpunkte planen würden, die Sie dann im Einzelnen erklären würden, machen Sie bei einem Webinar lieber eine Folie pro Unterpunkt. Ein schneller Wechsel von Folien ist erwünscht. Nutzen Sie sehr große Schriften mit gutem Kontrast.

2. Verwenden Sie Bilder. Am besten vollformatige Fotos, die Sie in einem der vielen Foto-Portale für wenig Geld kaufen können. Bitte achten Sie auf die korrekte Angabe der Bildrechte! Bilder sind wichtige Reize, die Sie dringend brauchen, um die Präsentation spannend zu halten.

3. Denken Sie sich eine gute Geschichte aus. Storytelling heißt das Fachwort dazu. Bringen Sie den Inhalt in eine Erzählform. Weil unser Gehirn selbst erlebte Geschichten am besten speichern kann, sind wir bei Geschichten besser in der Lage, uns etwas zu merken. Nutzen Sie das und erzählen Sie die Problemlösung als wahre Geschichte.

4. Metaphern sind die kleine Schwester der Geschichten. Diese bildhaften Begriffe und Vergleiche lassen uns abstrakte Informationen viel einfacher aufnehmen und erinnern. Hier ein kleines Beispiel dafür: Lesen Sie den folgenden Absatz bitte nur einmal zügig durch: *Zweibein saß auf Dreibein und aß Einbein. Da kam Vierbein und stahl Zweibein das Einbein. Da wurde Zweibein wütend und verhaute Vierbein mit Dreibein, um sich das Einbein zurückzuholen.* Können Sie diese Geschichte sofort fehlerfrei nacherzählen? Wohl kaum. Aber wie ist es mit dieser Geschichte hier: *Ein Mensch saß auf einem Hocker und aß eine Hühnerkeule. Da kam ein Hund und stahl dem Menschen das Hühnerbein. Da wurde der Mensch wütend und verhaute den Hund mit dem Hocker, um sich die Hühnerkeule zurückzuholen.* Es ist inhaltlich die gleiche Geschichte wie beim ersten Mal. Aber beim zweiten Mal entstanden Bilder im Kopf. Wenn es Ihnen gelingt, Ihre abstrakten Informationen in solche Bilder zu packen, dann werden Sie vom Zuhörer wesentlich einfacher aufgenommen und bleiben länger in Erinnerung.

Umfragen

Planen Sie von Zeit zu Zeit Umfragen ein. Viele Systeme unterstützen das mit technischen Hilfsmitteln. Aber selbst wenn Sie eine Webinartechnik nutzen, die das nicht möglich macht, können Sie ganz einfach im Webinar eine Frage stellen und das Publikum über den Chat abstimmen lassen. Sie könnten dann fragen „Sind Sie für A, B oder C?" oder „Tippen Sie die Anzahl Ihrer Kunden ein", und Sie bekommen einen Strom von Antworten und nutzen diese Information im weiteren Verlauf des Webinars. Sie sollten mindestens alle 15 min so eine Umfrage oder Abfrage einplanen.

4.9.2   So führen Sie ein Webinar durch

Versetzen Sie sich in die Lage der Interessenten
Wenn Sie möglichst viele potenzielle Interessenten in Ihrem Online-Workshop haben möchten, dann sollten Sie darauf achten, dass Sie sehr deutlich machen, dass es sich nicht um eine Verkaufsveranstaltung handelt, sondern Sie sehr wertvollen Inhalt zu bieten haben. Eventuell kündigen Sie schon bei der Einladung an, dass es Arbeitsblätter zum Herunterladen und Mitarbeiten gibt. Und vielleicht möchten Sie auch eine Aufzeichnung ankündigen oder sogar die benutzten Folien zur Verfügung stellen.

Das alles kann jeder bekommen, der sich mit Namen und E-Mail-Adresse angekündigt hat. Wichtig ist, dass Sie die E-Mail-Adresse bekommen, denn in vielen Fällen ist es notwendig, die Interessenten später an den Termin zu erinnern.

Der optimale Anmeldeprozess
Es hat sich bewährt, eine Anmeldeseite zu gestalten, die alle Informationen zum Webinar deutlich macht, die Inhalte ankündigt und den Referenten vorstellt. Eventuell erklären Sie die Arbeitsmittel, die Sie zur Verfügung stellen, und welche Lernergebnisse ein Teilnehmer erwarten sollte. Das Webinar sollte vom Interessenten als kostenlose Informationsveranstaltung gesehen werden, die eine passende Lösung zu einem seiner wichtigsten Probleme in Aussicht stellt.

Der leere Saal ist der Albtraum des Künstlers
Unsere schnelllebige Welt bringt viele Störungen und Ablenkungen mit sich. Da ist es ganz häufig an der Tagesordnung, dass wir bestimmte Dinge, die wir uns vorgenommen haben, nicht zum geplanten Moment umsetzen können. Deshalb werden viele der angemeldeten Teilnehmer nicht am Webinar teilnehmen. Erfahrene Marketing-Fachleute wissen, dass eine Rate von 50 % „No-Show" durchaus üblich ist. Rechnen Sie damit, dass etwa die Hälfte der angemeldeten Teilnehmer nicht live am Webinar teilnehmen wird. Damit Sie die Rate der Teilnehmer möglichst hochhalten können, planen Sie von Beginn an eine Serie von Erinnerungen ein. Wenn Ihr Webinar am Abend stattfindet, sollten Sie morgens eine Erinnerung versenden. Weniger mit dem gestreckten Zeigefinger, aber freundlich und nett. Und um sicher zu gehen, senden Sie noch eine Nachricht etwa 15 min vor Beginn. Selbstverständlich können Sie hier noch einmal als Service den Link zum Webinarraum angeben und eventuell auch den Link zum Download der Arbeitsmaterialien.

Die Durchführung Schritt für Schritt
Jetzt wird es ernst. Ein Webinar ist wie eine Livesendung. Alles, was gesagt wird, ist für immer in der Welt. Fehler passieren. Aber wer will schon drastische Fehler machen? Die Wahrheit ist, dass niemand perfekt ist. Und das macht uns auch sympathisch. Aber ganz

sicher will niemand unvorbereitet oder unprofessionell erscheinen. Deshalb hier eine Checkliste in Form eines Countdowns.

Checkliste Webinar-Durchführung
- **Eine Stunde vor dem Webinar**
  - Sie melden sich als Moderator im Webinarraum an. Achten Sie darauf, dass der Raum im Moment nur für die Moderatoren „offen" ist. Richten Sie den Raum so ein, dass alle Teilnehmer im Moment noch draußen warten müssen. Schließlich wollen Sie die Generalprobe nicht vor Publikum machen.
  - Wenn es eines Ihrer ersten Webinare ist, haben Sie einen erfahrenen Co-Moderator dabei. Seine Aufgabe wird es sein, im Hintergrund den Chat im Auge zu behalten und Ihnen die besten Fragen zuzuspielen. Außerdem ist er als Regisseur der „erste Zuschauer" und gibt Ihnen Feedback zu Tonqualität, Bildausschnitt und Sprechgeschwindigkeit.
  - Sie machen einen ersten Durchlauf durch die Präsentation. Wird alles angezeigt, wie geplant? Ist durch die Webinartechnik alles noch so, wie es sein soll? Wenn es Schwierigkeiten gibt, ist jetzt noch Zeit für Korrekturen.
  - Tipp: Wenn Sie Ihre PowerPoint-Präsentation als Bilder speichern und dann Bild für Bild in eine neue Präsentation einsetzen, können Sie zu 100 % sicherstellen, dass alles genauso angezeigt wird, wie Sie es wollen.
  - Testen Sie jetzt alle Links, die Sie im Laufe der Präsentation anbieten. Funktioniert alles? Haben Sie den Link zum Download der Folien auf einer der ersten Folien angeboten?
  - Ist der Chat bereit? Haben Sie neben dem öffentlichen Chat einen davon getrennten Chat nur für die Moderatoren eingerichtet? Eventuell können Sie auf diesem Wege Ihre Konzentration als Präsentierender voll auf die Inhalte legen, weil Ihr Co-Moderator Ihnen nur das weiterleitet, was relevant ist.
- **15 min vor dem Start**
  - Achten Sie darauf, dass alle anderen Programme auf Ihrem Rechner beendet sind, damit die volle Netzwerkleistung für das Webinar zur Verfügung steht. Beenden Sie E-Mail, Evernote, Dropbox und alle anderen Programme, die im Hintergrund auf das Internet zugreifen.
  - Holen Sie sich einen Krug mit Wasser oder eine Kanne Tee, damit Sie Ihre Stimmbänder während des Webinars feucht halten können. Eventuell gehen Sie vorher zur Toilette.
- **5 min vor dem Start**
  - Sie öffnen den Raum und beginnen mit einer Begrüßung: „Schön, dass Sie schon vor Beginn hier sind. Wie beginnen pünktlich, und in der Zwischenzeit möchten Sie sich vielleicht die Arbeitsmaterialien bereit legen. Wenn Sie diese noch nicht haben, hier ist der Link: … Und weil wir schon einige Teilnehmer im Raum haben: Woher kommen Sie?"

- Wenn die Anwesenden jetzt beginnen, ihren Aufenthaltsort im Chat zu nennen, lesen Sie die Orte und die Namen laut vor. So beweisen Sie den Live-Status. Und jeder hat es gerne, wenn er wahrgenommen wird. So erzeugen Sie eine lockere und sympathische Atmosphäre.
- **Es geht los!**
  - Weisen Sie darauf hin, dass das Webinar aufgezeichnet wird und später als Aufzeichnung auch Dritten zur Verfügung steht. Erklären Sie, dass alle, die sich im Chat äußern, auch später mit ihren Einträgen in der Aufzeichnung sichtbar sein werden. Dann starten Sie die Aufzeichnung.
  - Begrüßen Sie nochmals alle Teilnehmer, weil jetzt erst diejenigen „zugeschaltet" sind, die später nur die Aufzeichnung sehen werden.
  - Beginnen Sie mit Ihrer Präsentation und kündigen Sie an, dass Sie Fragen zu jeder Zeit zulassen. Namhafte Webinarspezialisten haben herausgefunden, dass Sie wesentlich bessere Reaktionen im Publikum auslösen, wenn Sie zu jedem Zeitpunkt Fragen zulassen.
  - Webinare sind zwar live, aber gegenüber physischen Begegnungen wesentlich weniger intensiv. Daher ist es bei diesem Medium, das eine Distanz ähnlich dem Fernsehen herstellt, besonders wichtig, dass Sie Interaktionen begünstigen.
  - Bauen Sie Fragen, Umfragen und Abfragen ein. Mindestens alle 15 min sollten Sie das Publikum aktivieren, vielleicht sogar noch häufiger. Seien Sie nicht enttäuscht, wenn nur 20 bis 30 % reagieren. Das ist normal.
  - Achten Sie auf schnellen Wechsel der Folien. Im Gegensatz zu einer Bühnensituation, wo die Präsenz des Redners überwiegt und die Folien zweitrangig oder gar verzichtbar sind, ist es in einem Webinar unbedingt notwendig, dass Sie auf einen spannenden und abwechslungsreichen Bildschirminhalt achten. Nichts ist langweiliger als ein „talking head", also ein sprechender Kopf ohne Wechsel im Bildausschnitt. Wir sind inzwischen durch die Medien eine spannende Bildregie gewohnt, und Webinare müssen deshalb ebenfalls nach allen Regeln der Kunst spannend gestaltet werden.
  - Denken Sie daran, den CTA (Ihr Ziel des Webinars) im Auge zu behalten. Eventuell wollen Sie schon vor dem Ende kurz drauf hinweisen. Schließlich ist das Ihr Ziel. Sie wollen, dass der Teilnehmer am Ende eine Aktion durchführt – sei es ein Kauf oder eine andere Aktivität, die Sie von ihm verlangen. Seien Sie konzentriert und machen Sie nicht den Fehler, am Ende aus Erschöpfung eine müde und wenig klare Call-to-Action abzuliefern. Bleiben Sie konzentriert bis zum Schluss.
  - Vielleicht lohnt es sich, einen Bonus anzubieten, um die CTA zu befördern. Unserer Erfahrung nach ist ein Sonderpreis nicht besonders hilfreich. Besser ist eine Zugabe, die einen klaren Bezug zum Inhalt des Webinars hat. Eventuell ein kostenloses Buch, ein E-Book oder ein anderer wertvoller Inhalt, den man nur bekommt, wenn man innerhalb einer bestimmten Zeit reagiert.

Nachbereitung

Die meisten Teilnehmer werden auf die CTA nicht reagieren. Weil Sie die E-Mail-Adressen aller Teilnehmer haben, könne Sie dennoch im Nachgang mehrere weitere Aufforderung schalten. Es ist hilfreich, sich diesen Prozess der Nachbereitung genau zu überlegen und zu planen.

In einer Abfolge von Nachrichten können Sie den Teilnehmern weitere wertvolle Inhalte anbieten und auf Ihr Angebot hinweisen. Die wertvollen Inhalte sind die Aufzeichnung des Webinars, Ihre Folien und eventuell erneut das Arbeitsmaterial zum Webinar. Und zusätzlich könnten Sie weiteren Content anbieten, der zum Inhalt des Webinars passt. Das könnten Artikel, Studien, Videos, Audioaufnahmen oder andere wertvolle Materialien sein.

Vielleicht wollen Sie jetzt ganz besonders auf die möglichen Hinderungsgründe einer Entscheidung eingehen und diese methodisch ausräumen. Was könnte eine Entscheidung bislang verhindert haben? Welche Unsicherheiten sind häufig geäußert worden, die Sie jedoch ganz einfach ausräumen könnten? Welche Missverständnisse haben sich ergeben, die jetzt schnell geklärt werden? Welche letzten Impulse können Sie setzen, um die Entscheidung zu beflügeln?

Checkliste Webinar
Vorbereitung

- Bezeichnung finden ohne das Wort Webinar.
- Für wen ist die Veranstaltung?
- Ist es eine Beschreibung, mit der sich die Zielgruppe identifizieren kann?
- Klare Nutzenausrichtung: Was lerne ich als Zuhörer?
- Deutlich im Titel erklären, was genau man bekommt.
- Welche Zielsetzung verfolgen Sie selbst? Was soll der Kunde nach dem Webinar tun?
- Was ist der beste Zeitpunkt?
- Welcher Wochentag?
- Welche Uhrzeit?
- Welche Technik nutzen Sie?
- Haben Sie einen Testlauf gemacht?
- Achten Sie auf die Struktur: Problem – Lösung – Aktion.

Foliendesign für Webinare

- eine Folie pro Unterpunkt
- schneller Wechsel von Folien
- sehr große Schriften mit gutem Kontrast
- vollformatige Fotos

- Storytelling
- die Problemlösung als wahre Geschichte
- Metaphern als bildhafte Begriffe und Vergleiche
- Umfragen, um das Publikum einzubinden

Umfragen

- je 15 min Webinar eine (Um-)Frage vorbereiten
- Anmeldung
- alle Anmeldungen müssen eine E-Mail-Adresse beinhalten
- Angemeldete ca. 24 h vor Beginn per E-Mail erinnern

T minus 60 min

- Anmeldung als Moderator im Webinarraum
- Raum im Moment nur für die Moderatoren „offen"

Abstimmung mit dem Co-Moderator

- im Hintergrund den Chat im Auge behalten
- die besten Fragen zuspielen
- als Regisseur der „erste Zuschauer" sein
- Feedback zu Tonqualität, Bildausschnitt und Sprechgeschwindigkeit

Durchlauf für die Präsentation

- Alles, wie geplant?
- Alle Links testen, die Sie im Laufe der Präsentation anbieten.
- Chat bereit?
- Chat nur für die Moderatoren?

T minus 15 min

- Alle anderen Programme auf Ihrem Rechner beendet
- Krug mit Wasser oder eine Kanne Tee
- Toilette

T minus 5 min

- Raum öffnen
- Begrüßung

- Hinweis auf Arbeitsmaterialien
- Frage: „Woher kommen Sie?"
- Orte und die Namen laut vorlesen

T minus 0 – Es geht los!

- Hinweis auf die Aufzeichnung des Webinars
- *Achtung:* Wer sich im Chat äußert, könnte in der Aufzeichnung mit seinem Kommentar für Dritte sichtbar sein.
- Aufzeichnung starten
- nochmals alle Teilnehmer begrüßen (für die Zuschauer der Aufzeichnung)

Präsentation

- Fragen zulassen
- Umfragen und Abfragen alle 15 min
- schneller Wechsel der Folien
- CTA (Ihr Ziel des Webinars) im Auge behalten
- mehrmals am Ende die Call-to-Action aussprechen (gegebenenfalls mit Bonus für schnelle Reaktionen)

Nachbereitung

- E-Mail-Abfolge vorbereiten
- Aufzeichnung des Webinars
- Ihre Folien
- Arbeitsmaterial zum Webinar
- Weiterer Content: Artikel, Studien, Videos, Audioaufnahmen oder andere wertvolle Materialien
- Auswertung: Was könnte eine Entscheidung für das Webinar bislang verhindert haben?
- Mögliche Hinderungsgründe der Kundenentscheidung methodisch ausräumen.
- Welche Unsicherheiten sind häufig geäußert worden, die sich jedoch leicht klären lassen?
- Welche Missverständnisse haben sich ergeben, die jetzt schnell beseitigt werden können?
- Welche letzten Impulse können Sie setzen, um die Kundenentscheidung zu beflügeln?

4.10   Wie Sie eine Landingpage gestalten, die ihren Zweck erfüllt

Der wesentliche Zweck einer Landingpage ist es, ein Bindeglied zu sein. Wenn sie richtig gemacht ist, dann führt sie den Besucher, der aus einer bestimmten Motivation dorthin gelangt ist, zu einem nächsten sinnvollen Schritt. Ganz im Gegensatz zu einer typischen Webseite oder einem Blogartikel soll die Landingpage keine Navigation oder weitere Links enthalten. Sie verfolgt nur den einen Zweck, den Gedanken des Besuchers aufzugreifen und zu einer bestimmten Aktion zu lenken.

Hier bist Du richtig

Das sollte die erste Aussage sein, die dem Besucher explizit oder implizit dargestellt wird. Dazu ist es sinnvoll, genau zu überlegen, von wo aus der Besucher die Landingpage betritt und was er unmittelbar vorher gelesen oder gesehen hat. Es ist notwendig, dass die Bildsprache und die wesentlichen Überschriften und Aussagen sich nun erneut wiederfinden. Der Besucher erkennt schon unterbewusst, dass er „richtig" ist. Wenn mehrere, unterschiedliche Ausgangspunkte zur Landingpage verweisen, dann kann dadurch die Wirkung eingeschränkt werden. Wenn beispielsweise Werbeanzeigen mit unterschiedlichen Abbildungen auf eine einzige Landingpage verweisen, dann ist es hilfreich, alle Bilder aufzunehmen. In den meisten Fällen ist es sogar besser, jeweils eine eigene Landingpage für jedes einzelne Anzeigenmotiv zu verwenden. Im Einzelfall gilt es abzuwägen, ob der Aufwand dafür gerechtfertigt ist, aber wenn man unterschiedliche Motive verwendet, hat das ja genau den Grund, damit mehrere Interessen und Geschmäcker abzubilden, und dann sollte man das auch konsequent fortführen.

Machen Sie sich klar, aus welcher Interessenlage heraus der Besucher die Landingpage erreicht und wie Sie ihm das „Hier bist Du richtig"-Gefühl vermitteln können.

Der schnelle Überblick auf der Landingpage: Was bekomme ich?

Die wenigsten Menschen nehmen sich Zeit, um sich in die Struktur einer Landingpage hineinzudenken. Entweder es wird sofort klar, oder man geht wieder. Da kann es hilfreich sein, dem sogenannten „Scroller" einen guten Überblick anzubieten, denn die Grauzone zwischen „verstanden" und „ich bin weg" ist der Scroller. Dieser Besucher hat nicht sofort verstanden, worum es geht, ist aber interessiert genug, um einen zweiten Versuch zu starten. Wenn er die Landingpage auf einem Smartphone liest, wird er mit dem Finger schwungvoll nach oben streichen, um zu sehen, was da unten noch kommt. Und ein Leser auf einem klassischen Computer wird die Scroll-Funktion seiner Maus nutzen, um nach unten zu fliegen. In diesem Überflug sollte nun sofort, mehrfach und übersichtlich immer wieder die eine Frage beantwortet werden: Was bekomme ich hier? Die vorher angekündigten Inhalte oder das Versprechen auf mehr Inhalte sollte nun sofort eingelöst werden. Diese eine Aktion, die sogenannte Call-to-Action, ist das, was als nächstes sofort ins Auge springt. Dieser nächste Klick und die daraus resultierende Aktion ist der ganze Zweck der Landingpage.

▶   Verhindern Sie Alternativen, denn sie erschweren Entscheidungen!

Wenn Sie die Wahl haben, müssen Sie nachdenken, wofür Sie sich entscheiden wollen. Wenn es keine Alternative gibt, dann stellt sich nur noch die Entscheidung klicken oder gehen. Diese Ja/Nein-Entscheidung ist wesentlich leichter zu treffen als eine Auswahl zwischen drei oder mehr Möglichkeiten. Es ist mehrfach bewiesen worden, dass die Reduktion von Möglichkeiten die Entscheidung begünstigt. Wenn außer dem einen Button (der eventuell bei einer längeren Landingpage mehrfach wiederholt wird) kein weiterer Link angeboten wird, ist die Rate der Klicks nachweislich höher, als wenn viele Links angeboten werden. Abgesehen von den rechtlich erforderlichen Links zu Impressum und Datenschutzrichtlinien sollten Sie keine weiteren Möglichkeiten für einen Klick anbieten. Und diese genannten juristischen Notwendigkeiten können Sie ganz unten am Ende der Seite platzieren, wo die Besucher nur dann klicken werden, wenn sie aktiv nach Impressum oder der Datenschutzerklärung suchen.

Wenn die Landingpage viel zu erzählen hat
Auch wenn Sie für Ihr Thema mehr Text oder Abbildungen benötigen, sollten Sie die Erkennungsmerkmale, die wichtigste Aussage und die Call-to-Action ganz oben einstellen, sodass diese sofort beim ersten Besuch der Landingpage für alle Besucher sichtbar werden. Es kann sinnvoll sein, im weiteren Verlauf der Landingpage mehr Text und Bilder oder eventuell auch Videos unterzubringen, um die wichtigsten Einwände und Verständnisfragen proaktiv zu beantworten. Dabei hat sich bewährt, die einzelnen Blöcke von Informationen, die jeweils eine typische Nachfrage von Kunden aufgreifen, untereinander anzuordnen und nach jedem abgeschlossenen Block erneut die Call-to-Action anzubieten, damit man sich bei erfolgreicher Beantwortung der Nachfrage als Interessent sofort entscheiden kann, ohne zu scrollen. Es versteht sich von selbst, dass es hilfreich ist, die häufigsten Fragen beziehungsweise Einwände oben zu platzieren und nach unten hin diejenigen Fragen zu beantworten, die seltener vorkommen.

4.10.1 Die Psychologie des Überzeugens

Die deutsche Übersetzung des Klassikers „Influence: The Psychology of Persuasion" von Robert Cialdini (2006) ist ein Quell von hilfreichen und relevanten Informationen zu Taktiken, wenn man Menschen zu einer Entscheidung führen will. Und sei es nur eine kleine Vorentscheidung, wie der Klick auf einen Link. Es lohnt sich, die Forschungsergebnisse von Cialdini zu berücksichtigen und bei der Gestaltung von Landingpages umzusetzen.

▶   Landingpages produzieren Resultate durch Reziprozität.

Erst geben dann nehmen. Oder noch eindeutiger: Wer zunächst in Vorleistung geht, erzeugt eine Motivation, das „Konto" wieder auszugleichen. Nicht zuletzt deshalb ist jegliche Form von Vorteilsnahme in öffentlichen Ämtern so verpönt oder gar verboten. Wir wissen inzwischen, dass ein Beschenkter eine gewisse Verpflichtung fühlt, diese Vorleistung auszugleichen. Wir können im Marketing diesen Effekt ganz legal nutzen, indem wir zunächst bereitwillig geben – lange, bevor wir eine Gegenleistung einfordern. Das ist ein wesentlicher und grundlegender Gedanke des Content Marketings: Erst geben, dann nehmen.

Weil das Ziel einer Landingpage zumeist das Einsammeln einer Adresse ist, dürfen wir darauf achten, dass die Forderung erst nach der Gabe kommt. Wir wollen zuerst einen Wert geben, bevor wir eine Gegenleistung fordern. Wenn die Landingpage als Zielseite nach dem Lesen eines Blogbeitrags oder dem Betrachten eines inhaltlich wertvollen Videos kommt, kann man sofort einfordern. Wenn es eine Landingpage ist, die man nach dem Anklicken einer Anzeigenwerbung sieht, dann muss auf der Landingpage selbst ein Wert gezeigt werden, bevor man eine Gegenleistung einfordert.

Die gewünschte Aktion der Landingpage durch Commitment und Konsistenz
Wer A sagt will auch B sagen. So einfach kann man diesen Teil der Forschung von Cialdini zusammenfassen. Es geht darum, dass ein erster Schritt in eine Richtung (Commitment) ein dazu konsistentes Verhalten wahrscheinlicher macht. Daher ist es ratsam, einen zweistufigen Opt-in-Prozess zu etablieren. Wie schon erwähnt, kommt die Forderung erst nach der Gabe. Wer sofort auf einer Landingpage ein Feld zum Eintragen der E-Mail-Adresse zeigt, der fordert zu früh. Erfolgreicher ist es, wenn man den Betrachter zunächst auf einen Link oder einen Button mit der Beschriftung „Jetzt kostenlos anfordern" klicken lässt, und erst dann ein Feld zum Ausfüllen erscheint. Dadurch wird nicht sofort beim Ansehen der Seite plump eine Forderung nach der Adresse gestellt. Und darüber hinaus ist nach dem Klick auf den Button bereits ein kleines Commitment erfolgt und die Wahrscheinlichkeit, dass sich der Besucher jetzt konsistent verhält und seine Adresse einträgt, steigt.

Erwähnenswert ist noch, dass Menschen neugierig sind und gerne spielen. Ein nüchterner Textlink verleitet wesentlich weniger zum Klick als ein Button, der einem tatsächlichen Druckknopf in einer 3-D-Darstellung nachempfunden ist. Und ein Bild mit einem darauf angebrachten Button kann ebenfalls mehr Klicks auslösen als ein nüchternes „Hier klicken" als Textlink.

Mit Social Proof erzeugen Sie Vertrauen
Es scheint tief in unserer Verhaltensweise verwurzelt: Wenn andere Menschen sich für etwas entschieden haben, fällt es uns leichter, die gleiche Entscheidung zu treffen. Das nennt man „social proof" oder schlicht Referenzen. Wenn Sie Referenzen von Kunden auf der Landingpage nutzen wollen, dann achten Sie darauf, dass die Referenzen zu Ihrer Zielperson passen. Das gilt für das Foto der Referenz ebenso wie für die Beschreibung des Alters oder des Berufes. Ideal ist es, wenn die Referenzen förmlich die Verkörperung Ihrer Zielperson darstellen. Die Aussage der Referenz sollte sich auch in einem direkten Bezug zu der Call-to-Action befinden. Es wäre nicht hilfreich, wenn an dieser Stelle eine

Aussage eines Kunden steht, der über die Erfahrungen mit einem Produkt spricht, wenn die Landingpage leidlich die Anforderung einer Checkliste oder eines E-Books anbietet. Achten Sie darauf, dass die Referenzaussage auch wirklich ihren Zweck erfüllt und nicht versehentlich mehr Verwirrung als Klarheit schafft.

Schaffen Sie Autorität durch Expertise

Wir tendieren dazu, Autoritäten zu folgen. Damit ist nicht unbedingt gemeint, dass wir autoritäres Verhalten schätzen – ganz im Gegenteil. Die meisten Menschen in Westeuropa reagieren auf autoritäres Verhalten sehr ablehnend und rebellisch. Aber gleichzeitig ordnen wir uns unwillkürlich Autoritätsmerkmalen unter. Experimente haben das gezeigt: Wenn ein Mensch in Uniform zufälligen Testpersonen eine relativ sinnlose Aufgabe überträgt, dann ist es wesentlich wahrscheinlicher, dass diese Aufgabe geflissentlich erledigt wird, als wenn das eine Person in Zivil tut. Und je lässiger die Person gekleidet ist, desto häufiger lehnen die Testpersonen die Aufgabe ab. Daraus lässt sich ableiten, dass wir einem „Experten" sehr viel bereitwilliger folgen als einem Laien. Das gilt auch, wenn der Experte seine Expertise noch gar nicht unter Beweis gestellt hat, sondern sie nur behauptet. Das wird in der Werbung, vor allem für Zahnpflege und andere Pharmaprodukte, laufend ausgenutzt.

Es kann also hilfreich sein, die Aussagen von Experten zu nutzen, um die Glaubwürdigkeit zu unterstreichen. Das können Experten sein, die in Ihrer Branche angesehen und bekannt sind. Genauso hilfreich kann es auch sein, die eigenen Servicemitarbeiter oder Techniker in den Vordergrund zu stellen. Ihnen vertrauen die Menschen wesentlich mehr als der Führungsebene oder Managern.

So schaffen Sie Sympathie

Wenn jemand sympathisch ist, dann lassen wir uns leichter von ihm manipulieren. Auch diese Erkenntnis überrascht die wenigsten Menschen. Also stellt sich die Frage, wie wir unsere Landingpage sympathisch machen können. Es gibt viele Faktoren, die Sympathie beeinflussen. Konzentrieren wir uns hier auf diese drei:

1. **Attraktivität:** Attraktive Menschen sind sympathischer. Nutzen Sie diese Erkenntnis und verwenden Sie Fotos. Zumindest ein Foto sollte ein zentraler Bestandteil Ihrer Landingpage sein. Marketing-Fachleute sprechen von einem sogenannten „Hero Shot". Darauf ist genau eine typische Zielperson abgebildet, die im Zusammenhang mit der getroffenen Entscheidung abgebildet ist und es offenbar genießt, alles richtig gemacht zu haben.
2. **Gemeinsamkeiten:** Ähnlichkeiten mit anderen Personen zahlen ebenso auf Sympathie ein. Deshalb ist es so wichtig, im Foto und an anderer Stelle die Gemeinsamkeiten mit der Zielperson in den Vordergrund zu stellen.
3. **Komplimente:** Wenn Sie in dem, was Sie tun oder getan haben, bestätigt werden, dann löst das Sympathie zu der Person aus, von der Sie das Kompliment bekommen haben. Dieser Faktor ist wohl am schwierigsten einzuschätzen und umzusetzen.

Wir können kaum wissen, wofür wir den Betrachter der Landingpage loben sollen, außer vielleicht dafür, dass er hier gelandet ist. Und das können wir ja tun: „Wenn Sie bis hierhin gelangt sind, ist das gut, denn jetzt sind Sie nur noch einen Schritt entfernt vom Ziel!" So könnte ein Kompliment lauten, das Sie auf Ihrer Landingpage benutzen können.

Verknappung schafft Nachfrage
Der Wert jedes Produktes steigt mit der Knappheit und sinkt mit der Omnipräsenz. Wenn Sie eine bestimmte Entscheidung heute, morgen oder irgendwann später treffen können, ohne dass Ihr Zögern eine unangenehme Konsequenz zur Folge hat, dann wird das Ihre Entscheidung kaum beschleunigen.

Ganz anders, wenn Sie vor eine „Jetzt oder nie"-Entscheidung gestellt werden. Dann müssen Sie sich entscheiden: dafür oder dagegen. Es gibt kein Vielleicht oder Später. Ich rate dringend davon ab, eine Entscheidung zu forcieren, die im Moment noch nicht getroffen werden kann. Aber ebenso unvernünftig ist es, eine Entscheidung unverbindlich zu lassen, wenn alle Voraussetzungen zu einem Entschluss gegeben sind. Das bewusste Erzeugen von Knappheit ist ein probates Mittel, um Entscheidungen voranzutreiben. Es ist einfacher, beispielsweise die Anmeldungen zu einem Webinar zu forcieren, wenn nur eine bestimmte Anzahl von Plätzen gegeben ist. Wenn ein E-Book nur temporär verfügbar ist, dann treibt das Entscheidungen, weil niemand später etwas dafür zahlen will, wenn er es jetzt kostenlos bekommt. Ein bestimmtes Datum, zu dem die Entscheidung getroffen sein muss, weil es einen Anmeldeschluss gibt, funktioniert ebenso nach diesem Muster.

4.10.2 Wählen Sie die passenden Elemente für Ihre Landingpage

Es ist sicher nicht notwendig, dass immer alle der folgenden Ideen auf einer Seite umgesetzt sind. Es ist allerdings förderlich, wenn Sie möglichst viele dieser Effekte nutzen, um die Wirkung Ihrer Landingpage zu optimieren.

Wenn die Seite verkaufen soll …
Eine besondere Form der Landingpage ist die sogenannte Sales Page. Hier handelt es sich um eine Seite, die ein Produkt oder eine Dienstleistung, eine Teilnahme an einer Veranstaltung oder eine Kombination daraus verkaufen soll. Sie soll den Besucher dazu bringen, dass er eine Entscheidung trifft und sich zu einer Zahlung entschließt. In diesem speziellen Fall schlage ich diese Reihenfolge der Elemente vor:

1. Das Problem benennen, das durch den Kauf gelöst werden soll.
2. Die Situation des potenziellen Kunden beschreiben. Dabei auch eventuell die vermutlich bislang vergeblich gestarteten Lösungsversuche benennen.

3. Die bisherigen Misserfolge verzeihlich erscheinen lassen. Eventuell indem Sie hier die erste Heldengeschichte erzählen, wo ein tatsächlicher Misserfolg sich durch eine gute Entscheidung in einen Erfolg gedreht hat.
4. Alle bekannten häufigen Fragen und Einwände von potenziellen Kunden aufgreifen und einzeln beantworten beziehungsweise auflösen.
5. Weitere Referenzen und Erfolgsgeschichten von Menschen, die Ihrer Persona gleichen.

Setzen Sie nach dem Block 2. und dann nach jedem weiteren Block eine schmale Zeile mit einem Bestell-Knopf ein. Variieren Sie die Texte passend zum vorangegangenen Block. Etwa so: Nach 2. mit dem Tenor „… Jetzt eine passende Lösung wählen …" Nach 3. eher die Aussage „… Misserfolge sind ok, solange man noch einen Versuch wagt …". Nach 4. eher „… auch wenn Sie jetzt noch zögern, ist die Lösung nur möglich, wenn Sie sich entscheiden …" Und zum Schluss nach dem 5. Block mit der finalen Aussage „… treten Sie dem Kreis derer bei, die es erfolgreich umgesetzt haben und entscheiden Sie sich jetzt!"

Viele Sales Pages machen den Fehler, sofort und ganz oben das Produkt und die Bestellaufforderung zu setzen. Das ist verständlich, weil man eventuell Angst davor hat, dass der Kunde sich nicht die Mühe macht, nach unten zu scrollen. Viel größer ist jedoch die Gefahr, dass eine Zielperson die Seite öffnet und sofort unterschwellig das Gefühl bekommt „… die wollen ja nur mein Geld und interessieren sich nicht im Geringsten für mich und mein Problem …" Deshalb ist der anfängliche Fokus auf die bei der Zielperson vermutete Problematik und dessen Erlebnishorizont so wichtig, bevor man eine Kaufentscheidung erreichen will.

Bitte nutzen Sie die folgende Checkliste, um Ihre Landingpage zu kontrollieren. Vor allem dann, wenn Sie feststellen, dass die Seite nicht so funktioniert, wie geplant. Sie können die hier abgedruckte Checkliste verwenden oder auf der für dieses Buch gestalteten Seite nachsehen, ob es inzwischen eine neue, überarbeitete Version gibt: content-marketing-star.de/buch.

Checkliste Landingpages
- Ist das Ziel der Landingpage klar definiert?
- Ist der Kontext der Herkunft des Besuchers klar?
- Leisten die Überschrift und der Untertitel eine klare Führung des Besuchers von seinem Kontext zur Call-to-Action?
- Wurden Bilder und Aussagen von der Herkunftsseite wiederholt?
- Gibt es weitere Bilder, die die Call-to-Action für den Besucher attraktiv machen?
- Ist ein typischer „Held" abgebildet, der alles im Sinne der Call-to-Action richtig macht?

- Gibt es eventuell mehrere Landingpages für unterschiedliche Herkunftsseiten oder Anzeigenmotive?
- Wurden die Ablenkungen entfernt?
- Ist sofort klar, was der Besucher nun tun soll?
- Wurden alle unnötigen Links entfernt?
- Sind bei langen Landingpages die einzelnen Abschnitte mit absteigender Wichtigkeit angeordnet?
- Ist die Call-to-Action eventuell mehrmals auf der Seite wiederholt worden?
- Haben Sie die Verständlichkeit mit Unbeteiligten getestet?
- Sind die verwendeten Begriffe wirklich klar? Was kann man einfacher machen?
- Sind Referenz-Aussagen verfügbar?
- Passt die Darstellung des Referenzkunden zu der Call-to-Action?
- Haben Sie die Aussagen von Experten auf der Landingpage? Eventuell auch die eigenen Experten aus Ihrem Hause?
- Ist die Seite sympathisch? Sind die passenden Menschen abgebildet?
- Passen die Aussagen, die Farben und Abbildungen zu den angestrebten Zielpersonen?
- Haben Sie eine Möglichkeit gefunden, den Besucher zu bestätigen oder zu loben?
- Sind Impressum und Datenschutzerklärung als Link vorhanden?

4.11 Wie Sie durch Umfragen erfahren, was der Kunde wirklich will

Viele von uns haben bereits bei Umfragen mitgemacht. Die Erfahrungen mit Umfragen sind zumindest bei mir ganz unterschiedlich. Inzwischen bilde ich mir ein zu spüren, ob die Umfrage sich wirklich für meine Perspektive interessiert oder nur ein akademisches Schema abarbeitet. Ersteres ist daran ausgerichtet, ein gutes Kundenverständnis zu bekommen, und Letzteres will vor allem die statistische Auswertbarkeit vereinfachen. „Wer Umfragen macht, der bekommt nur die Meinung derer, die Umfragen mitmachen." So lautet die vielleicht ein wenig sarkastische Aussage, die ich neulich von einem Kollegen hörte. Das gilt sicher für ausführliche Umfragen, die 15 min oder noch mehr Zeit beanspruchen. Wer will schon so viel Zeit investieren, ohne etwas dafür zu bekommen? Andererseits sind Umfragen ein wichtiger Bestandteil des Marketings. Allerdings nicht nach akademischen Grundsätzen, die einer wissenschaftlichen Studie alle Ehre machen würden. Solche langweilig gestalteten Umfragen sind eher kontraproduktiv im Marketing.

Zu wissen, was der Kunde will, davon träumen alle, die mit Kunden zu tun haben: Man wünscht sich den Gedankengang der potenziellen Käufer zu verstehen und seine Bedürfnisse zu kennen – vielleicht sogar, bevor er selbst weiß, was er will. In dieser idealen Ausprägung wird das vielleicht für immer ein Traum bleiben. Die direkten Wege des Online-Marketings ermöglichen es uns, Ergebnisse zu erzielen, die auf herkömmlichem Wege der Kundenbefragung oder Marktstudie kaum möglich wären. Und wenn wir es geschickt anstellen, können wir die Interessen und sogar Kaufabsichten der potenziellen Kunden ermitteln und für die zukünftige Kommunikation berücksichtigen.

Welche Probleme hat die Zielgruppe?
Vieles im Marketing ist darauf ausgerichtet, der Zielperson eine sinnvolle Lösung für ein wichtiges Problem in Aussicht zu stellen. Man will der Gruppe der potenziellen Kunden zeigen, dass man ein Problemlöser für deren wichtige Probleme sein kann. Der logische erste Schritt ist demnach, genau dieses Problem zu kennen. Anders als in typischen Vertriebssituationen ist es im Marketing jedoch zumeist nicht möglich, in einen echten Dialog 1:1 zu treten. Die Kommunikation im Marketing ist fast immer eine 1:n- oder n:1-Situation: Einer spricht zu vielen oder viele sprechen zu einem. Die Umfrage bietet eine echte Chance für den Zugang zum wahren Kundenverständnis. Vor allem dann, wenn wir elektronische Hilfsmittel einsetzen, können wir bei geringen Kosten eine direkte Verbindung mit dem Kunden herstellen und genau verstehen, was ihn bewegt oder beschäftigt.

4.11.1 Umfragearten

Multiple Choice oder freie Abfrage?
Wir wissen längst aus der Kommunikationsforschung, dass offene Fragen besser geeignet sind, um verlässliche Forschung durchzuführen. Geschlossene Fragen sind dagegen besser geeignet, um eine Entscheidung herbeizuführen. Allerdings stehen geschlossene Fragen auch immer ein wenig im Verdacht, eine Unterstellung zu sein. Die rein sachlich gemeinte Frage „Haben Sie auch Schwierigkeiten mit Fußpilz?" mag aus ehrlichem Herzen rein analytisch gemeint sein, aber Sie stellen sofort fest, dass bei dieser Formulierung eine Unterstellung mitschwingt, die der Fragende vielleicht gar nicht machen wollte.
Wenn wir Umfragen entwerfen, lohnt es sich, diesen ganz und gar nicht der Sache dienlichen Umstand zu berücksichtigen. Menschen reagieren irrational auf geschlossene Fragen, wenn sie auch nur im Geringsten als Angriff zu verstehen sind. Dem gegenüber steht die Erfahrung, dass Menschen auf nicht persönlich gestellte, offene Fragen eher ausweichen. Wenn Sie in einer Umfrage eine einfache Frage mit mehreren möglichen Antworten stellen, wird diese vermutlich mit wesentlich höherer Wahrscheinlichkeit beantwortet als eine offene Frage.
Die Frage „Was fällt Ihnen spontan zu dem Begriff ‚Content Marketing' ein?" wird mit einer Antwortquote von 90 % und mehr beantwortet, wenn Sie beispielsweise fünf mögliche Antworten vorgeben. Wenn Sie allerdings ein freies Feld anbieten, in das die Befragten selbst eine Antwort schreiben sollen, bekommen Sie deutlich weniger als

15 % Antwortquote. Die Antworten, die in das freie Antwortfeld eingetragen werden, sind jedoch sehr hilfreich, weil sie neue, bislang nicht berücksichtigte Ideen aufwerfen. Diese Balance gilt es zu berücksichtigen.

Wenn Sie eine Umfrage mit einem Werkzeug wie zum Beispiel „surveymonkey" (http://surveymonkey.de) entwerfen, können Sie auch die Umfrageergebnisse von abgebrochenen Umfragen erfassen. Auch dann, wenn der Befragte mitten in der Befragung aussteigt, können Sie die bislang erfassten Ergebnisse auswerten. Das legt die Strategie nahe, diejenigen Fragen zuerst zu stellen, die häufig beantwortet werden. Offene Fragen, die nach unserer Erfahrung öfter übersprungen werden, sollten demnach eher am Ende stehen.

Falls Sie jetzt denken, dass man bei verschiedenen Umfrage-Werkzeugen auch einstellen kann, dass bestimmte Fragen beantwortet werden müssen, dann rate ich dringend dazu, diese Funktion nur sehr spärlich einzusetzen. Der Zwang, Fragen beantworten zu müssen, die im Moment aus Sicht des Befragten kaum relevant sind oder in der gestellten Form aus dessen Sicht nicht sinnvoll erscheinen, kann den Erfolg einer Umfrage stark einschränken. Die folgende Reihenfolge hat sich in der Praxis als vorteilhaft herausgestellt:

Schema für den Aufbau von Umfragen

1. Eine einfache Multiple-Choice-Frage (ohne Zwang), die eine wesentliche demografische Einordnung des Befragten bringt. Das kann beispielsweise eine Frage zur Branche sein oder zur Betriebsgröße, des Alters oder des Bildungshintergrundes des Befragten. Gestatten Sie, dass diese Frage auch ohne Antwort übersprungen werden kann, um die Gefahr des Abbruchs bei der ersten Frage zu verringern.

2. Eine weitere Multiple-Choice-Frage zur wichtigsten Frage der Erhebung sollte gleich als Nächstes folgen. Das kann eine simple Frage mit mehreren Antwortmöglichkeiten sein. Oder es könnte eine Bewertungsabfrage sein, die mehrere Fragen stellt und jede einzelne davon auf einer Skala von „Richtig" bis „Falsch" beantworten lässt. Wichtig ist, dass diese erste inhaltliche Frage einfach zu beantworten ist.

3. Als weitere Frage bietet sich an, im Sinne von „Was ist Ihre wichtigste Frage zum Thema XYZ?" zu ermitteln, was dem Befragten wichtig ist, ohne eine Antwortmöglichkeit vorzugeben. Die Formulierung können Sie selbstverständlich anpassen:

   - „Wenn es nur eine wichtige Frage in dem Zusammenhang gäbe – wie würde diese lauten?"
   - „Wenn Sie jetzt an Thema XYZ denken – welche Frage beschäftigt Sie besonders?"
   - „Angenommen, XYZ wäre das Thema der Stunde, was wäre dann die wichtigste Frage in diesem Zusammenhang?"

Bitte seien Sie darauf vorbereitet, dass diese Frage seltener beantwortet wird. Auf den ersten Blick mag es sinnvoller erscheinen, diese Frage vor eine Multiple-Choice-Frage zu stellen, um den Befragten nicht zu beeinflussen. Das mag richtig sein, wenn die Befragung von einem Menschen durchgeführt wird. Dann ist es für den Befragten eine größere Hürde, an dieser Stelle abzubrechen, weil er nicht schon zu Beginn den Fragesteller brüskieren will. Wenn es eine Onlinebefragung ist, kann der Befragte ganz ohne Reue die Befragung abbrechen. Daher sollten die Fragen so aneinandergereiht werden, dass die schwierigen Fragen hinten stehen.

4. Als Letztes können Sie persönliche Daten abfragen. Daten, die es dem Teilnehmer der Befragung ermöglichen, später die Ergebnisse der Umfrage als Zusammenfassung zu bekommen. Die Erfahrung zeigt, dass die wenigsten Befragten sich aus dem Schutz der Anonymität herauswagen wollen und an dieser Stelle abbrechen, ohne eine Eingabe zu machen. Daher wäre es ein Fehler, wenn diese Frage zu Beginn stünde, weil dann viele Befragungsergebnisse nicht zustande kämen.

Dieses „Strickmuster" ermöglicht es, die Ansichten Ihrer Zielgruppe kennenzulernen und gleichzeitig auf die immer weiter sinkende Verbindlichkeit bei Onlinekontakten Rücksicht zu nehmen. Man holt sich die Antworten, die man bekommen kann, und lässt den Befragten ausweichen, wo er ausweichen will. Wenn Sie die Methode der Umfrage im Rahmen von automatisierten Nachrichten einsetzen, können Sie zudem lernen. Sie werden sehen, welche Frage bei welcher Zielgruppe zu welcher (Tages-)Zeit günstige oder ungünstige Umfrageergebnisse bietet. So bekommen Sie von Mal zu Mal ein besseres Verständnis, wie Ihre Zielgruppe befragt werden will.

Kurzabfrage
Während man sich für Umfragen etwas mehr Zeit nehmen will, kann die Kurzumfrage mit nur einem Klick abgeschlossen sein. Sie stellen eine einfache Frage und bekommen eine spontane Antwort. Hier einige Beispiele:

- Was ist für Sie wichtiger: Markenimage oder Leads?
- Welche Farbe im Rosengarten bevorzugen Sie? Rot, Gelb, Pink, Weiß, Orange?
- Welche Disziplin im Vertrieb erscheint Ihnen am schwierigsten? Akquise, Angebotswesen, Preisverhandlung, Abschluss?

Eine solch einfache Abfrage kann auch im Rahmen eines E-Mail-Versandes gestellt werden. So können Sie durch die Auswertung der Klicks die Akteure in Segmente einteilen und gemäß ihrem Interesse künftig noch spezieller mit Content versorgen.

Provokation

Eine besondere Form der Kurzumfrage könnte die Wirksamkeit Ihrer Autoresponder beziehungsweise E-Mail-Ketten verstärken. Weil gerade zu Beginn einer E-Mail-Kette die Nachrichten in kurzer Abfolge kommen, kann man schon früh die echten Interessenten von den Zaungästen trennen. Es hat sich bewährt, in der zweiten oder dritten Nachricht einen Absatz nach diesem Muster einzufügen:

- „In den kommenden Tagen wollen wir Sie ganz intensiv über zum Thema XYZ informieren und Ihnen wertvolle Inhalte bieten. Das kann einem schon einmal zu viel werden. Daher fragen wir Sie zur Sicherheit noch einmal in aller Deutlichkeit: Sind Sie bereit, sich dem Thema zu stellen?"
- Dann folgen zwei deutlich sichtbare Links oder, noch besser, zwei verschiedenfarbige Buttons zum Klicken. Einer mit der Aufschrift „Ich will die geballte Information" und der andere mit dem Text „Ich habe mir es anders überlegt und will meine Ruhe".

Diese kleine Abstimmung wird Ihnen einige wenige Abmeldungen bringen. Aber sie wird Ihnen schon früh die wirklich Interessierten aufzeigen, bei denen eine spätere Kundenbeziehung wesentlich wahrscheinlicher sein dürfte.

Fake-Sales

Bereits in dem Buch von Ferriss, *Die 4-Stunden-Woche* (2008), wurde diese Idee vorgestellt. Dabei geht es darum zu prüfen, ob ein Produkt oder Dienstleistungsangebot wirklich interessant ist. Im Wesentlichen besteht die Idee darin, eine Art Verkaufsseite im Sinne eines digitalen Bestellblattes zu veröffentlichen und zu messen, wie viele der Besucher der Seite tatsächlich auf den Button „Jetzt bestellen" klicken. Durch den Klick wird allerdings keine Bestellung ausgelöst, sondern nur eine andere Seite aufgerufen, die dem Besucher mitteilt, dass das Produkt im Moment nicht auf Lager beziehungsweise die Dienstleistung überbucht ist. Dann wird angeboten, die E-Mail-Adresse zu hinterlassen, um informiert zu werden, sobald die Verfügbarkeit hergestellt ist. So lässt sich der tatsächliche Bedarf sehr viel besser messen als mit einer klassischen Umfrage oder Kundenbefragung.

4.11.2 Umfragen als zusätzliches Instrument im Marketing

Durch die Möglichkeit, Umfragen online zu gestalten und automatisch auszuwerten, haben wir ein zusätzliches Werkzeug im Marketing gewonnen. Wir können es in der zuvor beschriebenen Weise nutzen oder noch weiter in Marketingmaßnahmen integrieren. Wenn wir die Teilnahme an der Umfrage mit einem Content-Upgrade ausstatten, können wir mit Umfragen auch Adressen einsammeln. Der zusätzliche Content könnte die Auswertung der Umfrageergebnisse sein, die Teilnehmer an der Umfrage die Auswertung der Ergebnisse also nach Abschluss der Umfrage erhalten. Dann wäre die

Umfrage ein Element unseres Contents, den wir anbauen, und gleichzeitig eine Möglichkeit, die Adressen zu ernten.

Man kann sogar noch einen Schritt weiter gehen und die Umfrage dazu nutzen, Teilnehmer individuell auf für sie relevanten Content zu senden. Moderne Systeme zur Gestaltung von Umfragen, wie zum Beispiel surveymonkey erlauben es, komplexe Umfragen zu entwerfen, die den Teilnehmer abhängig von der Beantwortung einzelner Fragen zu unterschiedlichen Folgefragen lotsen. So können Sie die Umfrage selbst nutzen, um die Einstellung oder den Wissensstand der Befragten zu ermitteln. Beispielsweise könnte eine Umfrage unter Rosenzüchtern dazu genutzt werden, um die Befragten nach Erfahrungsgrad von „will damit beginnen", „Anfänger", „Fortgeschrittener" und „erfahrener Profi" einzuteilen und im Anschluss auf speziellen, für sie passenden Content verweisen. So können Sie Ihre Zielgruppe noch individueller bedienen und zahlenmäßig besser einschätzen.

Social Media Posts

Mit den sozialen Netzwerken, die sich in den vergangenen zehn Jahren entwickelt haben, haben wir ein völlig neues Medium zum Verteilen von Informationen bekommen. Immer mehr Menschen nutzen beruflich oder privat diese Netzwerke, um sich über für sie relevante Menschen zu informieren und sich mit ihnen auszutauschen. Diese veränderten Gewohnheiten der Verbraucher lassen ein gesteigertes Interesse der Unternehmen entstehen, diese potenziellen Kunden direkt zu erreichen. Inzwischen ist klar, dass die Unternehmen, die soziale Netzwerke als Dienst betreiben, ihre Einkünfte vor allem aus Werbung erzielen. Gleichzeitig müssen diese Medien jedoch auch sicherstellen, dass die „User Experience", also der Eindruck, den ein Benutzer bekommt, tendenziell positiv ist, um ihn nicht abzuschrecken. Dieses Spannungsverhältnis wird von den gängigen Social-Media-Plattformen immer besser beherrscht. Allerdings führt das dazu, dass die kostenlose Reichweite, die in den Anfangsjahren auch für Unternehmen möglich war, inzwischen nicht mehr ohne Bezahlung verfügbar ist.

Kostenlose Reichweite ist ein Ammenmärchen

Facebook hat in den Anfangsjahren auch die Reichweite sogenannter Firmenseiten ungebremst zugelassen. Wenn ein Facebook-Benutzer beispielsweise die Firmenseite eines Unternehmens „geliked" hatte, dann bekam er alle neuen Mitteilungen dieses Unternehmens im Strom seiner Mitteilungen angezeigt. Inzwischen ist das jedoch nicht mehr so. Im Rahmen vieler Reformen der letzten Jahre hat Facebook verschiedene Algorithmen eingeführt, um die Nachrichten, die jeder einzelne Benutzer angezeigt bekommt, nach verschiedensten Kriterien einzuschränken. Die genaue Methodik dahinter ist geheim. Allerdings kann man diese Trends deutlich erkennen:

- Mitteilungen, sogenannte Posts auf Unternehmensseiten, werden nur an deutlich unter zehn Prozent der „Fans" ausgeliefert.
- Mitteilungen anderer, privater Facebook-Nutzer werden auch bei Weitem nicht allen „Freunden" angezeigt.

- Je mehr positive Reaktionen auf einen Beitrag verzeichnet werden, desto öfter wird er angezeigt.
- Je mehr Interaktionen zwischen Benutzern und Seiten gegeben sind, desto öfter werden den involvierten Benutzern die Beiträge der anderen Teilnehmer angezeigt.

Obwohl wir in diesem Beispiel explizit Facebook beschreiben, gelten ähnliche Mechanismen früher oder später in allen sozialen Medien. Anders ist oberhalb einer bestimmen Nutzerzahl und einem zunehmenden Grad der Vernetzung untereinander die schiere Anzahl der Meldungen nicht mehr in den Griff zu bekommen.

4.11.3 Die passende Strategie für jede Plattform

Die bestehenden Social-Media-Plattformen stehen in gewisser Weise im Wettbewerb zueinander. Alle haben gemeinsam, dass sie die Nutzer in einer bestimmten Weise miteinander verbinden und den Austausch unter den Nutzern ermöglichen. Dennoch sind unterschiedliche Plattformen mehr oder weniger am Markt etabliert, ebenso wie sie unterschiedliche Bedürfnisse und Lebensbereiche abdecken. In diesem Abschnitt wollen wir die wichtigsten Plattformen für Unternehmer und Selbstständige im Grundsatz erklären, deren Wirkungsweise untersuchen und eine Grundlage schaffen, damit Sie entscheiden können, welche davon zur Unterstützung Ihres Marketings sinnvoll sind. Weil kaum eine Branche sich so schnell verändert und weiter entwickelt wie die Onlinemedien, sind auch die folgenden Darstellungen Änderungen unterworfen. Wir wollen Sie dennoch so gut wie möglich mit aktuellen Informationen versorgen und bieten Ihnen dafür, wie bereits erwähnt, die Plattform www.content-buch.de an.

Facebook
Facebook (www.facebook.com) gibt es seit Februar 2004 und verzeichnet inzwischen rund 1,65 Mrd. tägliche Nutzer. In Deutschland geht man laut einer Studie von ARD und ZDF (http://www.ard-zdf-onlinestudie.de/ 2015) davon aus, dass rund 42 % der Menschen mit Internetzugang Facebook verwenden. Das entspricht einer Zahl von rund 24 Mio. Menschen. Etwa die Hälfte davon sogar täglich. Facebook ist ein „laid back"-Medium, das man benutzt wie eine Illustrierte. Man blättert darin, lässt sich von diesem oder jenem Beitrag einfangen und vielleicht sogar zu einer Reaktion wie einem Like hinreißen. Man sucht nichts Spezielles und will unterhalten werden. Besonders interessante Beiträge teilt man eventuell und sendet diese an seine Freunde weiter. Wer professionell mit Facebook umgehen will, sollte diesem Nutzerverhalten Rechnung tragen. Am besten funktionieren Beiträge, deren Sinn und Inhalt sich sofort erschließen. Bilder sind besser als nur Text. Videos, bei denen buchstäblich in Sekunden klar wird, worum es geht, sind ebenfalls stark im Aufwind. Grundsätzlich sollte immer ein Link zur eigenen Webseite und zu weiterführendem Inhalt deutlich sichtbar sein.

Google+

Google+ (plus.google.com) ist seit September 2011 der Öffentlichkeit zugänglich. 2013 wurden 190 Mio. Nutzer erreicht. Seit 2014 ist die Plattform auch innerhalb des Google-Konzerns nicht mehr mit hoher Priorität belegt. Eine Weiterentwicklung und Integration in andere Dienste von Google ist nicht vorgesehen. Google+ wird vor allem in der mündlichen Kommunikation unter Laien mit der Suchmaschine von Google gleichgesetzt. Das ist allerdings nicht der Fall. Google+ ist eine Social-Media-Plattform, die im direkten Wettbewerb zu Facebook steht. In Deutschland nutzen verschiedenen Angaben zufolge nur etwa ein bis sechs Millionen Nutzer diese Plattform. Wegen der angesprochenen Verwechslungsgefahr dürften jedoch viele Studien, die auf Befragungen basieren, eine deutlich zu hohe Zahl angeben, weil die Befragten bei ihren Angaben nicht zwischen der Benutzung der Suchmaschine und der Social-Media-Plattform unterscheiden. Daher ist eher mit einer Million Nutzer zu rechnen. Als zu den Anfängen von Google+ die Meinung vertreten wurde, dass dieses soziale Netzwerk schnell an Bedeutung gewinnen würde und wegen der engen Integration dort veröffentlichter Beiträge in die Suchmaschine von Google unbedingt benutzt werden sollte, war das eine plausible Prognose. Heute muss man nüchtern erkennen, dass diese Entwicklung nicht stattgefunden hat und Google+ zum aktuellen Zeitpunkt faktisch bedeutungslos ist.

YouTube

YouTube (www.youtube.com) wurde 2005 gegründet und gehört seit 2006 zum Google-Konzern. Etwa eine Milliarde Nutzer, wovon rund 35 Mio. im deutschsprachigen Raum sein dürften, machen die Videoplattform zur größten Plattform für Videos. Das Nutzerverhalten auf YouTube kann man in zwei Gruppen einteilen:

1. **Gezielte Suche:** Diese Nutzer suchen einen bestimmten Inhalt, wie zum Beispiel eine Antwort auf ein Problem (Beispiel: Anleitung zum Binden einer Krawatte) oder einen Erfahrungsbericht mit einem bestimmten Produkt. Der Inhalt wird konsumiert und, falls zusätzlicher Inhalt angeboten wird, mit einem Link zur angegebenen Webseite gewechselt.
2. **Abonnierter Inhalt:** Diese Nutzer wissen bereits, wessen sogenannten „Channel" sie sehen möchten. Diese Inhalte werden per Mundpropaganda weiterempfohlen. Dabei handelt es sich um zum Teil sehr professionell produzierte Sendungen, wie man sie vor nicht allzu langer Zeit in ähnlicher Qualität in den dritten Programmen der Fernsehsender erwarten konnte. Diese Sendungen haben eine feste Gruppe von Empfängern, die ähnlich wie bei einem Podcast die aktuellen Ausgaben konsumieren.

Für Unternehmer ist YouTube ein besonders wichtiger Kanal, weil dort jeglicher Videoinhalt zu bestimmten Themen gesucht wird. Es ist die Plattform, die neben der Suchmaschine Google andauernd genutzt wird, um relevanten Inhalt zu suchen. Im Gegensatz zu Facebook müssen diese Videos nicht binnen Sekunden eine Botschaft transportieren. Sie können auch längere Inhalte enthalten, wenn die Nutzer darin eine

Antwort für ihren Anspruch an Unterhaltung oder Information bekommen. In einem eigenen Kapitel zu Videoinhalten gehen wir noch genauer auf die Möglichkeiten ein.

Twitter

Twitter (www.twitter.com) ist das älteste der noch relevanten Social-Media-Netzwerke und seit März 2006 verfügbar. Twitter nennt rund 300 Mio. aktive Nutzer, davon sind allerdings nur 117 Mio. mindestens einmal pro Monat aktiv. In Deutschland kann man von etwa 500.000 Nutzern ausgehen. Die Idee ist hier, eine auf nur 140 Zeichen beschränkte Botschaft in die Welt zu setzen. Verbindungen entstehen, indem man anderen Teilnehmern des Netzwerkes folgt. Die sogenannten „Follower" bekommen die Botschaften dann in ihrer „Timeline" angezeigt.

Zur Strukturierung der eingehenden Nachrichten kann man sogenannte Listen einrichten, in denen man die Absender thematisch oder nach anderen Kriterien einordnen kann, um zu einem beliebigen Zeitpunkt nur diese Nachrichten zu lesen. Diese Art der ordnenden Systematik macht das Medium für öffentliche Diskussionen zu Politik oder Wissenschaft gut geeignet. Insbesondere Journalisten bedienen sich daher gerne dieses Mediums.

Eine weiteres Strukturmerkmal wurde ursprünglich von Twitter eingeführt: Der sogenannte „Hashtag". Darunter versteht man eine kurze Kennung nach einem #-Zeichen, das man im englischen Sprachraum als „Hash" bezeichnet. Über dieses Merkmal, das einfach im laufenden Text eingesetzt wird, lassen sich weltweit Nachrichten (sogenannte „Tweets") zu einem Thema filtern. Wer also zu einem bestimmten Thema etwas schreibt, setzt bei den relevanten Schlüsselwörtern einfach ein #-Zeichen vor das Wort. Und umgekehrt kann jeder, der alles zu einem Thema wissen will, einfach den weltweiten Nachrichtenstrom nach diesem Kennwort durchsuchen.

Die beiden genannten Strukturmerkmale machen Twitter zu einem idealen Instrument für Recherchen und Diskussionen, und daher wird es gerade von Journalisten häufig genutzt. Allerdings sind bislang sämtliche Versuche gescheitert, das Unternehmen profitabel zu machen. Es ist zwar inzwischen möglich, bezahlte Tweets abzusetzen. Allerdings muss sich jeder, der dieses Angebot nutzt, auf heftige Kritik der Nutzer einstellen, die sehr aggressiv auf werbliche Nachrichten reagieren, die ohne ihren ausdrücklichen Wunsch in deren Timeline erscheinen.

Twitter ist eine Plattform, die angesichts der quantitativen Überlegenheit von Facebook und der Popularität von WhatsApp unter Druck gerät. Dennoch lohnt es sich, diesen Dienst als eine Art Verzeichnis von öffentlichen Botschaften eines Unternehmens mit im Marketing-Mix einzusetzen. Vor allem dann, wenn man Redaktionssysteme wie CoSchedule oder Hootsuite einsetzt, ist es bei geringem Mitteleinsatz durchaus eine willkommene Plattform, um Aufmerksamkeit zu generieren. Bei der professionellen Nutzung von Twitter sollten grundsätzlich Beiträge mit Bildern bestückt und eine kurze, knappe, klare Sprache verwendet werden, um im Strom der Nachrichten eine Wirkung zu erzielen. Auch die konsequente Verwendung von Hashtags ist hier Pflicht.

XING

Das in Deutschland ansässige Unternehmen XING (www.xing.de) hieß bei seiner Gründung „OpenBC", was die Abkürzung von „Open Business Club" bedeutet. Die Umbenennung in XING sollte die US-amerikanische Kurzschreibweise „X-ing" wie „Crossing" ausdrücken, die man dort aus dem Straßenverkehr kennt. Die Idee war, die Wege, die sich kreuzen, zu thematisieren. Allerdings hat sich die Sprechweise XING durchgesetzt. Der Gründer hatte damals die Idee, vor allem die beruflichen Verbindungen zwischen Menschen darzustellen. Nach einer These des Psychologen Stanley Milgram, der 1967 seine Idee des „Kleine-Welt-Experiments" vorstellte, sind alle Menschen dieser Welt über eine Abfolge von nur sechs Bekannten miteinander verbunden. Diese Idee der Vernetzung über gemeinsame Bekannte ist noch immer ein wichtiges Element von XING. Ein Benutzer kann beim Aufrufen eines beliebigen anderen Benutzerprofils sofort erkennen, über wie viele „Ecken" man sich kennt und wer die gemeinsamen Bekannten sind.

XING ist allen Unkenrufen zum Trotz in Deutschland mit rund zehn Millionen Nutzern das größte Business-Netzwerk und wächst weiterhin langsam, aber stetig. Fachleute rechnen mit etwa fünf Millionen aktiven Mitgliedern, wovon jedoch rund 0,9 Mio. zahlende Benutzer sind, die auf einen erweiterten Funktionsumfang zurückgreifen können. Heute ist XING eine Plattform, die vor allem die moderne Arbeitswelt thematisiert und bei der geschäftlichen Nutzung von Kontakten, insbesondere bei Stellenbesetzungen, das Auffinden von angestellten und freien Mitarbeitern unterstützen will. Die thematisch und regional angelegten Gruppen ermöglichen es den Nutzern, sich aktiv oder passiv an Diskussionen zu Themen oder Standorten zu beteiligen.

Wer professionell als Unternehmen mit XING umgehen will, muss vor allem darauf achten, dass die eigenen Mitarbeiter ihre Profile in passender Weise gefüllt haben. Das ist wichtig, weil jeder Mitarbeiter selbst angibt, wo er wann beschäftigt ist (oder war) und dadurch beim Suchen nach einem Firmennamen automatisch alle Profile angezeigt werden, deren Nutzer angegeben haben, dass sie für dieses Unternehmen arbeiten. Darüber hinaus kann XING vor allem im thematischen Fokus gute Dienste im Marketing leisten. Weil in den sogenannten Gruppen, die wie Diskussionsforen strukturiert sind, werbliche Aussagen verpönt sind, eignen sich hier besonders kurze Texte, die auf einen längeren wertvollen Inhalt verweisen. Die Beiträge von Unternehmen sollte man von den eigenen Mitarbeitern in passenden Gruppen einstellen lassen und dort die zumeist beginnende Diskussion begleiten. Weil XING von Anfang an auf persönliche Kontakte Wert legte und die Veranstaltung von sogenannten Events begünstigt, gehört inzwischen auch die Event-Plattform „XING Events", die früher unter dem Namen „Amiando" bekannt war, zum Firmenverbund. Dadurch ist XING eine der führenden Plattformen im deutschsprachigen Raum, um die Vermarktung von Events, Seminaren, Konferenzen und Messen zu unterstützen.

LinkedIn

LinkedIn (www.linkedin.com) ist seit 2003 auf dem Markt und das internationale Pendant zu XING. Weltweit zählt es rund 400 Mio. Nutzer. In Deutschland werden

7,5 Mio. Nutzer angegeben, wobei die Expertenmeinung der Medienforscher bei ARD und ZDF (http://www.ard-zdf-onlinestudie.de/ 2015) von nur 2,5 Mio. aktiven Nutzern in Deutschland ausgehen. Die Idee bei LinkedIn war die Empfehlung von aktuell oder ehemals verbundenen Personen. Dabei konnte man Kollegen, Chefs, Mitarbeiter oder generell Geschäftspartner mit einem kurzen oder längeren, öffentlichen Empfehlungsschreiben vorstellen.

Die Verbindung zwischen den Mitgliedern erfolgt ähnlich wie bei anderen Netzwerken, wobei man bei aktiver Kontaktaufnahme angeben muss, woher man sich kennt und dies auch durch Angabe einer aktuellen E-Mail-Adresse des neu hinzuzufügenden Kontakts beweisen muss. Im Gegensatz zu XING ist LinkedIn neben dem Ziel der Mitarbeitersuche auch auf die Suche von Geschäftspartnern ausgerichtet. Die kostenpflichtigen Mitgliedschaften kann man nach unterschiedlichen Zielen auswählen. Neben der Suche nach Kandidaten für eine Anstellung ist auch eine Suchfunktion geeigneter Kunden möglich. Ähnlich wie XING gibt es auch bei LinkedIn eine Vielzahl von Gruppen, die jedoch zumindest in Deutschland deutlich weniger belebt sind. Mit der Akquisition von Pulse, einem Nachrichtensystem, hat LinkedIn seinen Nutzern eine Möglichkeit verschafft, Beiträge in einer Art Business-Blog zu veröffentlichen. Diese Möglichkeit sollten professionelle Nutzer auf jeden Fall wahrnehmen, um die eigenen Beiträge einem geschäftlichen Publikum anzubieten.

Pinterest

Pinterest (www.pinterest.com) ist eine Social-Media-Plattform, die Pinnwände, also schwarze Bretter, unter den Teilnehmern verteilt. So kann jeder Teilnehmer selbst entscheiden, welche Pinnwände mit welchen Themen er zur Verfügung stellen will und was er dort „pinnt". Der Name ergibt sich als Kunstwort aus den Begriffen Pin und Interest. Die Plattform hat weltweit rund 100 Mio. Nutzer. In Deutschland geht man von etwa zwei Millionen Nutzern aus. Vor allem dann, wenn Sie sogenannte Infografiken publizieren wollen, ist Pinterest das richtige Medium. Auch andere Fotoinhalte mit einer klaren thematischen Zuordnung sind bei Pinterest richtig aufgehoben.

Die professionelle Nutzung sollten Sie in Ihrem Marketing-Mix einplanen, wenn Sie regelmäßig Bilder als Content verbreiten wollen. Das wird vor allem dann Erfolg haben, wenn Sie zu einem bestimmten Thema regelmäßig Inhalte liefern. Nutzer verhalten sich in der Regel so, dass sie Pinnwände abonnieren, die ihnen interessant erscheinen. So werden neue Inhalte von abonnierten Pinnwänden bei diesen interessierten Teilnehmern angezeigt und mit größerer Wahrscheinlichkeit wiederum geteilt und weiter verbreitet.

Instagram

Instagram (www.instagram.com) ist seit Oktober 2010 als App für Smartphones verfügbar. Die Idee war, den Benutzern von mobilen Telefonen mit Foto-Funktionen eine App zu bieten, um die Fotos komfortabel mit Fotofiltern zu verbessern und sofort öffentlich zu teilen. Seit 2012 ist Instagram ein Teil des Facebook-Konzerns. Weltweit geht man von mehr als 400 Mio. Nutzern aus, wovon das Unternehmen selbst neun Millionen Nutzer für Deutschland angibt.

Die professionelle Nutzung von Instagram bietet sich vor allem dann an, wenn man optisch ansprechende Bilder und Filme verbreiten möchte. Insbesondere in den Bereichen Mode, Kosmetik, Livestyle, Nahrungsmittel und Reisen lassen sich hier vor allem die jüngeren Zielgruppen ansprechen. Unternehmen aus den genannten Branchen sollten auf jeden Fall Instagram in ihrem Marketing-Portfolio eine größere Rolle geben.

Der Nachteil von Instagram aus Sicht des Content Marketings ist, das man keine Links an die Beiträge anheften kann. Es besteht lediglich die Möglichkeit, einen Link in seinem Profil einzusetzen. Dazu müsste der Nutzer zunächst das Profil anwählen und dann den Link. Spezielle Links zu einzelnen Inhalten sind nicht vorgesehen, was es nahezu unmöglich macht, einen Call-to-Action umzusetzen.

Snapchat

Snapchat (www.snapchat.com) wurde im September 2011 gegründet und ist inzwischen die größte Plattform für Videos mit 200 Mio. Nutzern weltweit (davon die Hälfte täglich) und zehn Milliarden gesehener Videos täglich. Demnach würde jeder Nutzer im Durchschnitt 100 Videos pro Tag ansehen, was auf den ersten Blick unglaubwürdig erscheint. Bei genauerer Betrachtung jedoch ist das in diesem Fall durchaus realistisch. Dazu muss man wissen, dass die versendeten Filme maximal zehn Sekunden lang sein dürfen, was einer täglichen Nutzungszeit von etwas mehr als 15 min entspricht. Weil die Nutzer vor allem Menschen der Altersklasse 18 bis 24 Jahre sind (nur 14 % sind älter als 35 Jahre), ist dieses Medienverhalten für ältere Semester kaum vorstellbar. Für Deutschland gibt es noch keine gesicherten Nutzerzahlen.

Snapchat unterscheidet sich erheblich von anderen Netzwerken, weil die abgesetzten Videonachrichten direkt einzelne Kontakte oder alle „Freunde" im eigenen Netzwerk erreichen. Allerdings bleiben sie maximal zwei Tage verfügbar und sind nach dem einmaligen Ansehen sofort und für immer verschwunden, was den Geist als Firmenlogo von Snapchat erklärt. Ursprünglich sollte dieses Medium vor allem Teenager ansprechen, die sich Nachrichten zustellen wollten, die danach nie wieder reproduzierbar sein sollten. Das kann zwar umgangen werden, weil man beim Betrachten der Nachrichten einen „Screenshot" machen kann, was allerdings verpönt ist, weil der Absender der Nachricht darüber informiert wird.

Die kommerzielle Nutzung ist noch umstritten, obwohl das Unternehmen bereits auf 19 Mrd. US$ bewertet wurde (nachdem es mehrere Kaufangebote von Facebook in Höhe von bis zu drei Milliarden US$ ablehnte). Vor allem Marken mit einem klaren Fokus auf Teenager nutzen die Plattform, um Werbebotschaften zu senden, die vor allem markenbildenden Charakter haben.

Slideshare

Slideshare (de.slideshare.net) wurde 2006 der Öffentlichkeit zugänglich gemacht. Etwa 16 Mio. Benutzer haben einen Account. Weil auch nicht angemeldete Benutzer

Lesezugang haben, verzeichnet die Plattform rund 60 Mio. Besucher pro Monat. Vor allem für Unternehmen, die komplexere Inhalte transportieren wollen, dürfte Slideshare gute Dienste leisten. Dort lassen sich ganze Präsentationen unterschiedlichster Formate hochladen und teilen. So können Unternehmer ihre Präsentationen in den Formaten PowerPoint, Keynote, OpenOffice oder als PDF hochladen und der Öffentlichkeit zur Verfügung stellen. Weil LinkedIn das Unternehmen im Jahr 2012 übernommen hat, sind die weitere Entwicklung und der Fortbestand der Plattform gesichert.

Besonders praktisch ist die Möglichkeit, Leads einzusammeln, wenn Betrachter die Präsentation ansehen. Gegen eine geringe Gebühr bietet LinkedIn an, ab einer bestimmten Folie, am Ende der Präsentation und wenn der Nutzer sich die Präsentation herunterladen will, ein Formular einzublenden, das dem Nutzer im Tausch gegen seine E-Mail-Adresse einen zusätzlichen Inhalt zu liefern. So können Sie ganz im Sinne des Content Marketings Adressen ernten, wenn jemand Interesse für Ihre Inhalte zeigt.

WhatsApp

WhatsApp (www.whatsapp.com) wurde 2009 gegründet und gehört seit 2014 zum Facebook-Konzern. Es ist eigentlich keine Social-Media-Plattform, sondern eher ein Nachrichtendienst, der ähnlich zur SMS Texte, Bilder und Videos versendet. Wir wollen sie aber dennoch hier besprechen, weil es durchaus sinnvolle Ansätze für Content Marketing auf dieser Plattform gibt. Die große Verbreitung von etwa einer Milliarde Nutzern weltweit ist sicher darauf zurückzuführen, dass es bei einer bestehenden Internetverbindung kostenlos ist, Nachrichten zu senden und zu empfangen. In Deutschland, so schätzen Experten, nutzen rund 35 Mio. Menschen WhatsApp. Das wären 20 % mehr als bei Facebook selbst. Bei den täglichen Nutzern sollen es sogar rund doppelt so viele sein wie bei Facebook. Diese enorme Verbreitung lässt es lohnend erscheinen, sich mit dieser Plattform zu beschäftigen, zumal seit Mai 2016 auch eine Applikation für PCs beziehungsweise Apple-Computer verfügbar ist, sodass das Nachrichtensystem auch im Büro nutzbar wird.

Das Geschäftsmodell von WhatsApp ist noch nicht ausgereift. Es gab jedoch schon mehrere Ankündigungen, dass das Unternehmen Nachrichten von Unternehmen an Kunden oder Nutzer als bezahlten Service anbieten will. Darüber hinaus ist es denkbar, dass WhatsApp als Alternative zu E-Mail-Nachrichten eingesetzt wird. Weil die Erreichbarkeit von Personen via WhatsApp über die Mobilfunknummer gegeben ist, obwohl der Versand an sich über eine Internetverbindung erfolgt, kann das durchaus für Marketingzwecke interessant werden. Schon heute gibt es Dienstleister wie WhatsBroadcast (www.whatsbroadcast.com), der eine Technologie anbietet, um automatisierte Nachrichten an Kunden zu senden. Der Interessent meldet sich per WhatsApp an und bekommt dann statt E-Mails die bestellten WhatsApp-Nachrichten auf sein Smartphone.

4.12   Wie Sie mit Testen statt Raten bessere Marketingergebnisse erzielen

Die digitale Transformation bringt viele Veränderungen mit sich. Manche davon sind unangenehm, weil sie uns neue Verhaltensweisen aufzwängen. Aber viele Änderungen sind auch positiv für Unternehmen, weil sie Möglichkeiten bieten, die bislang nicht denkbar oder zu teuer waren. Vor allem kleinere Firmen haben begrenzte Budgets und scheuen ausführliche Tests und Marktbefragungen. Man wählt aus unterschiedlichen Entwürfen den vermeintlich besten aus und setzt alles auf diese eine Karte. Egal, ob es später den Erwartungen entspricht und ein Erfolg wird oder aber unter den Erwartungen bleibt und eher als Misserfolg gewertet wird, in jedem Fall wissen wir nicht, ob es die beste Entscheidung war.

Im modernen Marketing gilt ausschließlich das tatsächliche Ergebnis als einziges Kriterium für die richtige Entscheidung. Weil aber auch im modernen Marketing verschiedene Entwürfe miteinander konkurrieren, gilt es, einen Weg zu finden, um den besten Entwurf zu ermitteln. Im alten Marketing haben sich Experten die Entwürfe angesehen und dann eine Entscheidung getroffen, ohne vorher prüfen zu können, ob die Entscheidung tatsächlich richtig sein würde. Im neuen Marketing wollen wir wissen, was wirklich funktioniert. Daher müssen wir eine Art Wettbewerb zwischen den konkurrierenden Inhalten laufen lassen, um den Interessenten oder den zahlenden Kunden entscheiden zu lassen. Dabei geht es nicht darum, potenzielle Kunden zu befragen, was sie tun würden. Es geht darum, dass wir herausfinden, was sie tatsächlich tun.

Erfahrene Online-Marketing-Experten nutzen verschiedene Werkzeuge, um diese Tests laufend und immer wieder durchzuführen. In diesem Kapitel wollen wir einige dieser Werkzeuge vorstellen und deren Wirkungsweise erklären ohne sehr ins Detail zu gehen. Nach diesem Überblick sind Sie in der Lage zu entscheiden, welche dieser Maßnahmen für Ihr Marketing passend sind. Weil man in der Regel zwei Varianten gegeneinander testet, nennt man diese Tests auch A/B-Test oder Split-Test. Allerdings ist es grundsätzlich auch möglich, mehr als zwei Varianten gleichzeitig zu testen. Wir werden hier prüfen, welche Testmethoden sich in der Praxis bewährt haben.

Das Grundprinzip ist einfach: Ausgehend von einem bestimmten Entwurf nutzt man eine Kopie davon mit einer kleinen Abwandlung. Bei einem Artikel könnte das die Abbildung sein. Oder vielleicht auch die Überschrift. Oder man könnte lediglich die Farbe eines Buttons abändern. Dann wird mit einem einfachen technischen Hilfsmittel dafür gesorgt, dass jeweils die Hälfte der Besucher der Seite jeweils eine Variante zu sehen bekommt. Bereits nach wenigen hundert Besuchern kann man feststellen, welche der Varianten den Zweck der Seite besser erfüllt. Man kann einfach messen, welche Seite in höherem Maße die Besucher dazu bringt, die vorgesehene „Call to Action" zu erfüllen.

Dieses grundsätzliche Vorgehen ist auf verschiedene Elemente im Content Marketing anwendbar. Oft erfolgen dann weitere Optimierungsläufe. Dazu kopiert man den Gewinner und macht an der Kopie kleine, fast unauffällige Änderungen an Worten, Bildern oder Farben und testet wieder die beiden Varianten gegeneinander, bis irgendwann keine Leistungsunterschiede mehr feststellbar sind. Diesen Gewinner lässt man dann wirken, bis die Leistung dieses Elements irgendwann später messbar nachlässt. Dann kann man wieder eine neue Variante versuchen oder ganz neuen Inhalt produzieren und den „verbrauchten" Content entsorgen oder einfach stehen lassen.

4.12.1 Seiten und Beiträge testen und optimieren

Website, Unterseiten und Blogbeiträge
Jede Website insgesamt, aber besonders jede der Unterseiten und Beiträge im Blog, sollte ein klar messbares Ziel haben, das durch die sogenannte „Call to Action" an den Besucher herangetragen wird. Weil dieses Ziel – nennen wir es Conversion – nicht in allen Fällen erreicht werden kann, sprechen wir von der „Conversion Rate", also dem Anteil in Prozent, zu dem ein beliebiger Besucher die angestrebte Folgeaktion ausführt. Es dürfte unstrittig sein, dass eine Seite mit einer höheren Conversion Rate besser ist als eine mit einer geringeren. Der beste Weg, um wirklich zu messen, ob die Conversion Rate Ihrer einzelnen Seiten verbesserungsfähig ist, wäre der Einsatz von Software, um zu vergleichen und den Erfolg automatisch zu messen. Softwaresysteme wie Optimizely (www.optimizly.com) oder AB Tasty (de.abtasty.com) können Sie monatlich mieten. Mit diesen Systemen können Sie unterschiedliche Versionen Ihrer einzelnen Seiten gleichzeitig ausliefern und die Erfolge messen.
Gleichzeitig bedeutet, dass die Besucher nach einem zufälligen Verfahren die eine oder andere Variante Ihrer Seite zu sehen bekommen. Dann wird aufgezeichnet, welche der beiden Varianten bessere Ergebnisse binnen eines bestimmten Zeitraums liefert. Man geht dabei in der Regel so vor, dass man eine Variante fertigstellt, diese kopiert und dann in der Kopie einige Elemente verändert. Diese Veränderungen werden in der Praxis vorgenommen:

- die Farbe von Akzenten und Schriften
- die Farbe des Buttons für den Call-to-Action
- Bilder, Videos und Grafiken
- die Anordnung von Elementen zueinander (links/rechts, oben/unten)
- Überschriften und Textpassagen
- Variationen der Ansprache (Du/Sie, jovial/stilvoll, etc.)

Sobald zwei Versionen einer Seite fertiggestellt sind, stellt man in der Software ein, mit welcher anteiligen Häufigkeit welche Variante angezeigt werden soll. Diese Einstellung ist in der Regel am Anfang 50/50. Später, im laufenden Test, kann sich eine Variante bereits als deutlicher Sieger abzeichnen. Wenn man während des Tests noch keine Entscheidung treffen will, um die unterlegene Variante sofort abzustellen, kann man deren Auslieferungsrate ein wenig herunterregeln. Dann wird die Conversion der Seite an sich nicht zu sehr durch die schlechtere Variante gestört, und gleichzeitig gibt man der schlechteren Variante „noch eine Chance", besser zu werden. In der Regel dürfte man nach wenigen Tagen und spätestens einer Woche deutlich sehen, welche Variante besser abschneidet.

Der Gewinner wird dann ausgewählt und ist fortan die Variante, die angezeigt wird. Nun wird dieser Gewinner erneut kopiert, leicht variiert, und der nächste Test läuft, um die Seite weiter zu optimieren. Nach einigen Durchläufen dürfte die Rate der Verbesserung immer geringer werden, weil man sich dem Optimum immer mehr annähert. Früher oder später wird die Praxis zeigen, dass keine relevanten Verbesserungen der Conversion Rate mehr möglich sind. Dann sollte man die Seite zunächst in der aktuellen Fassung bestehen lassen und erst wieder eingreifen, wenn die Leistung der Seite deutlich abfällt. Das wäre dann ein Indiz dafür, dass ein Neudesign nötig ist und wieder neue Varianten getestet werden müssen. Manche Seiten laufen Jahre ohne Leistungsabfall. Andere Seiten, die stärker von Trendsettern besucht werden, müssen eine höhere Innovationsgeschwindigkeit aufweisen.

Landingpages auf den Call-to-Action testen
Bei Landingpages ist der Fokus auf die Leistung der Seite noch stärker. Die Landingpage hat ja nur den einen Zweck und ist, anders als ein Blogartikel, der natürlich auch ein Ziel hat, extrem auf die Optimierung des einen Call-to-Action ausgelegt. Daher kann man hier noch stärkere Änderungen der Varianten ausprobieren, um dem Erfolg näher zu kommen. Die Firma Leadpages (www.leadpages.net) ist ein Cloud-Service, mit dem Sie zügig ganze Landingpages entwerfen und verschiedene Varianten gegeneinander testen können. Das ist dann besonders hilfreich, wenn Sie keinen direkten Zugriff auf Ihre Webseite haben und jede Änderung oder Programmierung einer neuen Seite kostenintensiv ist. Mit einem Service wie Leadpages bekommen Sie für rund 50 EUR im Monat die Möglichkeit, so viele Landingpages zu erstellen und zu betreiben, wie Sie wollen.

Das Erfolgskriterium ist hier grundsätzlich das Sammeln von Adressen, die an Ihr E-Mail-System übergeben werden. Leadpages lässt Sie mehrere Varianten einer Landingpage erstellen, und Sie können nach wenigen Tagen sehen, welche Varianten wie oft erfolgreich war. Dabei ist es hilfreich, dass Leadpages mehrere Design-Entwürfe vorschlagen, deren gute Conversion Rate bereits nachgewiesen ist. Sie können ein Design auswählen, Bilder und Texte ändern und sofort für Ihre Zwecke einsetzen. Die Landingpages funktionieren sofort und ohne weiteres Zutun direkt auch als mobile Version für Smartphones, sodass Sie auch für diese Nutzergruppe eine optimale Landingpage zur Verfügung stellen können. Wenn Sie unsicher sind, welches Design besser funktioniert, können Sie völlig unterschiedliche Entwürfe verwenden und gegeneinander testen. So könnten Sie eine Variante mit einem kurzen Video gegen ein ganz reduziertes Design mit einem vollflächigen Foto (Hero Shot) im Hintergrund ausprobieren.

Wenn Sie Ihre Präsenz im Internet auf der Basis des Content-Management-Systems von WordPress aufgebaut haben, bietet der Markt eine Fülle von Zusatzsystemen an, die man einfach in eine Installation von WordPress einsetzen kann. Ein Angebot ist das von

ThriveThemes (thrivethemes.com). Dieses Zusatzprodukt können Sie komplett oder einzelne Module daraus erwerben und damit viele verschiedene Split-Tests durchführen.

Newsletter

Bei der Gestaltung von E-Mail-Newslettern können verschiedene Elemente auf den Erfolg oder Misserfolg der Aussendung einwirken. Entscheidend für das Ankommen der E-Mail sind der Absender, die Betreffzeile und der Inhalt selbst. Jede gut gemachte Aussendung hat ja ebenfalls ein klares Ziel, den Call-to-Action. Letztlich versenden wir den Newsletter nur, um diese eine Aktion beim Leser auszulösen. Damit das gelingt, muss die E-Mail-Aussendung mehrere Hürden meistern. Die entscheidenden Elemente der E-Mail, die Sie so gestalten können, dass die drei größten Hürden möglichst reibungslos gemeistert werden, sind der Absender, die Betreffzeile und der Inhalt.

Drei Tipps zum Versand von E-Mail-Newslettern

1. **Spamfilter passieren:** Es gibt jede Menge Systeme, die von Firmen und Privatpersonen eingesetzt werden, um unerwünschte Werbung zu verhindern. Die Algorithmen, die verwendet werden, um die unerwünschten E-Mails herauszufiltern, sind unterschiedlich intelligent. In den einfacheren Systemen kann man bestimmte Worte als Auslöser für Werbung bestimmen oder den Empfang von bestimmten Absendern auf die schwarze Liste setzen. Intelligentere Systeme nutzen die Summe der Empfänger als Indikator: Wenn mehrere Nutzer der Spamfilter-Software einen Absender als unerwünscht markieren, dann wird der Versender generell blockiert.

2. **Geöffnet werden:** Vor allem eine Betreffzeile, die nicht beschreibend getextet ist, sondern die Neugier des Empfängers anstachelt, tut hier einen guten Dienst. Darüber hinaus sind die ersten Worte der Nachricht entscheidend, weil diese bei vielen E-Mail-Empfängern schon zusammen mit der Betreffzeile angezeigt werden. Achten Sie darauf, dass Sie hier Text unterbringen, der die Neugier steigert. Sorgen Sie auch dafür, dass dieser wichtige Eindruck nicht durch eine technische Anmerkung zerstört wird. Leider lauten noch immer viel zu viele erste Worte einer E-Mail so: „Wenn diese Nachricht nicht richtig dargestellt wird …"

3. **Geklickt werden:** Wenn die ersten beiden Hürden gemeistert sind, fehlt nur noch der Klick des Lesers auf den Link oder den Button, der die gewünschte Aktion auslöst. Dazu muss der Inhalt der Nachricht schnell und deutlich vermitteln, worum es geht und was der Leser davon hat, wenn er die angebotene Aktion durchführt.

Moderne E-Mail-Systeme erlauben automatisierte Tests, um das beste Ergebnis automatisch umzusetzen. Beispielsweise Mailchimp (www.mailchimp.com) ist ein

Versandsystem für Newsletter und automatisierte Nachrichtenketten, das solche Tests automatisiert. Dazu bestimmt man zunächst aus der Gesamtmenge der Empfänger die Testgruppe. Wenn Sie beispielsweise eine Liste mit 10.000 E-Mail-Empfängern haben, kann man die Testgruppe bei zehn Prozent festlegen. Dann werden zunächst an zufällig ausgewählte 500 Empfänger die Variante eins und an ebenso viele die zweite Variante versendet. Nach einer Wartezeit von einigen Stunden, die man selbstverständlich einstellen kann, ermittelt das System den „Sieger" und versendet die bessere Variante an die restlichen 90 % der Empfänger. Die Kriterien für den Sieg kann man ebenfalls selbst bestimmen. In den meisten Fällen sollte aber die Klickrate der relevante Faktor sein.

4.12.2 Die Mentalität des Lean Marketing

Eric Ries hat seine Ideen zum „Lean Startup" (2012) schon vor einiger Zeit vorgestellt. Darin geht es um den Gedanken, dass man als junges Unternehmen nicht so viel planen sollte, sondern so schnell wie möglich ein durchaus rudimentäres Produkt am Markt anbietet und dann direkt testet, ob es sich verkauft. Das geht weg von der alten Methode der teuren Studien und Erprobungen und soll Mut machen, lieber eine funktionierende erste Version eines Produkts zu liefern, als endlos weiter zu entwickeln und später ein mit vielen Funktionen versehenes Produkt auf den Markt zu bringen, das zwar alle internen Tests und Qualitätsvorschriften perfekt erfüllt, aber vom Markt nicht akzeptiert wird. Vielleicht kennen Sie das traurige Zitat eines nicht genannten Marketing-Chefs: „Wir haben alles richtig gemacht, aber der Markt hat sich falsch verhalten …"

▶   Nichts ist so ehrlich wie der Markt.

Nutzen Sie die Möglichkeit des Testens für Ihr Marketing. Versuchen Sie nicht, am Konferenztisch die beste Variante zu finden, sondern nutzen Sie dafür echte Interessenten und potenzielle Kunden.

4.13   Wie Sie Messen, Veranstaltungen und Vorträge für die Gewinnung von Leads nutzen

Viele Unternehmen besuchen Messen als Aussteller oder halten Vorträge auf Kongressen und anderen Veranstaltungen, um dadurch neue Interessenten zu finden. In vielen Fällen werden dafür große Budgets frei gegeben, allerdings fließen diese Budgets zumeist in die Selbstdarstellung und so manche Gimmicks und Werbegeschenke. Am Ende wurden Hunderte von Besuchern erreicht und viele Papiertüten oder sonstige Geschenke verteilt, aber wenige neue Leads gewonnen. Dabei ist es so einfach, eine Veranstaltung ganz bewusst so zu gestalten, dass das Sammeln von Adressen potenzieller Kunden im Fokus steht. Und damit meine ich nicht die Messeberichte, die einer aufwendigen Umfrage gleichen und die einem Interessenten unzählige Detailinformationen abverlangen.

4.13.1 Eine Veranstaltung vom Ende her planen

Nach einer Veranstaltung sind die Beteiligten fast immer erschöpft. Man baut ab, fährt zurück nach Hause und findet am nächsten Arbeitstag auf seinem Schreibtisch einen Stapel von Aufgaben, die sich während der Messe oder des Kongresses angesammelt haben. Die Nacharbeit der Kontakte kommt dann irgendwann einmal, wenn das schlimmste Chaos beseitigt ist. Dann schicken wir einen Prospekt an die Adresse und geben die Adressen irgendwann in den Vertrieb zum „Nachtelefonieren".

Wenn wir die Veranstaltung jedoch vom gewünschten Resultat her planen, kann das wesentlich ertragreicher sein. So könnten wir damit beginnen, die gewünschte letztendliche Aktion eines Besuchers zu planen. Eventuell sind mehrere Aktionen möglich. Dann wäre es auch denkbar, mehrere unterschiedliche Zielpunkte zu formulieren. Etwa „Kauf eines Produkts" oder „Terminvereinbarung für ein Beratungsgespräch" wären dann zwei unterschiedliche Ziele, die wir mit der Veranstaltung erreichen wollen.

Nehmen wir uns zunächst ein einfaches Beispiel vor und nutzen dazu wieder unseren Hersteller von Rosendünger. Nehmen wir an, dieser Hersteller plant, eine Messe für Bau und Garten zu besuchen, und möchte Kunden für seinen Rosendünger gewinnen. Bei diesem Ziel und mit den Erkenntnissen aus diesem Buch sollten wir überlegen, mit welchen Schritten wir mit einem fremden Menschen Vertrauen aufbauen, um ihn entweder als Kunden zu gewinnen, als Nicht-Kunden auszusortieren oder für einen späteren Verkaufsprozess heranreifen lassen.

Kontakte auf Messen ernten
Zunächst sollten wir uns einen triftigen Grund überlegen, weshalb ein wildfremder Mensch seine Adresse oder E-Mail-Adresse herausrücken sollte. Dazu benötigen wir einen passenden, wertvollen Inhalt, der unabhängig von unserem Produktangebot interessant ist. Mögliche Ideen dazu wären:

- „Die sieben häufigsten Fehler bei der Rosenzucht und wie man Sie umgehen kann" als E-Book oder gedruckte Broschüre.
- „Nie wieder Schädlinge oder Pilze im Rosengarten – Der kostenlose 4-teilige Video-Kurs" als Download oder auf DVD gepresst.
- „Die 20 besten Bücher über Rosen – Eine ausführliche Besprechung, damit Sie nur das lesen müssen, was für Sie wichtig ist" in Form eines immer wieder ergänzten Artikels als PDF oder per Brief.
- „Die schönsten Rosengärten auf 6 Kontinenten – Atemberaubende Bilder und Anregungen für den eigenen Rosengarten" als Zugang zu einer Bildersammlung im Internet oder als Bildband.

Wenn wir uns für eine oder mehrere dieser kostenlosen „lead magnets" entschieden haben, planen wir die Kommunikation am Stand entsprechend. Wir achten darauf, dass wir vor allem diese eine Botschaft sofort vermitteln: „Holen Sie sich das kostenlose … ganz einfach nach Hause". Diese Kernbotschaft ist Teil der Standbeschriftung, die Prospekte sagen es aus, jeder Mitarbeiter weist darauf hin und eine oder mehrere deutlich sichtbare Behälter laden zum Einwerfen der eigenen Visitenkarte oder eines bereitliegenden auszufüllenden Coupons ein. Eventuell bieten Sie auch eine spezielle Landingpage für die Veranstaltung an, auf der man sich direkt anmelden kann, und statten das Standpersonal mit Tablet-Computern aus, in denen der Besucher ebenfalls sofort seine Adresse eintragen kann, um das wertvolle Geschenk zu bekommen.

Eventuell planen Sie zusätzlich einen Anstecker oder eine großflächige Tüte, auf der für andere Besucher der Veranstaltung deutlich sichtbar zu lesen ist: „Ich habe mein kostenloses … bereits bekommen. Und Sie? Halle 00 Stand XYZ"

Vom direkten Kontakt zum Beziehungsaufbau online
In der Folge bekommt der Kunde eine vorher geplante Abfolge von Nachrichten:

1. Am Tag nach der Messe: „Wow. Das war eine tolle Veranstaltung. Inzwischen sind wir wieder gut an unserem Standort angekommen und hier ist das Versprochene …"
2. Zwei Tage später: „Vielleicht hatten Sie schon Gelegenheit das … genauer zu betrachten. Falls Sie es noch nicht heruntergeladen haben, hier nochmals der Link. Mir persönlich gefällt am besten der Teil. wo …"
3. Weitere drei Tage später: „Fast eine Woche ist es her, dass wir uns persönlich getroffen haben. Es ist einfach immer wieder schön, sich mit Menschen zu unterhalten, die eine Leidenschaft teilen. Was gibt es schöneres, als gesunde, strahlende Rosen."
4. Eine weitere Woche später: „Wir haben noch eine Idee, was Ihnen Freude bereiten könnte. Holen Sie sich das kostenlose … Wir haben diesen Tipp von einem unserer Mitarbeiter bekommen, der schon seit x Jahren einen Rosengarten pflegt und hegt. Wie ist das bei Ihnen? Wie lange wachsen schon Rosen in Ihrem Garten?" (Hier folgt eine Umfrage mit ein oder zwei schnell zu beantwortenden Fragen.)
5. Eine Woche später: „Weil wir Rosen lieben, wollen wir diese Idee auch noch mit Ihnen teilen: …"
6. Eine weitere Woche später: „Danke, dass Sie unsere Nachrichten hilfreich finden. Für unsere treuesten Leser haben wir ein besonderes Angebot: Nutzen Sie die Chance, mit einem erfahrenen Rosenzüchter über Pflege und Schutz zu diskutieren. Verwenden Sie diesen Link, um sich einen Termin zu reservieren. Kostenlos. Aber nur, solange noch Termine frei sind …"

So einfach kann eine Abfolge von Nachrichten aufgebaut sein, die aus einer größeren Menge von nicht qualifizierten Adressen von potenziellen Neukunden genau diejenigen herausfiltert, die jetzt als Auftraggeber infrage kommen können.

Wenn Sie auf Ihrer Veranstaltung eigenes Personal haben, das auch später die weitere Betreuung der Interessenten und Kunden vornehmen sollen, dann könnten Sie die Abfolge von Nachrichten so planen, dass sie direkt von der E-Mail-Adresse des jeweiligen Ansprechpartners versendet werden. Dazu muss der Mitarbeiter nur sein Kürzel auf den Messebericht oder die Visitenkarte machen, damit der Kontakt später zugeordnet werden kann. Wenn jeder sein eigenes Tablet oder Smartphone verwendet, in das der Kunde seine Adresse eintippt, ist das ohnehin automatisch möglich.

Die erste Nachricht würde dann sinngemäß so lauten: „Prima, dass Sie sich die Zeit genommen haben, auf der XY-Messe mit mir über Rosen zu sprechen. Hier kommt das versprochene … für Sie. Viel Vergnügen damit und ewige Blüte – oder was auch immer der Wahlspruch der Rosenzüchter ist:-)"

Die nachfolgenden Nachrichten sind dann ebenfalls so geschrieben und mit dem jeweiligen Absender versehen. Wenn Sie den Folgeprozess der Veranstaltung zuerst planen und die Kommunikation und Abläufe auf der Veranstaltung danach ausrichten, werden Sie vermutlich den größtmöglichen Return on Investment von der Veranstaltung einholen können.

4.13.2 Hunderte von neuen Kontakten in 30 min

Vielleicht wird Ihr Management oder andere Wissensträger Ihrer Veranstaltung ab und zu auf Kongressen oder anderen Veranstaltungen zu Vorträgen gebeten. Dann sitzen Dutzende oder gar Hunderte von potenziellen Kunden im Publikum. Es gibt eine Idee, die nachweislich dabei helfen kann, die Kontaktdaten des Großteils der Zuhörer zu bekommen.

Ich selbst nutze diese Idee bei meinen Vorträgen über professionellen Vertrieb. In einer Phase meines Vortrags ziehe ich den bereits erwähnten Gimmick in Form einer roten Pappkarte in der Größe eines „Bitte nicht stören"-Schildes aus meiner Tasche. Auf der einen Seite ist es mit „ACHTUNG: Verkäufer um Einsatz" bedruckt. Ganz ähnlich wie die Schilder „Arzt im Einsatz". Ich mache den nicht ganz ernst gemeinten Vorschlag, diese Karte sichtbar an den Rückspiegel zu hängen, wenn man sein Auto beim Kunden parkt. Auf der Rückseite stehen die drei wichtigsten Fragen, die ein professioneller Verkäufer beantworten können sollte, wenn er vom Kundengespräch zurückkommt. Diese drei Fragen sind das Letzte, was der Verkäufer liest, bevor er aus dem Auto aussteigt und ebenso das Erste, was er liest, wenn er wieder zum Auto zurückkommt.

Ich verschenke dann die einzige Karte, die ich auf der Bühne dabei habe, und kündige an, dass man nach dem Vortrag eine davon im Tausch für die eigene Visitenkarte bekommen kann. Meiner Erfahrung nach habe ich nach so einem Vortrag die Visitenkarten von 80 bis 90 % der Zuhörer. Die Karten werden später erfasst und deren Besitzer bekommen dann eine vorher festgelegte Abfolge von Nachrichten.

So bekomme ich einen Großteil des Publikums in meine Kontaktliste, kann über wertvolle Inhalte an meinen Vortrag anknüpfen, der ebenfalls nicht werblich war, sondern verwertbare Ideen und Impulse geliefert hat. Ein bestimmter Anteil der Adressen wird sich zu Kunden entwickeln, ohne dass ich mit jedem einzelnen Kontakt aufnehmen müsste. Andere werden von den Nachrichten genervt sein, weil sie vielleicht doch nicht zu meiner Zielgruppe passen, und werden sich wieder abmelden. Und der größte Teil bleibt in meinem Verteiler und bekommt von Zeit zu Zeit weitere Nachrichten und das Angebot, tiefer gehende Informationen zu erhalten.

4.14   Wie Content Marketing klassisches Marketing mit Online verbindet: der Sales Funnel

Die vorgestellten Methoden haben gezeigt, dass auch auf Messen, Veranstaltungen und Vorträgen klassisches Content Marketing möglich ist. Content Marketing beschränkt sich nicht auf reine Onlinemedien. Das Prinzip von Anbau, Ernte, Destillieren und Reifen funktioniert grundsätzlich auch dann, wenn der erste Kontakt ein persönlicher Kontakt war.

Ein wesentliches Element des Content Marketings ist es, dass wir die Entwicklung des Interessenten zum Kunden als dynamischen Prozess betrachten. Der englische Begriff „funnel", den man mit „Trichter" übersetzen kann, hat sich als Fachbegriff für die Betrachtung der unterschiedlichen Stufen oder Phasen des Entscheidungsprozesses des Kunden herausgebildet. Auch wenn der Trichter nicht wirklich ein passendes Bild ist, weil dieser ja gerade den besonderen Zweck hat, dass alles was oben hineingeht, auch unten wieder herauskommen soll. Das ist bei einem Marketing- oder Verkaufsprozess sicher nicht der Fall, weil kaum ein Unternehmen 100 % der Erstkontakte auch wirklich zu Kunden macht.

Nehmen wir den Begriff des „funnel" und setzen wir ihn als Überbegriff für ein Modell, das die Entwicklung des Kunden über mehrere Reifegrade beschreibt. Die Form des Trichters, der einem auf der Spitze stehenden Dreieck gleicht, soll andeuten, dass die Anzahl der Kontakte pro Phase von oben nach unten abnehmen sollte. Für die einzelnen Phasen des Trichters hat sich noch keine allgemein anerkannte Bezeichnung herausgebildet. Das dürfte damit zusammenhängen, dass die Phasen erheblich mit dem Geschäftsmodell des jeweiligen Unternehmens zusammenhängen und kaum generell für alle Marketing- und Vertriebsprozesse einheitlich entwickelt werden können. Selbst die oft verwendete Abfolge Lead-Prospekt-Contact, die in vielen CRM-Systemen als Basiseinstellung vorgegeben ist, entbehrt einer eindeutigen Definition, die praktisch verwendbare Handlungsanweisungen für die jeweilige Stufe benennt. Daher wage ich hier den Versuch einer allgemein gültigen Nomenklatur, die als grobe Gliederung für alle Marketing-Funnel mit den eventuell anschließenden Vertriebsprozessen gelten kann.

4.14.1   Das Strukturmodell für einen Funnel

Dieses Modell weist jeder Adresse einen eindeutigen Zustand zu. Die Abfolge muss nicht grundsätzlich sequenziell sein, weil auch „Seiteneinsteiger" möglich sind (s. Abb. 4.11).

Abb. 4.11 Die schematische
Darstellung eines Funnel

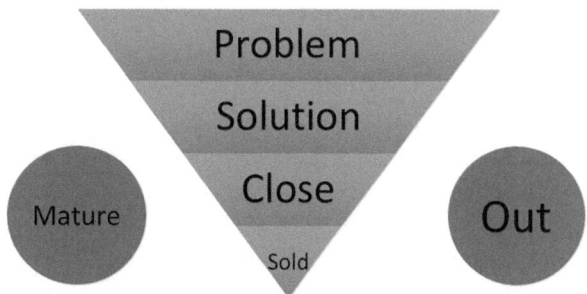

Problem – Kalter Einstieg über Problem

In der ersten Stufe finden sich Kontakte wieder, die zunächst über ihr wesentliches Problem auf uns aufmerksam geworden sind. Das sind die Kontakte, die noch nicht nach einer Lösung suchen, weil sie sich noch damit auseinandersetzen, das Problem zu erkennen. Wir nennen diese Kontakte „kalt". Sie werden mit Content versorgt, der zunächst das Problem (er-)klärt. Sie werden sich entweder in die nächste Stufe „Solution" weiterentwickeln oder für sich erkennen, dass sie doch kein Interesse an weiteren Inhalten haben und sich abmelden.

Solution – Auf der Suche nach einer Lösung

In der nächsten Phase finden wir Kontakte, die für sich bereits das Problem erkannt haben und daher auf der Suche nach einer Lösung sind. Diese „warmen" Kontakte können auch direkt in dieser Phase in den Funnel einsteigen. In dieser Phase versorgen wir die Kontakte mit Lösungen für ihre wichtigsten Probleme. Sie werden sich entweder weiterentwickeln und schließlich „heiß" auf die Umsetzung einer Lösung werden oder das Problem abtun und sich vom weiteren Bezug der Informationen abmelden.

Close – Zeigt starkes Interesse, soll einem Kauf zugeführt werden

Hier finden wir Kontakte, die bereit sind, eine Entscheidung zu treffen. Sie sind sich des Problems bewusst und haben erkannt, dass Sie eine passende Lösung bieten. Selbst „heiße" Kontakte können als Seiteneinsteiger in den Funnel geraten, wenn sie beispielsweise über Empfehlungen zu Ihnen kommen. Hier machen wir konkrete Kaufangebote.

Sold – Hat gekauft

Die letzte Phase des Funnel ist der erfolgte Umsatz. Hier finden wir alle, die ein bestimmtes Produkt gekauft haben. Von hier aus kann man die Marketingstrategie weiter umsetzen und aus Kunden aktive Referenzen machen, die uns und unsere Leistungen weiterempfehlen.

Mature – Soll noch reifen

Hier sammeln wir alle, die den Übergang von *Close* zu *Sold* innerhalb eines festgelegten Zeitraums nicht geschafft haben. Unsere Versuche, eine Entscheidung herbeizuführen, sind nicht geglückt. Wir setzen diese Kontakte bildhaft in einen Reifetank. Dort werden sie in größeren Abständen mit Informationen versorgt. Ab und zu prüfen wir, ob sie inzwischen wieder in eine der Phasen des Funnel einsteigen können.

Out – Will auf weitere Informationen verzichten

Alle Kontakte, die sich aktiv dagegen entschieden haben, weitere Informationen zu bekommen. Obwohl sie uns irgendwann einmal dazu aufgefordert hatten, dass wir Nachrichten an sie versenden, haben sie zwischenzeitlich entschieden, dass sie nichts mehr von uns hören wollen. Wenn Sie die Regeln respektieren, werden Sie diesen Kontakten keine weiteren Nachrichten mehr senden.

▶   Jede Phase im Funnel verlangt nach anderen Inhalten.

Machen Sie sich beim Design eines Funnel bewusst, dass Sie in jeder Phase unterschiedliche Botschaften und Handlungsaufrufe (Call-to-Action) verwenden müssen, um die Weiterentwicklung von Kontakten zu begünstigen. Wenn Sie sich konsequent an das Modell halten, werden Sie künftig alle Beiträge genau einer der Phasen zuordnen. Das ist wichtig, weil ein Kontakt in der Phase „Problem" auf völlig andere Inhalte positiv reagieren wird als ein Kontakt in der Phase „Solution". Sowohl die Überschrift als auch der Rest des Inhalts Ihrer Content-Marketing-Aktivitäten müssen zu der Phase des Kontakts im Funnel passen.

4.14.2 Feste und dynamische Funnel

Feste Funnel

Die einfachste Form des Funnel ist einer, der eine feste Abfolge hat. Wir machen einen Plan und senden nach und nach eine vorher festgelegte Anzahl an Nachrichten an die jeweiligen Kontakte. Bei der festen Abfolge planen wir die Nachrichten und legen fest, wie viele Nachrichten der Phase „Problem" wir versenden. Danach folgen weitere Nachrichten der Phase „Solution" und so weiter.

Der Vorteil dieser Methode ist, dass sie technisch einfach umsetzbar ist. Allerdings ist der Nachteil, dass wir letztlich nur solche Kontakte konvertieren werden, die mit der vorgegebenen Geschwindigkeit einverstanden sind. Wenn wir beispielsweise drei Nachrichten der ersten Phase vorgesehen haben und dann ab der vierten Nachricht mit der nächsten Phase weitermachen, bekommen wir nur diejenigen Kontakte, die jetzt auch für den Phasenwechsel bereit sind. Wir verlieren diejenigen, die schon früher reif für Phase zwei waren, weil diese sich vermutlich bereits gelangweilt und schließlich abgemeldet haben. Und wir verlieren jene, die noch nicht so weit sind, in die nächste Phase zu gehen, denn sie werden die nun folgenden Nachrichten unpassend finden und sich ebenfalls abmelden. Dennoch ist diese Methode in den meisten Fällen sinnvoll. Vor allem dann, wenn wir bereits eine gewisse Erfahrung im Umgang mit Funnels und dem Verhalten von Zielpersonen haben.

Dynamische Funnel sind selbstlernend

Die andere Methode, einen Funnel zu gestalten, ist ein wenig komplizierter. Dafür lernen wir jedoch mehr über die Verhaltensweise der Zielpersonen und müssen weniger in Unsicherheit entscheiden. Das dynamische Modell kennzeichnet den Kontakt mit einer Phasenbeschreibung, je nachdem, woher der Kontakt kam, als er uns seine Adresse überließ. Dann behält er diese Kennzeichnung so lange, bis er durch sein Verhalten zeigt, dass er die Phase gewechselt hat.

Sein Verhalten können wir aufgrund seines Klick-Verhaltens und seine Reaktion auf unsere Inhalte messen. Wenn beispielsweise am Ende eines Blogbeitrags mehrere Angebote für Artikel mit ähnlichen Themen stehen, können wir messen, ob das Individuum eher auf eine Überschrift der aktuellen Phase oder einer nachfolgenden Phase klickt. Ebenso könnten wir in einer E-Mail-Nachricht eine Handlungsaufforderung mit einer Botschaft der nächsten Phase betiteln. Nur solche Kontakte, die darauf klicken, wechseln in die folgende Phase.

▶ Funnel-Designer vereinen Kompetenzen aus Marketing und Vertrieb.

Weil die Gestaltung des Funnel nur dann gelingen kann, wenn der Gestalter die Perspektive wechselt und die Beweggründe von real existierenden Menschen berücksichtigt, entsteht hier ein Berufsbild im Marketing, das die Erfahrung aus Vertrieb und Marketing benötigt. Hier werden Menschen gebraucht, die in der Lage sind, strategisch und planerisch zu denken. Gleichzeitig müssen sie jedoch auch reflektieren können, wie diese Pläne von einzelnen Zielpersonen tatsächlich angenommen werden.

Die Qualität von Funnels entscheidet den Erfolg im Marketing, weil nicht mehr eindimensionale Botschaften die Entscheidung auslösen, sondern eine Reise des Kunden (Customer Journey) entlang der verschiedenen Berührungspunkte (Touchpoints) mit einem Anbieter entscheidend für den Marketingerfolg sind.

4.15 Wie Sie Ihr Content Marketing mit Videos beleben

Bewegtbilder sind der wichtigste Trend im Marketing in den letzten Jahren. Wenn es bis vor Kurzem nur den Profis möglich war, passende Inhalte als Video zu erzeugen, kann man das inzwischen mit jedem Smartphone. Seit dem Erfolg der Musiksender wie MTV und VIVA haben wir völlig neue und einfacher zu produzierende Videoformate auch in professioneller Umgebung akzeptiert. Wenn bis dahin die Fernsehsender nur langsame Kamerafahrten und gemächliche Überblendungen kannten, kamen mit den Musiksendern die Schnitte im Sekundentakt und wackelige Kameraeinstellungen in Mode. Spätestens seit jeder seine eigenen Videos mit dem Telefon machen kann, ist unsere Akzeptanzschwelle für Videoinhalte weiter gesunken. Wir nehmen heute – auch in öffentlichen Sendern – Inhalte hin, die man früher nur von „Kamerakind Paul" in Kindersendungen hätte durchgehen lassen.

4.15.1 Live in die ganze Welt übertragen

Dieser Trend wird verstärkt durch den Trend der sogenannten Live-Videos in den Social Media. Facebook ist nach Meerkat und Periscope das Medium, in dem jeder zu jeder Zeit Bewegtbilder in Echtzeit in die große weite Welt ausstrahlen kann. Was in Zeiten der ersten „Eurovision" noch Heerscharen von Technikern beschäftigte, kann heute jeder Inhaber eines Facebook-Accounts mit seinem Telefon veranstalten. Auch wenn das meiste dieser so produzierten Inhalte höchstens für den engsten Familienkreis annehmbar ist, wird es unseren Umgang mit dem Medium „Film" verändern. Für die Zukunft sehe ich drei unterschiedliche Qualitäten von Videoinhalten, die wir in unterschiedlichen Kontexten konsumieren:

1. **Cinema:** Selbstverständlich werden wir weiterhin beste Qualität von künstlerisch erzählten Filmen und Werbefilmen erwarten können. Gut bezahlte Spezialisten werden uns nach allen Regeln der Kunst weiterhin Neuerungen und Effekte präsentieren, die wir bislang nicht für möglich hielten. Hier wird weiterhin der Wettlauf um die besten Effekte und die filmische Umsetzung von kunstvoll erzählten Geschichten andauern. Wie schnell das ging, werden Sie sofort sehen, wenn Sie einen aktuellen Kinofilm mit einem vergleichen, der zehn Jahre alt ist. Allerdings ist nicht nur der technische Effekt für Kinoqualität verantwortlich, sondern das ganze Paket aus Regie, Kameraführung, Schnitt und der Kunst der Schauspieler. Wenn Sie sich einen Klassiker wie „Der dritte Mann" heute ansehen, dann werden Sie trotz Technik der 1940er Jahre auch für heutigen Geschmack ein Meisterwerk erleben.
2. **Profi:** Unternehmen werden ihre Botschaften immer mehr über gute Videoproduktionen verbreiten. Der Anspruch an Professionalität wird hier gleich bleiben. Allerdings wird es immer günstiger, gute Videos zu produzieren. Kameras in bester Qualität sind immer mehr verbreitet. Vor allem einfache Produktionen, mit einem Sprecher und wenigen Einblendungen sind sehr kostengünstig herzustellen. Für Marketingzwecke eignen sich Produktionen dieser Klasse am besten. Sie sind professionell hergestellt, ohne den Anspruch zu haben, künstlerischen Wert darzustellen. Diese Videos sind so gemacht, dass sie ihren Zweck erfüllen und einfach zu konsumieren sind.
3. **Amateur:** Jede Menge an „Produktionen" im Selfie-Stil werden die sozialen Netzwerke fluten. Auch hier können wir davon ausgehen, dass die Qualität steigen wird, aber in erster Linie wird es die Masse der kurzen Videos in Facebook, Instagram und Snapchat sein, die uns nahezu überrollen werden. Schon heute sieht sich der

durchschnittliche Nutzer der Social-Media-Plattform *Snapchat* pro Tag mehr als 100 Videos an.

4.15.2 Professionelle Videos für alle Unternehmen

Für professionelle Unternehmen sind grundsätzlich alle drei Formate interessant. Der Bereich der Amateurproduktionen ist vor allem im Zusammenhang mit Events und anderen Formaten interessant, an denen viele Beteiligte zu erwarten sind. Wenn Sie etwas zu zeigen haben, das andere filmen und verbreiten wollen, dann kann das ein wichtiger Teil der Vermarktungsstrategie sein. Viele von Ihnen kennen den Vergleich der beiden Fotos bei der Papstwahl in den Jahren 2005 und 2013. Auf dem Foto im Jahre 2005 sieht man vereinzelte Foto-Telefone. Nur acht Jahre später sind es Tausende, die das Erlebnis live festhalten. Diese Entwicklung wird sicher weitergehen. Private Personen werden zu Multiplikatoren und clevere Marketingstrategien nutzen diesen Effekt und das Mitteilungsbedürfnis der Massen. Die meisten Unternehmen werden sich jedoch vor allem auf professionelle Videoinhalte konzentrieren. Im Zusammenhang mit Content Marketing ergeben sich diese Schwerpunkte:

1. **Erklärungen:** Sie können Zusammenhänge und Beschreibungen mit Videoinhalten wesentlich besser zeigen, als mit Text oder einfachen Bildern. Die Funktion von Produkten lässt sich mit Videos wesentlich einfacher und emotionaler vermitteln. Nutzen Sie dafür erklärende Videos mit einem Sprecher im Hintergrund.
2. **Personen:** Wir interessieren uns für die Menschen hinter den Unternehmen. Wir wollen wissen, was die Chefs und Mitarbeiter eines Unternehmens denken und sagen. Interviews mit Führungskräften des Unternehmens zu bestimmten Themen bieten sich hier an. Genauso spannend kann es sein, einem Mitarbeiter bei der Herstellung des Produkts sozusagen über die Schulter zu sehen. Oder wir interessieren uns auch für die Meinungen von Mitarbeitern des Unternehmens zu deren Produkten und Dienstleistungen. Was gibt es aus der Alltagspraxis zu berichten? Auch wenn Sie denken, dass gerade Ihr Produkt dafür zu langweilig ist, sollten Sie das noch einmal aus der Perspektive eines potenziellen Kunden sehen und nicht aus der Brille derer, die täglich damit zu tun haben. Da kann auch das Legen von Brezen aufs Backblech oder das Entgraten eines Bauteils in der Motorproduktion sehr spannend und interessant sein.
3. **Events:** Wenn Menschen sich treffen, ist das immer interessant. Für diejenigen, die dabei waren, weil sie sehen wollen, ob und wie sie im Film zu sehen sind. Aber genauso für Menschen, die nicht dabei waren, aber sich dennoch informieren wollen. Wenn Sie eine Feier, eine Ausstellung, eine Kundenveranstaltung oder eine Einweihung machen, scheuen Sie nicht das kleine zusätzliche Budget für eine Filmaufzeichnung. So können Sie den positiven emotionalen Effekt des Events noch lange erhalten und mit vielen weiteren Personen teilen, die nicht dabei sein konnten.

4. **Präsentationen:** Vertonte Folienpräsentationen und Aufnahmen von Webinaren werden immer akzeptierter. Deshalb kann auch eine Videoproduktion, bei der weniger Wert auf Schönheit, aber umso mehr Wert auf Inhalt gelegt wird, als professionell gelten. Mit einer Software wie *Screenflow* oder *Camtasia* lassen sich ganz einfach Videos herstellen, bei dem der Inhalt des Bildschirms als Video mit dem Ton eines angeschlossenen Mikrofons aufgezeichnet wird. So lassen sich Folienpräsentationen vertonen und als Video speichern. Diese Methode empfiehlt sich, wenn Sie mit geringstem Aufwand Videomaterial erstellen wollen.

4.15.3 Welches Equipment benötigt man?

Weil die meisten Menschen, mit denen ich über Videoproduktion als Teil der Content-Strategie spreche, zunächst die Auswahl der passenden Werkzeuge als kritisch sehen, möchte ich eine kurze und einfache Liste an Empfehlungen geben.

Kamera

In vielen Fällen ist die Aufnahmequalität der in einem Notebook eingebauten Kamera ausreichend. Kurze Videos, bei denen Sie eine Einleitung zu einer aufgezeichneten Folienpräsentation sehen, werden so hergestellt. Wenn Sie ein modernes Smartphone besitzen, haben Sie immer eine gute Kamera dabei. Spätestens seit der Gerätegeneration, die im Jahre 2016 zu den modernsten zählt, brauchen Sie für die meisten Anforderungen keine weitere Kamera. Wenn es doch etwas Besseres sein soll, empfehle ich eine moderne digitale Systemkamera, die das Format HD (1920 × 1080 Bildpunkte) aufzeichnen kann. Dieses Format ist bestens geeignet, um für alle heute denkbaren Abspielgeräte eine sehr gute Auflösung zu bieten. Wenn Sie sich für eine Kamera entscheiden, bei der man unterschiedliche Objektive anschließen kann, sind Sie für 99 % aller Anforderungen bestens gerüstet. Inzwischen gibt es auch bereits Kameras, die das noch modernere 4 K aufzeichnen können. Wer sich für so eine Kamera entscheidet, sollte einplanen, dass das Filmmaterial den Faktor 4 gegenüber HD hat, was deutlich mehr Speicherplatz und deutlich mehr Verarbeitungszeit von Videos bedeutet. Da die meisten Inhalte auf Mobilgeräten gesehen werden, ist erst recht wegen der vierfachen Anforderung an Übertragungsleistung die Variante HD besser. Meiner Einschätzung nach ist HD bis mindestens zum Jahr 2020 völlig ausreichend.

Ton

Das Wichtigste bei Videoproduktionen ist der Ton. Auch wenn es auf den ersten Blick wichtiger scheint, ein gutes Bild zu haben, stimmt das in der Praxis nicht. Wenn der Ton nicht stimmt, schalten die Menschen ab. Nehmen Sie deshalb immer ein besseres Mikrofon und verlassen Sie sich nicht auf die eingebauten Mikrofone in Kameras und

Smartphones. Schon ein einfaches Ansteckmikrofon (man nennt diese Bauform auch *Lavalier*) kann Wunder wirken. Und ein simpler Kopfhörer, wie er mit Ihrem Smartphone mitgeliefert wird, kann auch bereits bessere Ergebnisse liefern als das eingebaute Mikrofon Ihres Notebooks. Bei Aufnahmen am PC können Sie auch ein Headset nutzen, das per USB an den PC angeschlossen wird. Falls Sie die Aufnahme des Tons in einem separaten Aufnahmegerät machen, denken Sie an die Klappe. Das kennen Sie aus den Berichten zu Filmaufnahmen, wenn kurz vor der Szene eine Tafel mit einer Klappleiste ins Bild gehalten wird und dann die Leiste mit einem beherzten „Klack" an die Tafel geschlagen wird. Der Grund für dieses Ritual ist, dem Cutter die Synchronisation von Bild und Ton zu vereinfachen. Man kann dann später schrittweise im Film zu dem Einzelbild gehen, wo die Leiste die Tafel trifft und genau an diese Stelle den durch das Klacken hervorgerufenen, deutlich sichtbaren Ausschlag in der Tonaufnahme schieben. Dann ist automatisch auch der Rest der Szene synchron. Wenn Sie keine Klappe haben, können Sie auch einfach im Bild laut in die Hände klatschen. Wenn Sie es vor der Aufnahme vergessen sollten: Einfach Ton und Kamera weiterlaufen lassen und nach der Aufnahme klatschen – das geht auch.

Licht

Vor allem bei Personenaufnahmen ist gutes Licht sehr wichtig. Auch bei einfachen Aufnahmen von Videos durch die Kamera in Ihrem Notebook, muss das Licht stimmen. Das lässt sich mit einfachen Mitteln herstellen. Ideal sind moderne LED-Leuchten, weil sie relativ wenig Strom verbrauchen und nicht so warm werden. Sie sollten nur darauf achten, dass die Leuchten videotauglich sind (statt nur für Fotoaufnahmen geeignet). Wenn das nicht der Fall ist, wird sich das Licht, das wir mit bloßem Auge als stetig wahrnehmen, in der Videoaufnahme als Flackerlicht darstellen. Eine günstigere Alternative sind Videoleuchten mit Energiesparlampen, die allerdings wesentlich voluminöser, bruchgefährdet und schwerer sind und daher nicht so einfach zu verstauen sind.

Hintergrund

Im Fotofachgeschäft oder online finden Sie sogenannte Hintergrundsysteme. Das sind zumeist zwei hohe Stative und eine Querstange. An diese Querstange kann man Hintergründe aus Stoff in allen Farben und Qualitäten hängen. So können Sie in jedem Besprechungsraum im Handumdrehen einen professionellen schwarzen oder weißen Hintergrund aufbauen (vgl. Abb. 4.12).

Software

Wenn Sie mit Apple arbeiten, dann können Sie bereits im Standardumfang auf die Software *iMovie* zurückgreifen, mit der sich Filmaufnahmen schneiden, vertonen und mit Titeln versehen lassen. Ansonsten bieten sich die Produkte der Firma Adobe an, die auf Microsoft Windows und Apples Betriebssystem kostenpflichtig verfügbar sind.

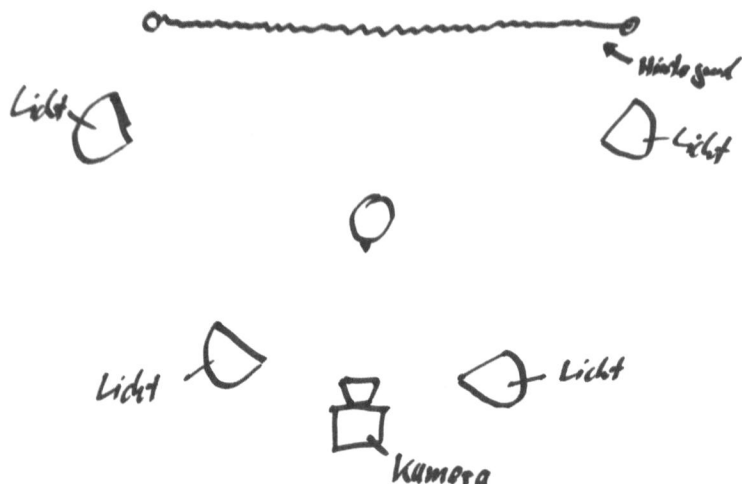

Abb. 4.12 So baut man Kamera, Licht und Hintergrund für eine Personenaufnahme auf

4.15.4 Die Verbreitung von Videos

Sicherlich ist es ratsam, dass Sie Ihre Videos auch auf Ihrer Webseite darstellen sollten, weil hier Ihre Internet-Immobilie ihren Platz hat. Allerdings sind die meisten Webserver nicht in der Lage, Videoinhalte auszustrahlen. Die Webserver sind dazu ausgelegt, Text und allenfalls Fotos der weiten Welt zur Ansicht zu geben. Unter anderem deshalb sollten Sie Videos zwar auf Ihrer Webseite einbinden, die größere Videodatei jedoch nicht auf Ihrer Seite, sondern auf anderen Diensten speichern.

YouTube

YouTube eignet sich dafür aus zwei Gründen: Zum einen ist es einfach, ein Video von YouTube auf einer anderen Seite einzubinden. Und zum anderen ist YouTube neben Google eine weitverbreitete Suchmaschine. Das haben wir bereits in dem Kapitel über Social Media Posts genauer erläutert. Allerdings hat YouTube auch einen Nachteil, weil ein Betrachter des YouTube-Videos auf Ihrer Webseite unter Umständen nach dem von Ihnen gezeigten Video weitere Videos angeboten bekommt, die nicht von Ihnen stammen und ablenken oder auf eine andere Seite führen. Das kann man zwar mit technischen Maßnahmen – sogenannten Parametern – weitestgehend einschränken, aber wenn der Zuschauer mit einem Klick von Ihrer Seite zur Betrachtung des Videos auf die Seite von YouTube wechselt, verlieren Sie die Kontrolle über die Customer Journey.

Vimeo

Die so entstandene Anforderung, die Nutzer besser zu steuern, hat der Anbieter Vimeo erfüllt. In dem kostenpflichtigen Angebot ist die Aufbewahrung Ihrer Videos und die sehr genaue Steuerung, welche Ihrer Videos auf welchen Seiten eingebunden werden dürfen und was die Betrachter an Steuerungsmöglichkeiten (Ton, Vorwärts-/Rückwärtslauf, etc.) angeboten bekommen. Außerdem kann man einstellen, was der Betrachter nach dem Video angezeigt bekommen soll. Das kann ein weiteres Video oder ein klickbarer Link sein. So lässt sich die Reise des Kunden noch besser planen.

Wistia

Noch einen Schritt weiter in der Steuerbarkeit der Abläufe geht Wistia. Hier können Sie zu Beginn, mittendrin oder am Ende des Videos ein Formular einblenden lassen, das die E-Mail-Adresse des Nutzers abfragt und direkt in ein E-Mail-System oder ein CRM-System speichert. So können Sie direkt mit dem Video selbst Adressen sammeln. Diesen Komfort bekommen Sie für die ersten fünf Videos kostenlos.

Facebook

Facebook versucht die Dominanz von YouTube anzugreifen und subventioniert im Moment die Ausstrahlung von Videoinhalten. Das bedeutet, dass Videoinhalte bei Facebook häufiger in der Timeline Ihrer Zielgruppe angezeigt werden. Allerdings ist bereits bei der Planung von Videos zu berücksichtigen, wo sie nachher vor allem gezeigt werden sollen. YouTube ist ebenso wie Google eine Suchplattform. Wer YouTube benutzt, sucht aktiv nach einer Antwort oder einen bestimmten Inhalt. Facebook ist ein „laid back"-Medium, das wie eine Zeitschrift nach Interessantem durchblättert wird. Videoinhalte auf Facebook werden dem Betrachter zunächst ohne Ton angezeigt. Erst wenn er sich aktiv dafür entscheidet, klickt der Benutzer auf das Video und hört etwas. Daher muss das Video in den ersten Sekunden einen Reiz enthalten, der den Betrachter dazu bringt, darauf zu klicken. Weil Facebook inzwischen Möglichkeiten anbietet, genau jene Betrachter eines Videos über Werbeanzeigen erneut anzusprechen, die eine bestimmte Zeit lang das Video angesehen haben (und dadurch Interesse bekundet), sollte man diese Möglichkeit im Auge behalten. So kann man längere Videos mit ausführlichen Informationen nutzen, um später Betrachter mit einer Zusatzinformation anzusprechen, die genau zu dessen letztem Eindruck nach dem Betrachten des Videos passen. So können Sie Customer Journey beeinflussen, auch wenn Sie noch keine Möglichkeit bekommen haben, den einzelnen Betrachter per E-Mail direkt anzusprechen. *„Video killed the radio star".* So lautete 1980 der Songtitel der Gruppe „The Buggles" und war das erste auf dem Musiksender MTV ausgestrahlte Musikvideo. Heute wissen wir, dass trotz Musikvideo noch immer Radio und Musik ohne Video existieren. Radio beziehungsweise Audio als Medium ist also sicher nicht tot. Video ist durch die Verbreitungsmöglichkeit via Internet zu einem noch wichtigeren Medium geworden, das in jeder Marketingstrategie eine Rolle spielen sollte.

4.16 Was Bücher, E-Books und Hörbücher für Ihr Marketing bringen

Über das Erstellen von Büchern ist mehr als ein Buch geschrieben worden. Sicherlich ist es nach wie vor ein größeres Projekt, ein Buch zu schreiben und zu veröffentlichen. Verlage sind darauf spezialisiert, wertvollen Inhalt von Autoren sorgfältig auszuwählen und in akribischer Arbeit so aufzubereiten, dass schließlich ein gedrucktes Werk entsteht. Auch Content Marketing wird daran vermutlich nicht viel ändern. Allerdings gibt es inzwischen viele Wege für Unternehmen, eigene Bücher für ihre Zielgruppen zu erstellen. Schließlich ist ein Buch mit Ihrer Firmengeschichte ein perfektes Geschenk für Mitarbeiter und Kunden anlässlich Ihres 25-jährigen Firmenjubiläums. Aber es ist wohl nur dann ein Projekt für einen professionellen Verlag, wenn Sie zu den Top-100-Unternehmen weltweit gehören.

4.16.1 Die 5-EUR-Visitenkarte

Diese Bezeichnung habe ich von einem Kollegen aus den USA, mit dem ich mich vor einigen Jahren über dessen Marketingstrategie unterhalten habe. Er zeigte mir eines seiner Bücher, das man wegen seines Umfangs auch eher als Büchlein bezeichnen kann. Und er nannte dieses Werk „my 3 Dollar business card". Damit war gemeint, dass es für die Kosten von rund drei US-Dollar statt einer Visitenkarte gute Dienste leistet. Er gab jedem potenziellen Kunden, mit dem er ins Gespräch kam, dieses Büchlein statt einer Visitenkarte. Er war sich sicher, dass ein Buch einen höheren Wert darstellt, als eine Visitenkarte und deshalb länger auf dem Schreibtisch seiner Zielperson verbleiben würde. Eine Visitenkarte oder einen Prospekt wirft man ohne Skrupel weg, aber ein Buch eher nicht.

Abgesehen von diesem Einsatzzweck eines Buches kann man auch über eine Idee nachdenken, mit einem Buch die postalische Adresse eines Menschen zu erfahren. Wenn wir einen Funnel haben, bei dem wir zunächst nur die E-Mail-Adresse des Interessenten erfragen, könnte man in einer späteren Nachricht anbieten, ein kostenloses Buch zu versenden. So könnte man Interessenten, die bereits gezeigt haben, dass sie sich für ein bestimmtes Thema interessieren, ein gedrucktes Buch dazu anbieten, wenn sie nur ihre Postadresse angeben. So kann man für vergleichsweise geringe Kosten eine reale Adresse eines Interessenten bekommen. Ähnlich könnte man ein Buch als Lead-Magneten bei Kampagnen auf Messen anbieten, um an Visitenkarten zu gelangen. Aber auch als kostenpflichtiges Buch kann es seinen Zweck als Marketinginstrument erfüllen. Jedes Buch kann – ähnlich wie dieses Buch – zusätzliche Inhalte im Internet anbieten. Der Leser nutzt den Service, den er allerdings nur bekommt, wenn er sich mit seiner E-Mail-Adresse anmeldet. Auf diese Weise können Sie sich eine sehr genau selektierte Zielgruppe aufbauen, die offenbar interessiert genug an Ihrem Thema ist, weil sie ja das Buch gekauft und offenbar auch gelesen hat. Auch wenn Sie selbst nicht die Ressourcen

im Unternehmen haben, um ein Buch zu erstellen, ist es möglich, diese Leistung zuzu-
kaufen. Dazu müssen Sie noch nicht einmal die zuweilen etwas anrüchige Leistung eines
„Ghostwriters" annehmen. Sie können einen Fachjournalisten in Ihrem Metier beauftragen, das Buch unter seinem eigenen Namen zu schreiben und mit Ihrer Hilfe zu publizieren. Der Inhalt des Buches kann auf Interviews mit den wichtigsten Wissensträgern Ihres
Unternehmens basieren. Mit dieser Methode können Sie gemeinsam mit einem professionellen Autor ein Buch erstellen, ohne selbst die Schreibarbeit leisten zu müssen und
dennoch den Inhalt mit Ihrem Wissen begründen.

4.16.2 E-Books haben keine Druckerschwärze

Auch wenn ein „richtiges" Buch, das man anfassen kann, noch mehr Wert verkörpert
als ein elektronisches Buch, ist die relativ günstige Verbreitungsform sehr attraktiv. Vor
allem aus der Perspektive des Marketings ist es relevant, möglichst viele Menschen zu
erreichen. Das E-Book ist der Inhalt eines herkömmlichen Buches, der für Lesesoft-
ware oder auch sogenannte Reader wie den Kindle von Amazon oder anderer Hersteller gedacht ist. Ursprünglich war die Idee, den Inhalt von regulär produzierten Büchern
auch elektronisch anzubieten, was für den Benutzer weniger Gewicht bedeutet und für
den Anbieter weniger Produktionskosten. Inzwischen gibt es jedoch eine ganze Reihe
E-Books, die nur als E-Book geplant wurden, um dann bei Amazon und anderen Online-
Buchläden für geringe Kosten von 99 Cent bis wenigen Euro, verkauft zu werden. Dabei
geht es den Anbietern sicherlich auch um die Erlöse aus dem Verkauf der Bücher. Aber
im Fokus dürfte stehen, neue Leser zu erreichen, die mit geringen Kosten gegenüber herkömmlichen Büchern gelockt werden. So können auch weniger bekannte Autoren ihr
Wissen oder ihre Kunst verbreiten. Bei dieser Strategie ist es ratsam, von Anfang an eine
Verknüpfung mit der eigenen Seite in das Buch einzubauen. Damit meine ich, dass das
relativ günstige Buch zusätzliche Inhalte auf einer Webseite benennt, die man als Leser
des Buches als Ergänzung zum Buch nutzen kann. Dazu werden in dem E-Book an mehreren Stellen Links eingebaut, die den Leser auf eine Landingpage führen, wo er gegen
Eingabe einer E-Mail-Adresse den Zugang zu mehr Inhalten bekommt.

4.16.3 Audio-Books

Gesprochene Bücher, Hörbücher oder Audio-Books sind ein Trend, der seit dem Markt-
erfolg von Audible (inzwischen ein Unternehmen der Amazon-Gruppe) weiter zunimmt.
Für viele Gelegenheiten ist der Konsum von Büchern über die Ohren eine gute Alternative zum Lesen. Vor allem dann, wenn man auf Reisen, bei Sport oder bei der Hausarbeit die Augen für etwas Anderes benötigt, aber gut zuhören kann. Etwa 10.000 Zeichen
ergeben im Durchschnitt 1500 Wörter und können bei mittlerem Sprechtempo in zwölf
Minuten gelesen werden. Pro Stunde Hörbuch sind demnach etwa 50.000 Zeichen

beziehungsweise 7500 Wörter nötig. Ein geübter Sprecher schafft es, eine Stunde Hörbuch in zwei Stunden zu produzieren. Zur groben Kalkulation der Kosten eines Hörbuches können Sie die Anzahl der Zeichen des Buches durch 25.000 teilen und bekommen so die Anzahl der Stunden, für die Sie Studio und Sprecher buchen müssen. Auch das Hörbuch hat seinen besonderen Reiz, weil es nach der Produktion so gut wie keine Kosten bei der Verteilung beansprucht. Die fertige Produktion kann ganz einfach als Link zum Download angeboten werden. Und wenn Sie ein kostenpflichtiges Hörbuch auf den Markt bringen wollen, können Sie das mit einem einfachen Onlineshop realisieren. Wenn Sie selbst keinen Shop betreiben wollen, bietet Ihnen Audible eine Vermarktungsplattform und Sie bekommen einen Teil der Erlöse quartalsweise überwiesen.

4.16.4 Die „Suchmaschine" Amazon

Ähnlich wie Google für Informationen, YouTube für Filme und iTunes beziehungsweise GooglePlay für Musik und Podcasts ist Amazon die marktführende Suchmaschine für Bücher, E-Books und Hörbücher (über Audible). Daher lohnt es sich, in dieser Suchmaschine vorzukommen und zu einem Thema, das für Ihre Marketingstrategie wichtig ist, ein passendes Produkt anzubieten. Wenn Sie ein bestimmtes Thema besetzen wollen, lohnt es sich, dieses Thema ganz bewusst auch als Buch, Hörbuch sowie E-Book zu belegen. Dann können Sie Ihren Content zu einem Thema ganz bewusst auch bei Amazon „anbauen" und passende Adressen „ernten", die Sie dann „destillieren" und „reifen" lassen. Wie Sie sehen, ist die grundlegende Strategie des Content Marketings auch über das klassische Buch umsetzbar.

4.17   Wie Sie Ihr Marketing als Wissensvermittler bereichern

Wir leben in einer Informationsgesellschaft. Wissen ist vielfältig vorhanden und entsteht laufend neu. Die Art und Weise, wie wir lernen, wird immer besser erforscht und so ergeben sich neue Methoden, um Inhalte besser zu vermitteln. Wenn Sie eine oder mehrere Zielpersonen ansprechen, kennen Sie deren Problemlage und können einen Beitrag leisten, dieses Problem ganz oder teilweise zu lösen. Ein Kurs kann ein wesentlicher Teil dieses Problemlösungsangebot sein. Dabei könnte der Kurs sowohl als kostenloses Schnupperangebot, als Lead-Magnet oder als bezahltes Produkt angeboten werden.

Ein Kurs ist eine Kombination aus Text, Bildern, Grafiken und Text – oft mit Abfragen und Zwischenprüfungen – die einen bestimmten Lerninhalt vermitteln. Die Verteilung des Inhalts kann auf einmal oder in bestimmten Zeitabständen erfolgen. Der Kurs kann online erstellt werden, sodass man nur lernen kann, wenn eine Internetverbindung besteht. Aber es bieten sich auch andere Formen von Kursen an. Bestimmt kennen Sie die verschiedenen Angebote, die Sie in die Lage versetzen sollen, beispielsweise eine Fremdsprache in einer gewissen Zeit zu lernen, oder den Umgang mit einem Fotoapparat zu üben, oder die richtige Verwendung eines Softwareprogramms zu erlernen. Solche Pakete können in Form von Audio-CDs, DVDs, Arbeitsheften und Kombinationen daraus zusammengestellt werden. Sie sind oft in einer eindrucksvollen Verpackung. Der Vorteil solcher Pakete oder Boxen ist der haptische Effekt, der sie greifbar und dadurch wertvoll macht. Allerdings geht mit der Haptik auch der Nachteil der notwendigen Vorproduktion, des kostenpflichtigen Versands und der Lagerung einher.

Eine andere Möglichkeit ist es, dem Lernenden eine vorher geplante Abfolge von Nachrichten zu senden, um den Lernerfolg durch regelmäßig eintreffenden neuen Lernstoff längerfristig zu begleiten. Die einzelnen Lerneinheiten werden nach und nach versendet und eine Interaktion mit dem Lernenden unterstützt dessen regelmäßige Beschäftigung mit dem Inhalt. So wird gegenüber dem Versand aller Materialien auf einmal ein besserer Lernerfolg erzielt. Mit jedem gängigen E-Mail-Versandsystem lassen sich solche Abfolgen ganz einfach einrichten, sodass auf diese Weise ohne großen Aufwand kostenlose oder bezahlte E-Mail-Kurse gestaltet werden können.

4.17.1 Plattformen für Onlinekurse

Um einen Onlinekurs zu erstellen, kann man auf das Angebot mehrerer Anbieter zurückgreifen, von denen ich einige kurz vorstellen möchte.

Udemy

Die amerikanische Lernplattform Udemy www.udemy.com hat nach eigenen Angaben elf Millionen Lernende und 40.000 Kurse in 80 Sprachen im Angebot. Man will eine Art „Netflix für Kursinhalte" sein. Auf jeden Fall ist damit eine gewisse Konzentration an Lernwilligen erreicht. Wenn Sie ein Thema publikumswirksam abdecken wollen, lohnt es sich, auch einen Kurs in Udemy mit in das Marketing-Portfolio aufzunehmen. Wenn Sie mit dem Kurs finanzielle Interessen verbinden, kann Udemy ebenfalls interessant sein. Sie bekommen 50 % des Umsatzes Ihrer Kurse, wenn Udemy den Kurs über seine Plattform verkauft. Wenn Sie jedoch mögliche Teilnehmer über einen bestimmten Link auf Ihren Kurs führen und so quasi selbst den Kurs verkauft haben, behalten Sie den kompletten Umsatz abzüglich einer Gebühr für die Zahlungsabwicklung. Allerdings bekommen Sie keine E-Mail-Adresse Ihrer Kunden direkt von Udemy. Um mit den Kunden direkt Kontakt aufzunehmen, müssen Sie also einen weiteren Lead-Magneten anbieten.

Teachable (ehemals Fedora)

Ebenfalls aus USA kommt www.teachable.com und ist ein direkter Wettbewerb zu Udemy. Die Gründung erfolgte, weil der heutige CEO von Teachable sich über die 50 % Umsatzaufteilung bei Udemy ärgerte. Die Abrechnung bei Teachable funktioniert über eine geringe Grundgebühr und einen kleinen Prozentsatz für die Zahlungsabwicklung, wobei kostenlose Kurse auch komplett kostenlos für den Betreiber sind. Diese Variante eignet sich sehr gut, um mit einem kostenlosen Kurs die Zielgruppe anzusprechen und deren E-Mail-Adresse zu erfahren, denn die muss grundsätzlich von jedem Lernenden angegeben werden.

Weitere Plattformen

International gibt es noch Lynda www.lynda.com, die zu LinkedIn und damit inzwischen zu Microsoft gehören. In Deutschland gibt es noch Lecturio www.lecturio.de und aus Österreich sei noch Ontredu www.ontredu.com erwähnt. Sie alle bieten ebenfalls eine Plattform zum Erstellen, Betreiben und Vermarkten von Kursen an, sind jedoch nicht mit einer Selbstbedienungsschnittstelle ausgestattet. Wenn Sie diese Plattformen nutzen wollen, müssen Sie in eine Vertragsbeziehung treten und dann den Lerninhalt gemeinsam produzieren. Bei den zuvor genannten Plattformen Udemy und Teachable können Sie selbst online Ihren Kurs strukturieren, erstellen und jederzeit abändern.

4.17.2 Eigene Kurse gestalten

Neben den Plattformen, die es sicherlich einfacher machen, einen Kurs zu gestalten und zu vermarkten, gibt es jedoch auch die Möglichkeit, einen Kurs auf der Basis der eigenen Webseite zu gestalten. Insbesondere WordPress bietet sich hier als Grundlage an, weil es viele Plug-ins gibt, mit denen man eine Bezahlfunktion und einen Kurs abbilden kann. Die Bezahlfunktion kann man mit dem Plug-in von Memberpress www.memberpress.com für internationale Märkte oder mit www.digimember.de für deutschsprachige Länder einbauen. Mit diesem System kann man erreichen, dass bestimmte Seiten einer Website nur für angemeldete Benutzer möglich sind. In Verbindung mit einer einmaligen oder regelmäßigen Bezahlung gewährt das System dann jedem Kunden den erworbenen Zugang. So kann man mit jeder WordPress-Installation einen kostenlosen oder bezahlten Onlinekurs auf der eigenen Webpräsenz gestalten.

4.17.3 Rechtliche Fallstricke

In Deutschland gibt es das Fernunterrichtsschutzgesetz (FernUSG), das zur Anwendung kommt, wenn der Unterricht so erfolgt, dass der Lehrende und der Lernende überwiegend räumlich getrennt sind und außerdem der Lernerfolg durch den Lehrenden überwacht wird. Das gilt immer bei entgeltlichem Unterricht und kann auch bei kostenlosem Unterricht gelten. Insbesondere dann, wenn, wie im Gesetz § 1(1)2. „der Lehrende oder sein Beauftragter den Lernerfolg überwachen" eine Zertifizierung notwendig ist. Als Überwachung gilt in jedem Fall, wenn im Kurs eine Art Zeugnis erteilt wird oder eine Leistungsbewertung erfolgt. Dieses Zertifikat kann sich der Veranstalter von der „Zentralstelle für Fernunterricht ZFU" erteilen lassen. Die Gebühren dafür belaufen sich auf 150 % des Verkaufspreises des Kurses, jedoch mindestens 1050 EUR (Stand 2016).

Wenn Sie planen, einen Kurs mit einem Zertifikat anzubieten, empfiehlt es sich, die Rechtslage zu prüfen und rechtzeitig den Kurs zu zertifizieren, um Rechtsnachteile und Strafen zu vermeiden.

4.18   Wie Sie durch Whitepaper und Infografiken Beziehungen etablieren

4.18.1 Whitepaper

Unter einem Whitepaper versteht man ein Dokument aus zwei bis etwa 15 Seiten, das ein Thema kurz und knapp aus mehreren Perspektiven diskutiert. Das Whitepaper ist in Anlehnung an das politische Weißbuch eine Stellungnahme, die eine Meinung eines Unternehmens zu einem bestimmten Thema darstellt und dadurch ein Instrument der Öffentlichkeitsarbeit. Beliebt sind Anwendungsbeschreibungen, Fallstudien und Marktforschungsergebnisse sowie der Überblick über Vor- und Nachteile, Kosten und Einsparpotenzial einer bestimmten Problemlösung. In einer fachlich gehaltenen Sprache werden auch Argumente für und gegen eine bestimmte Lösung aufgelistet. Auch Zusammenfassungen von Studienergebnissen oder Marktumfragen können in dieser Form aufbereitet werden. Wegen der kurzen und vermeintlich neutralen Lesart sind Whitepaper als Lead-Magnet sehr beliebt. Sie können klassisch im Tausch gegen eine Kontaktadresse angeboten werden und haben wegen des neutral wirkenden Inhalts eine längere Lebensdauer als einfache Prospekte. Wenn komplexere Produkte und Dienstleistungen, medizinische, technische oder chemische Verfahren oder andere Methoden die Grundlage Ihres Angebots bilden, jedoch mehrere Technologien miteinander konkurrieren, dann kann ein Whitepaper sehr hilfreich sein, um die Meinungsbildung in Ihrem Sinne zu unterstützen. In diesem Fall sollten Sie ein Whitepaper als Ergänzung eines Blogartikels erstellen und als Lead-Magnet verwenden.

4.18.2 Infografik

Eine Infografik ist die Darstellung eines komplexen Ablaufs in grafischer Form. In den meisten Fällen sind Infografiken im Hochformat mit Überlänge gestaltet. Damit sind sie auf die modernen Lesegewohnheiten – oder Scroll-Gewohnheiten – ausgerichtet. Infografiken sind zwar deutlich aufwendiger als herkömmliche Textbeiträge, dafür haben sie jedoch ein größeres Potenzial, um in Social Media weiterverbreitet zu werden. Infografiken sind nicht mit Illustrationen zu verwechseln, die man als Schmuck für Texte verwendet. Infografiken sind in sich schlüssige Darstellungen, die einen Ablauf oder einen Sachverhalt mit grafischen Mitteln erklären.

Die Infografik in Abb. 4.13 ist eine Übersicht über Content Marketing und kann als grundlegende Erklärung verwendet werden. Sie eignet sich sehr gut als zusätzliche

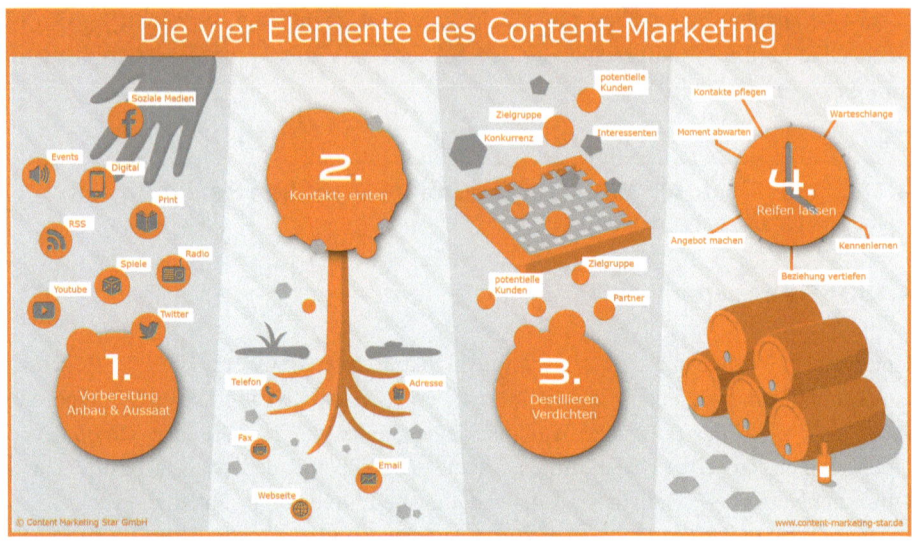

Abb. 4.13　Beispiel für eine Infografik im Querformat

Grafik in längeren Erläuterungen und als Download zum Ausdrucken. Sie ist bewusst so gestaltet, dass sie in Facebook gut lesbar ist und geteilt wird.

Die sehr lange Infografik in Abb. 4.14 wurde bewusst so gestaltet, dass sie ausgedruckt und an die Wand gehängt wird, um vom Arbeitsplatz aus gut lesbar zu sein, und eine Art Leitfaden durch den Akquise-Prozess zu sein. Sie eignet sich weniger zum Teilen. Sie ist als Lead-Magnet konzipiert und wird als druckfertiges PDF angeboten, das überlappend auf mehrere Seiten die Infografik so druckt, dass sie einfach mit ein paar Klebestreifen zu einem großen Plakat zusammengesetzt werden kann. Sie können Sie sich hier anfordern, wenn Sie das Beispiel sehen wollen: www.stephanheinrich.com/akquise.

Die beste Infografik für Ihre Zwecke
Auf den ersten Blick ist die Erstellung einer Infografik aufwendig und teuer. Wenn Sie einen darauf spezialisierten Grafiker beschäftigen, können Sie gute Ergebnisse erzielen. Allerdings sollten Sie eine klare Vorstellung haben, was den Stil und die konkrete Aussage der Infografik angeht. Wenn Sie selbst ein Händchen für die grafische Darstellung von Inhalten haben, dann können Sie das vielfältige Angebot von Onlinediensten nutzen, die speziell darauf ausgelegt sind, Infografiken zu erstellen. Hier eine Auswahl:

- easel.ly: Eignet sich, um ganze Infografiken zu erstellen. Die vorgefertigten Templates enthalten viele Grafiken, die Sie stufenlos vergrößern und verkleinern sowie verschieben können.

Abb. 4.14   Beispiel für eine
Infografik im Hochformat

- piktochart.com: Können Sie gratis nutzen. Bei dem kostenpflichtigen Upgrade gibt es mehr Möglichkeiten und wesentlich mehr Auswahl an Vorlagen.
- infogr.am: Sie können Ihre Daten aus Microsoft Excel importieren. So gelingen Grafiken auf der Basis von Tabellen im Handumdrehen. Allerdings bietet nur die kostenpflichtige Version die Möglichkeit, die fertige Grafik herunterzuladen.
- visual.ly: Ist kein Tool, sondern eine Plattform, die Ihnen einen passenden Designer für Ihr Projekt sucht. Sie können aus einer großen Auswahl von Beispielen eine Variante nach Ihrem Geschmack aussuchen und dann den passenden Designer anfragen.

Für fast alle Zwecke eignet sich eine Infografik als lang anhaltender Lead-Magnet. Sie sollten diese Art von Content auf jeden Fall in Ihr Portfolio von Inhalten aufnehmen, auch wenn die Erstellung etwas aufwendiger ist.

4.19 Wie Sie Spiele und Verlosungen clever einsetzen

Der „homo ludens" will spielen. Deshalb sind Verlosungen schon seit längerer Zeit ein gängiges Instrument im Marketing. Menschen verbringen ihre Zeit zum Teil mit leidenschaftlichen Spielen, auch wenn kein Geld im Spiel ist. Man denke nur an die Zigtausend Kartenspieler, die ihre Freizeit mit Spielen verbringen, ohne dass dadurch im eigentlichen Sinne um nennenswerte Geldbeträge gespielt wird. Kinder spielen und viele Erwachsene sind immer noch mit Spielen am Computer oder im richtigen Leben zu begeistern. Es scheint in der Natur der Menschen zu liegen, die eigenen Fähigkeiten unter Beweis stellen zu wollen. Der Gedanke des Spiels, bei dem man eine geistige oder körperliche Fähigkeit vergleichbar macht, scheint attraktiv zu sein, um damit Zeit zu verbringen. Selbst Spiele, bei denen letztlich der reine Zufall entscheidet, fesseln uns offenbar, weil wir uns einbilden, dass wir mit Intuition oder Berechnung das Glück beherrschen. Gewinnorientiertes Glücksspiel ist aus gutem Grund staatlicher Regulierung unterworfen. Und auch Verlosungen, die im Marketing zur Gewinnung von Adressen eingesetzt werden, sind gewissen Regeln und Gesetzen unterworfen. Bevor Sie ein Gewinnspiel planen und veröffentlichen, sollten Sie auf jeden Fall anwaltlichen Rat einholen und Ihr Vorhaben prüfen lassen. Hier können Sie sich einige Ideen holen, um solche Gewinnspiele zu planen und umzusetzen.

4.19.1 Was sind Sie für ein Typ?

Viele Menschen mögen Tests und Vergleiche. Sie geben uns Orientierung und Sicherheit. Es gibt sie in vielerlei Ausprägungen. Von wissenschaftlich fundierten Diagnosewerkzeugen bis zu laienhaft konstruierten und nicht ganz ernst zu nehmenden Typisierungsfragebögen reicht die Spannweite. Man beantwortet einige Fragen und bekommt als Antwort eine Einstufung und eine Zuordnung in einen bestimmten Typus. Es gibt Tests, die Ihnen eine Farbe, einen Geschmack, eine Frucht oder eine Hauptstadt Europas zuordnen. Das ist sicher nicht lebensentscheidend, aber macht Spaß. Denkbar sind auch Tests, bei denen Ihnen eine bestimmte Verhaltensweise zugeordnet wird und Sie also lernen, was für ein Typ Verkäufer, Chef oder Erzieher Sie sind. Selbstverständlich ist es ein gewisser Aufwand, so einen Typisierungstest zu machen. Der Lohn dafür könnten Adressen sein, die Sie auf diese Weise einsammeln. Der Test ist angebauter Content, die eingesammelten Adressen, an die man später die Testergebnisse sendet, sind geerntete Adressen, die dann zur weiteren Auslese in einen Marketing-Funnel einfließen.

4.19.2 Ratespiele und Wissenstest

In Süddeutschland ist das SZ-Rätsel der Süddeutschen Zeitung mit dem Autor unter dem Pseudonym „CUS" sehr bekannt und fast schon Kult geworden. Tausende von Teilnehmern versuchen, die komplexen Aufgaben zu lösen. Der Reiz, etwas herauszufinden und ein Rätsel zu lösen, ist für viele Menschen eine spannende Herausforderung. Es muss auch nicht wirklich intellektuell herausfordernd sein. Neulich ist mir ein Ratespiel aufgefallen, bei dem man schätzen musste, wie viele Tennisbälle im Innenraum eines neu vorgestellten Pkws sind. Das Auto stand im Ausstellungsraum eines Automobilhändlers und war bis auf die Höhe der Kopfstützen mit Tennisbällen gefüllt. Die Einschätzung durften Besucher auf eine vorbereitete Karte schreiben und mussten selbstverständlich auch ihre E-Mail-Adresse angeben, damit sie weitere Informationen und die Gewinnbenachrichtigung bekommen konnten.

4.19.3 Geschicklichkeitsspiele

Solche Spiele eignen sich am besten, wenn sich persönliche Begegnungen wie zum Beispiel auf Messen und Veranstaltungen ergeben. Hier könnte man Interessenten bitten, ein klassisches Geschicklichkeitsspiel, wie Dosenwerfen, Ringe oder Hufeisenwerfen oder andere Jahrmarktspiele mitzumachen und dabei deren Adresse einzusammeln. Auch einfache Computerspiele, wie die Nachfolger der klassischen Arkade-Spiele, Renn-Simulationen oder ähnliche Spiele sind sehr beliebt und bieten einen Reiz, um seine Kontaktadresse am Stand abzugeben, um später weiter kontaktiert zu werden und wertvolle Inhalte zu erhalten.

4.19.4 Verlosungen

Als Preis bei Verlosungen bieten sich Geschenke mit hohem emotionalem oder ideellem Wert an. Wenn man die Kosten eines Verlosungspreises durch die Anzahl der eingesammelten Adressen teilt, wird man häufig feststellen, dass man auf diese Weise relativ kostengünstig an neue Adressen kommt. Allerdings sollte man genau prüfen, ob der ausgelobte Preis wirklich passend ist, um die richtigen Interessenten der Zielgruppe anzusprechen. Deshalb sind allgemein gehaltene Preise wie das neueste iPhone kaum geeignet, um die Zielgruppe ausreichend zu selektieren. Wenn Sie stattdessen eine Führung durch den „schönsten Rosengarten 2016" mit einer Übernachtung für zwei Personen vor Ort anbieten, könnten Sie ziemlich sicher sein, dass Sie die richtigen Menschen ansprechen, für die Rosengärten attraktiv sind.

4.19.5 Gesellschaftsspiele

Mitte der 60er Jahre hatte der US-amerikanische Konzern „3M" begonnen „Spiele für Erwachsene" herauszubringen. Auch wenn „adult games" heute eine völlig andere Bedeutung hätte, wollte man damals mit qualitativ hochwertigen Brettspielen einen neuen Markt erschließen. Weil sich daraus jedoch kaum relevante Gewinne erzielen ließen, wurde die Produktlinie sehr bald wieder eingestellt beziehungsweise verkauft. Noch heute sind die Spiele bei Sammlern sehr beliebt und erzielen für Außenstehende unverständlich hohe Liebhaberpreise. Selten wurde danach eine ähnlich hohe Qualität von Spielen als Markenbotschaftern hergestellt. Das ist jedoch ein breites Betätigungsfeld für Content Marketing. Alleine in Deutschland kommen pro Jahr viele Hundert neue Spieletitel auf den Markt, die sich an unterschiedliche Altersgruppen wenden. Im Vergleich zu anderen Werbegeschenken der Kostenklasse um die 20 EUR sind Spiele sicherlich länger wirksam. Sehr interessant könnte auch die thematische Nähe sein. Es wäre ein Leichtes, in einem Spielearchiv wie zum Beispiel dem Bayrischen Spielearchiv in Haar bei München ein passendes Spiel herauszusuchen und den Autor oder den Verlag anzuschreiben, um eine Neuauflage zu erstellen. So können Sie eine Form von Content erstellen, die für ein bestimmtes Interessensgebiet das Potenzial hat, zu einem Kultobjekt zu werden. Unser Hersteller für Rosendünger könnte ein Spiel für die Anlage und Pflege eines Rosengartens als Legespiel oder Strategiespiel erstellen lassen und an Interessenten verschenken oder verkaufen. Auch die Umsetzung als Computerspiel ist eine beliebte Möglichkeit, um Interessenten zu einem bestimmten Thema langfristig zu binden. Im Gegensatz zu materiell hergestellten Spielen verursachen Computerspiele nach der Programmierung keine weiteren Kosten mehr für die Verteilung.

4.19.6 Wir wollen ja nur spielen

Die „Gamification" ist ein Fachbegriff, der im Marketing immer häufiger genutzt wird. Das „nudging", das man am besten mit „anstupsen" bezeichnen kann, findet Einzug in die Gedankenwelten der Designer. Das Auto, das einem bei sparsamer Fahrweise lobt und zeigt, wie viele km mehr man mit einer Tankfüllung gegenüber dem Durchschnittsfahrer geschafft hat, lädt uns spielerisch ein, eine bestimmte Handlung vorzunehmen.

Letztlich sind die „Buttons", die wir im Online-Marketing als Anreiz nutzen, um darauf zu klicken, ebenfalls aus diesem Gedanken entlehnt. Rein technisch könnte das auch ein einfacher Link in einem Text sein. Allerdings wissen wir, dass Buttons, die grafisch wie Druckknöpfe an einer Maschine gestaltet sind, wesentlich häufiger angeklickt werden. Finden Sie einen Weg, um den Spieltrieb des Menschen zu nutzen, um sich intensiver mit Ihnen als Unternehmen auseinanderzusetzen. Es lohnt sich.

Literatur

ARD und ZDF. (2015). http://www.ard-zdf-onlinestudie.de/.

Cialdini, R. (2006). *Influence: Psychologie des Überzeugens.* New York: HarperBusiness.

Covey, S. (2005). *Die 7 Wege zur Effektivität: Prinzipien für persönlichen und beruflichen Erfolg.* Offenbach: Gabal.

Ferriss, T. (2008). *Die 4-Stunden-Woche.* Berlin: Econ.

Milgram, S. Milgram experiment. Wikipedia. https://de.wikipedia.org/wiki/Milgram-Experiment.

Ries, E. (2012). *Lean Startup: Schnell, risikolos und erfolgreich Unternehmen gründen.* München: Redline Verlag.

Wie Sie die Wirkung Ihres Content Marketings messen: das Management-Cockpit

5

▶ Content Marketing ist keine Spielwiese für kurzfristigen Aktionismus. Das wissen Sie bereits, wenn Sie bis hier in diesem Buch vorgedrungen sind. Allerdings ist es betriebswirtschaftlicher Unsinn, etwas zu tun, was weder notwendig noch ertragreich ist. Also dürfen wir uns Gedanken machen, wie wir langfristige Wirksamkeit messbar machen können, um gute Entscheidungen als Unternehmer und Führungskraft zu treffen. Wir brauchen dafür Kennzahlen, an denen wir den Wert der Maßnahmen mit konkreten Ergebnissen messen können. Dafür lohnt es sich, die wichtigsten Kennzahlen zu erheben und deren Entwicklung über die Zeit zu verfolgen. Diese Auswahl an Kennzahlen basiert auf einem Zusammenspiel aus betriebswirtschaftlicher Relevanz und operativer Machbarkeit. Wir wollen Zahlen erheben, die auch ohne immense Aufwendungen erhebbar sind, und außerdem nur solche Kennzahlen berücksichtigen, die kaufmännisch relevante Entscheidungsgrundlagen liefern.

5.1 Traffic by Origin

Der beste Content bringt nichts, wenn er nicht konsumiert wird. Daher müssen wir dafür sorgen, dass genügend Interessenten unsere wertvollen Inhalte bekommen. Das kann über Suchmaschinen, Empfehlungen oder eigene Reichweite oder gekaufte Reichweite geschehen. Eine wichtige Kennzahl ist daher der sogenannte Traffic, also die Anzahl der Besucher auf einer Seite, aufgeschlüsselt nach der Quelle dieser Besucher. Diese Quellen sind relevant:

- *organic:* Besucher finden Sie in Suchmaschinen.
- *paid:* Besucher kommen über bezahlte Anzeigen.
- *social:* Besuche kommen über Links in Facebook & Co.

© Springer Fachmedien Wiesbaden 2017
S. Heinrich, *Content Marketing: So finden die besten Kunden zu Ihnen,*
DOI 10.1007/978-3-658-13899-8_5

- *referral:* Besucher kommen über andere Seiten, von denen auf Ihre Seite verlinkt wurde.
- *E-Mail:* Besucher kommen durch Links auf von Ihnen versendeten E-Mails.

Mit dem bislang kostenlosen Analysewerkzeug „Google Analytics" können Sie diese Zahlen sehr genau ermitteln und deren Entwicklung über mehrere Monate aufzeichnen. Berücksichtigen Sie beim direkten Monatsvergleich die schwankende Anzahl der (Arbeits-)Tage und eventuell saisonal bedingte Abweichungen. Betrachten Sie die Traffic-Quellen differenziert, weil Veränderungen der Zahlen für die einzelnen Quellen sehr unterschiedliche Ursachen haben können. Vielleicht ist auch eine wöchentliche Betrachtung für Ihr Geschäftsmodell eher geeignet, weil sich dann, abgesehen von wenigen Wochen mit Feiertagen, kaum Schwankungen in den statistischen Basiswerten ergeben. Mindestens im Vergleich der Zahlen zum Vorjahr sollten Sie Steigerungen der Besucherzahlen vermelden können. Weil Sie den bezahlten Traffic (paid) und den über die eigenen E-Mails generierten Traffic weitestgehend selbst bestimmen können, sollten Sie vor allem den Traffic über Suchmaschinen (organic) im Auge behalten. Der Traffic, der über andere Seiten kommt (referral), wird automatisch mit der Zahl der Verlinkungen von anderen, relevanten Seiten steigen. Diese Zahl dürfte in den meisten Fällen direkt mit der Anzahl der Links steigen. Die Anzahl der Besucher über Social Media ist ebenfalls stark durch ihre eigenen Aktivitäten bestimmt, kann aber auch durch das Teilen Ihrer wertvollen Inhalte stark ansteigen. Die Entwicklung der organischen Besucher ist eine der wichtigsten Kennzahlen, die vor allem auch durch eine andere Kennzahl beeinflusst wird, die wir gleich im Anschluss ansprechen wollen, nämlich Ranking on Major Keywords.

5.2   Ranking on Major Keywords

Wenn wir in Suchmaschinen gefunden werden wollen, müssen wir in der SERP, der Suchergebnisseite möglichst weit oben stehen. Das gelingt, wenn die Suchmaschine feststellt, dass wir wertvollen Inhalt zu dem eingegebenen Suchbegriff anbieten. Wenn bis vor einiger Zeit diese Wertung der Suchmaschinen vor allem auf der Basis des eigenen Webseiteninhalts vollzogen wurde, ist es heute ein Zusammenspiel aus mehreren Faktoren. Die genaue Bewertungsmethode behalten die Suchmaschinenbetreiber geheim. Dennoch lassen sich empirisch gewisse Zusammenhänge von bestimmten Faktoren auf das Ranking feststellen. Diese Faktoren haben wir bereits behandelt. Im Wesentlichen ist es die Nutzung des Suchwortes im Text selbst, in den Bildbeschreibungen, im Titel und der Meta Description, die auf der Suchergebnisseite abgebildet wird und dem passenden Content, der den Leser fesselt und ihn lange auf der Seite hält. Außerdem ist es noch hilfreich, wenn die Anzahl der externen Links auf Ihre Seite oder einzelne Artikel nach und nach steigt. Allerdings ist das Ranking, wie man die Positionierung einzelner Ergebnisse auf der Suchergebnisseite nennt, einer Dynamik durch andere Marktteilnehmer unterworfen. Weil per Definition nur genau zehn Inhalte unter den ersten zehn Einträgen

der Suchergebnisseite sein können, ist es möglich, dass Wettbewerber ebenfalls um eine
gute Position bemüht sind und ihren Eintrag auf die hinteren Plätze vertreiben. Für Ihre
wichtigsten Suchworte sollten Sie daher die Platzierung auf den Suchergebnisseiten
überwachen und die Trends beobachten. Das gelingt am besten mit einem Analysewerkzeug wie Seolytics.com oder OnPage.org. Damit können Sie bestimmte Suchworte und
deren Platzierung überwachen und die Entwicklung von Platzierungen über die Zeit verfolgen. So können Sie in regelmäßigen Abständen prüfen, ob sich Ihre Aktivitäten auch
in besseren Platzierungen niederschlagen. Links auf Ihre Seite sind ebenso wie die Verbreitung Ihrer Inhalte über Social Media wichtige Faktoren für Traffic und damit Ihre
Position in Suchergebnissen. Deshalb lohnt es sich, die Entwicklung dieser Zahlen als
Vorzeichen für den Erfolg von Content Marketing ebenfalls zu messen.

5.3 Opt-in und Total Reach

Die quantitative und qualitative Entwicklung Ihrer E-Mail-Liste beziehungsweise gene-
rellen Adressliste ist ein wesentlicher Parameter für Ihren Erfolg im Content Marketing.
Daher wollen wir anhand zweier Zahlen messen, wie sich dieser Parameter verändert.
Zum einen ist es wichtig zu sehen, wie viele neue Adressen Sie durch Ihre Maßnahmen
gewinnen. Dabei zählt nicht nur Traffic, sondern wie oft ein Besucher die gewünschte
Aktion zum Opt-in, also die Eintragung in eine Liste, verbunden mit der Erlaubnis, weitere Nachrichten zu senden, an Sie erteilt. Bereinigt um saisonale Effekte sollte diese
Zahl zumindest anfangs stets wachsen. Ab einer gewissen Größe kann durchaus auch
eine Stagnation ein gutes Ergebnis darstellen, wenn die Zielgruppe bereits gut durch-
drungen ist und ein gewisser Sättigungseffekt einsetzt. Für eine gute Aussagekraft Ihrer
Zahlen ist es auch sinnvoll, einige Quotienten zu berücksichtigen. So ist zum Beispiel
die Conversion Rate, also die Zahl der Opt-ins pro Besucher, eine wichtige Messgröße.
Es ist nicht verwunderlich, wenn diese Zahl hinsichtlich der unterschiedlichen Traffic-Quellen stark abweicht, weil die Besucher je nach Herkunft vermutlich mit ganz
unterschiedlichen Intentionen auf den Link geklickt hatten und sich deshalb auch unterschiedlich beim Eintreffen auf der Seite verhalten dürften. Messen Sie also die Conversion Rate pro Quelle. Google Analytics kann hierbei sehr gute Dienste leisten.

5.4 Leads

Früher oder später wollen wir die hinzugewonnenen Interessenten zu einem Kauf bewegen. Allerdings erst dann, wenn sie aufgrund ihres Verhaltens zeigen, dass sie wirklich
interessiert sind. Dann werden wir diese Kontakte entweder an einen menschlichen Vertrieb übergeben oder einen Onlineshop weiterleiten. Wir wollen messen, wie viele Leads
insgesamt pro Zeiteinheit entstanden sind, aber auch aus welcher Quelle sie stammen.
Die Antwort darauf ist nicht trivial, weil zwischen dem Eintrag in die Liste und der

Klassifizierung als Lead einige Zeit vergehen kann. Dann ist die eindeutige Zuordnung von Adressen zur ursprünglichen Herkunft nur dann möglich, wenn Sie von Anfang an die technischen Voraussetzungen dazu schaffen, die gesammelten Daten auch mit weiteren Informationen zur Herkunft zu versehen. Allerdings können sich Unschärfen ergeben, wenn ein Interessent unterschiedliche E-Mail-Adressen verwendet. Wenn diese Datensammlung nicht vorgesehen ist, können wir zumindest in einem vereinfachten Messverfahren sogenannte Kohorten betrachten. Damit ist gemeint, dass wir die Summe der gewonnenen Kontakte pro Zeiteinheit als Gruppe beziehungsweise in der Marketing-Fachsprache als „Kohorte" werten. Diese Gruppe wird dann beispielsweise nach Kalenderwochen eingeteilt. Dann wissen wir, wie viele Kontakte in Kalenderwoche x hinzukamen. Es ist vergleichsweise einfach dann zu messen, wie viele davon wann zu einem Lead wurden. So können wir neben den absoluten Zahlen auch Quoten betrachten. Dabei ist besonders interessant, wie sich die Leads pro Besucher über die Zeit entwickeln. Wenn wir beispielsweise wöchentlich messen, können wir genau sehen, in welcher Woche die Quote besser oder schlechter war. Weil wir in den einzelnen Wochen sicherlich bestimmte Neuerscheinungen von Blogbeiträgen oder anderem Content zuordnen können, beziehungsweise Werbeanzeigen geschaltet oder Aussendungen vorgenommen wurden, lässt sich der Erfolg solcher Aktionen ebenfalls über die Zeit zuordnen.

5.5   Cost per Lead

Letztlich wollen wir wissen, was uns ein neues Lead kostet, weil wir dann messen können, wie sich Content Marketing gegenüber anderen Methoden hinsichtlich der Kosten darstellt. Die einfachste Methode ist es, die Gesamtkosten in einem Zeitraum durch die Anzahl der dann entstandenen Leads zu teilen. Diese Rechenart hat jedoch eine gewisse Unschärfe, weil nicht der ursprüngliche Entstehungszeitpunkt des Leads berücksichtigt wird. Genauer wäre es, die Leads hinsichtlich der ursprünglichen Kontaktaufnahme einzuordnen. Dann kann es durchaus sein, dass eine gesammelte Adresse aus der Kalenderwoche 01 erst in Woche 07 zum Lead wird, während eine andere Adresse aus jener Kalenderwoche bereits in der KW 04 zum Lead wurde. Angenommen, Sie hatten in der KW 01 eine bezahlte Anzeige für einen Blogartikel oder eine Landingpage geschaltet, wäre es wohl richtig, die Kosten der Kampagne diesen Leads zuzuordnen. Während andere Interessenten, die erst in KW 05 mit organischem Traffic auf Ihre Seite kamen und in KW 07 bereits zum Lead wurden, wesentlich geringere Costs per Leads ausweisen würden. Angesichts dieser Komplexität dürfen Sie eine Entscheidung treffen, die davon abhängt, wie stark Ihre Kosten für Sichtbarkeit im Markt schwanken. Wenn Sie relativ konstant Ihr Budget in Content-Erstellung und/oder Anzeigenwerbung stecken, ist eine präzise zeitliche Abgrenzung von Kosten und Entstehungszeitpunkt der Leads kaum relevant. Wenn Sie viel experimentieren und stark schwankende Aufwände in Werbung und Content haben, sollten Sie genaue Messverfahren nutzen, um bestimmen zu können, mit welcher Variante Sie zu welchen Kosten Leads produzieren.

5.6 Earnings per Lead

Schließlich bezahlen Leads keine Löhne und Rechnungen. Das tun nur die Erträge, die wir mit realen Kunden erzielen. Um die Erlöse pro Lead zu errechnen, stehen wir vor einer ähnlichen Herausforderung wie bei den Kosten pro Lead. Wir können sicherlich stark vereinfachen, wenn die Struktur Ihrer Umsätze sehr homogen ist. Wenn Sie pro Kunde kaum Schwankungen in Umsatz und Ertrag haben, dann reicht es sicher, wenn Sie den Ertrag mit Neukunden in einem Zeitraum durch die Anzahl der Leads des gleichen Zeitraums teilen. Sollten Sie unterschiedliche Produkte mit stark unterschiedlichen Erlösen verkaufen, lohnt es sich bestimmt zu ermitteln, welcher Content die höchsten Erlöse erwirtschaftet oder welche Kampagnen wie ertragreich sind. Auf jeden Fall sollten Sie diese Kennzahl möglichst genau ermitteln und dann konsequent in ihrer zeitlichen Entwicklung verfolgen, damit Sie verfolgen können, ob die Maßnahmen Ihres Marketings langfristig erfolgreich sind.

Fazit

6

Content Marketing wird sich zu der führenden Methode im Marketing entwickeln. Das ist so, weil es für den Beworbenen und den Werbetreibenden den besten Wert bietet. Es ist die ehrlichste Form des Marketings, die wir seit Langem erleben dürfen. Der Werbetreibende bekommt einen schnellen und direkten Zugang zu den besten Kunden, weil die Kunden sich selbst durch ihre Reaktionen und den Umgang mit Botschaften qualifizieren oder disqualifizieren. Unternehmen müssen ihren Marktauftritt vom Anbieter von Produkten und Dienstleistungen hin zum Anbieter von wertvollen Informationen erweitern – vom Produzenten des Industriezeitalters zum Informationslieferanten der modernen Welt. Was bislang den Medienunternehmen vorbehalten war, steht jetzt allen Unternehmen offen. Insbesondere kleinere Unternehmen mit sehr kleinen Zielgruppen und speziellem Angebot profitieren erheblich, weil sie auch ohne große Investitionen sofort Ergebnisse erreichen können.

Echte Weiterentwicklungen erkennt man daran, dass sie für alle Marktteilnehmer wertvoll sind. Und das trifft hier zu, denn Content Marketing ist auch für den Beworbenen ein Gewinn. Er bekommt vor dem Kauf einen echten Wert, ohne sich zu etwas verpflichten zu müssen. Er kann in Ruhe die Kompetenz der Anbieter als Konsument den Content bewerten und später entscheiden. Er wird nicht mehr oberflächlich manipuliert. Jetzt werden seine Probleme bedient und mit Lösungsangeboten beantwortet.

Wir erleben eine grundlegende Änderung der Werte im Marketing. Wer sich jetzt damit auseinandersetzt, kann nur gewinnen.

© Springer Fachmedien Wiesbaden 2017   221
S. Heinrich, *Content Marketing: So finden die besten Kunden zu Ihnen*,
DOI 10.1007/978-3-658-13899-8_6

Glossar

A/B-Test Dieser Begriff ist der Unterbegriff zu →Split-Test, bei dem zwei unterschiedliche Varianten von Websites, Newslettern, Landingpages oder sonstigen Elementen im Online-Marketing gegeneinander getestet werden. Dabei bekommt die Hälfte der Website-Besucher ein Layout angezeigt, die andere Hälfte ein anderes. Dann wird, gestützt durch eine automatische Messung, ausprobiert, welche Variante bessere Ergebnisse in Form von Öffnungsraten, Clicks, oder gar Bestellungen bringt.

Abbruch-Rate Das ist der Anteil an Besuchern einer Website, die ohne weitere Links anzuklicken die Seite wieder verlassen. Üblicherweise misst man das in Prozent. Google →Analytics bietet die Möglichkeit, die Abbruchraten zu messen und mit dem Industriedurchschnitt in bestimmten Ländern oder Regionen zu vergleichen. Für geschäftliche Websites ist eine Abbruchrate um die 50 % normal.

Ad-Blocker Sind technische Mechanismen, die Onlineanzeigen für den Konsumenten ausblenden. Dadurch können sich Konsumenten von unverlangt ausgestrahlter Werbung schützen und dadurch Onlinegebühren sparen und schneller arbeiten.

Es gibt seitens der Werbeindustrie verschiedene Methoden, um die Funktion von Ad-Blockern zu unterbinden und gleichzeitig seitens der Anbieter der Ad-Blocker immer neue technische Kniffe, um dennoch zu funktionieren.

Adroll Ist ein Anbieter für →Retargeting.

Adsense Ist ein seit 2003 verfügbarer Dienst von Google. Dadurch können Anbieter von Blogs, Nachrichtenmagazinen oder Webseiten mit ihrem wertvollen Inhalt (→Content) Geld verdienen. Wer Adsense auf seiner Seite installiert, erlaubt Google thematisch passende Anzeigen zu platzieren. Die Einnahmen daraus werden mit dem Betreiber der Website geteilt. Google hat zum zehnjährigen Bestehen des Dienstes veröffentlicht, dass rund zwei Millionen Betreiber etwa 5,2 Mrd. EUR an Werbeeinnahmen ausgeschüttet bekommen haben.

AdWords AdWords ist ein von Google angebotener, kostenpflichtiger Service. Damit können Anbieter Anzeigen schalten, die bei bestimmten Suchbegriffen eingeblendet werden. Je öfter ein Suchbegriff genutzt wird, desto höher wird der Preis. Ähnlich

© Springer Fachmedien Wiesbaden 2017
S. Heinrich, *Content Marketing: So finden die besten Kunden zu Ihnen,*
DOI 10.1007/978-3-658-13899-8

einer Auktion bietet man einen Preis pro Klick (→Click) oder pro Einblendung (→Impression). Entsprechend der Höhe des Gebots wird die Anzeige dann in der Liste der Anzeigen platziert.

Affiliate Der Begriff stammt aus dem Englischen und bedeutet „angliedern" oder „verbinden". Im Online-Marketing versteht man darunter ein Provisionssystem. Dabei erlaubt ein Anbieter eines Produktes, dass sich andere, die das Produkt online weiterempfehlen wollen, als Affiliate-Partner anmelden. Sie bekommen dann einen individuellen Link zugeteilt, der es ermöglicht zu messen, welche konkreten Umsatzerfolge sich über diesen Link ergeben haben. Üblicherweise wird vereinbart, dass eine Abrechnung monatlich oder quartalsweise stattfindet. Dann bekommt der Affiliate-Partner eine genaue Abrechnung, allerdings in der Regel ohne konkrete Nennung der Identitäten der einzelnen Geschäftsvorfälle. Die vereinbarte Provision kann ausbezahlt oder als Gutschrift verrechnet werden.

Analytics Der allgemeine Begriff Analytics (englisch = Analyse) bezieht sich im Kontext von Online-Marketing auf das von Google angebotene Analysewerkzeug „Google Analytics". Mit diesem Werkzeug kann jeder bei Google registrierte Nutzer seine Websites analysieren. Durch den Einbau eines Codes im Quelltext der Website kann Google die Anzahl der Besucher (→Visits) und Seitenaufrufe (→Page Views) messen. So lassen sich bestimmte Verhaltensweisen wie beispielsweise die Verweildauer und die Anzahl besuchter Seiten einer Website ermitteln (→Traffic). Zahlreiche Parameter ermöglichen die Auswertung verschiedenster Daten, die in Tabellen oder Diagrammen leicht verständlich dargestellt werden. So zeigt Analytics Website-Betreibern, wie erfolgreich ihre Bemühungen waren, Besucher zu bestimmten Zeiten auf ihre Seiten zu locken. Über die Darstellung komplexerer Zusammenhänge wird es fortgeschrittenen Benutzern ermöglicht, Probleme zu erkennen und die Website immer weiter zu verbessern. So kann beispielsweise analysiert werden, wie viele Besucher eines Onlineshops die Ware in den Warenkorb gelegt, dann aber den Kauf nicht abgeschlossen haben.

Autoresponder Der Begriff entstand, als E-Mail-Server mit der Möglichkeit ausgestattet wurden, automatisch zu antworten (Autoresponder = automatische Antwort). Die meisten Menschen kennen sogenannte „Out-of-Office-Mails", die automatisch an den Absender einer Nachricht versendet werden, wenn der Empfänger in Urlaub oder länger nicht im Büro ist.

Im Kontext des Online-Marketings ist der Begriff →E-Mail-Automation treffender, obwohl sich auch hierfür die Bezeichnung Autoresponder hartnäckig hält.

Aweber Einer der führenden Dienstleister für E-Mail-Marketing mit Sitz in den USA.

Backlink Darunter versteht man die Links, die von anderen Orten auf die eigene Internetpräsenz gesetzt sind. Je mehr Links man von anderen relevanten Seiten bekommt, je besser ist das für die Reputation der eigenen Seite und damit auch für die Bevorzugung bei der Anzeige von Suchergebnissen – sofern die Links vonseiten kommen, die selbst eine hohe Reputation haben.

Banner Der Begriff für Werbeplakate im Internet, die auf verschiedenen Seiten neben dem eigentlichen Inhalt angezeigt werden und angeklickt werden können.

Blog Das Kunstwort entstand aus der Verbindung der Begriffe „Web" und „Log" und bedeutete ursprünglich so viel wie „Internet Tagebuch". Inzwischen sind Blogs eine etablierte Methode, um kontinuierlich relevanten Inhalt für eine bestimmte Zielgruppe an einem Ort im Internet zu publizieren. Blogs gibt es für alle Interessensgebiete im privaten und geschäftlichen Bereich. Ein Blog eignet sich besonders gut, um über →Suchmaschinen gefunden zu werden, wenn man für die Zielgruppe wertvollen und relevanten →Content verbreitet. In vielen Online-Marketing-Strategien nehmen Blogs eine zentrale Rolle ein.

In modernen Strategien sind die Inhalte von Blogbeiträgen längst über das Stadium von Selbstdarstellungen hinausgewachsen. Textinhalte werden von professionellen Textern für das Onlinepublikum angepasst und für die Sichtbarkeit der Suchmaschinen optimiert. Anders als bei Fachzeitschriften bleiben relevante Inhalte für interessierte Leser langfristig erhalten (→Evergreen Content). So entwickeln sich die Websites von Anbietern nach und nach zu Publikumsmagneten.

Blogparade Unter einer Blogparade versteht man eine Ansammlung von verschiedenen Blogartikel auf unterschiedlichen Blogs, die zu einem Thema oder einer konkreten Frage verfasst sind. Ein Aufruf zu einer solchen Blogparade ist fast immer ebenfalls ein Blogartikel. Wenn es gelingt, schreiben andere Autoren auf ihren eigenen Blogs Artikel und verlinken auf den Aufruf. Von diesem Aufruf wird dann ebenfalls wiederum zu allen teilnehmenden Artikeln verlinkt. So entsteht für den Leser ein hilfreicher Link-Knoten, der viele Meinungen und Sichtweisen zu einem Thema zusammenführt und deshalb von Suchmaschinen fast immer positiv bewertet wird, sodass die Bewertung aller Beteiligter ansteigt.

Bounce Der englische Begriff für zurückprallen kann in zweierlei Weise Bedeutung finden. Im Zusammenhang mit E-Mail bedeutet er, dass eine E-Mail nicht ankommt und der Empfänger den Absender darüber automatisch benachrichtigt.

Unterschieden wird zwischen einem *hard bounce,* bei dem die E-Mail-Adresse (nicht mehr) existiert und einem *soft bounce,* bei dem der Absender per automatischer Nachricht mitteilt, dass er im Moment nicht erreichbar ist, beispielsweise, weil der Empfänger im Urlaub oder auf Geschäftsreise ist.

Im Zusammenhang mit der Analyse des →Traffic auf Webseiten spricht man auch von Bounce-Rate, →Abbruch-Rate oder →Exit-Rate, wenn ein Besucher eine Website wieder verlässt, ohne eine weitere Aktion auszuführen.

Browser Eine Software-Applikation, mit der Inhalte des Internets sichtbar gemacht werden. Die wichtigsten Browser sind Firefox, Chrome, Safari und Internet-Explorer.

BufferApp Ein kostenpflichtiger Dienst, mit dem mehrere Social-Media-Profile, wie Facebook, Twitter oder LinkedIn, über eine einzige Benutzeroberfläche mit Inhalt versorgt werden können. Die Nutzung durch mehrere Benutzer ermöglicht es, auch anderen Personen wie Agenturen oder Mitarbeitern, die Befüllung der eigenen

Social-Media-Profile zu erlauben, ohne individuelle Passwörter preisgeben zu müssen.

Es besteht die Möglichkeit, einen Veröffentlichungsplan zu definieren, in dem sich Posts vorbereiten und terminieren lassen. Die Veröffentlichung erfolgt dann automatisch.

→Plug-ins in verschiedenen Browsern ermöglichen es, interessante Inhalte anderer Websites in den eigenen Veröffentlichungsplan aufzunehmen und nach und nach zu posten

Button Ein Button ist ein grafisches Element auf Websites oder in E-Mails, das aussieht, wie ein Knopf auf den man drücken kann. Diese grafische Darstellung erzeugt eine höhere Rate an →Clicks als ein gewöhnlicher Link, der in einem Text steckt. Im Rahmen der Optimierung von →Conversions kann man mit →Split-Tests genau ermitteln, welche Beschriftungen und Farben die →Click-Rate auf einen Button steigern.

CAPTCHA Unter dem Akronym CAPTCHA (Completely Automated Public Turing test to tell Computers and Humans Apart) versteht man ein System, mit dem sichergestellt werden soll, dass ein Mensch eine Eingabe in ein Formular macht und nicht ein Computerprogramm (→Robot). In der Regel funktioniert es so, dass schwierig zu lesende Buchstaben vor einem kontrastarmen Hintergrund entziffert werden müssen, einfache Rechenaufgaben zu lösen sind oder Zahlen von unscharfen Fotografien abzulesen sind.

Dieses Verfahren ist jedoch umstritten, weil es die Barrierefreiheit von Websites einschränkt: Die Aufgaben sind oft nur zu lesen, wenn man sehr gute Augen hat. Auch die für solche Zwecke angebotene Audio-Variante, bei der undeutlich gesprochene Worte eingetippt werden müssen, beseitigt die Barriere nicht.

Außerdem steigt die Schwierigkeit der Aufgabe laufend, um die Aufholjagd der steigenden künstlichen Intelligenz von Robots zu schlagen. Dadurch sinkt die →Conversion Rate bei Formularen enorm und die Zufriedenheit der Nutzer wird stark strapaziert. Auf Dauer wird sich dieses Verfahren wohl nicht durchsetzen.

Chronik Die Abfolge von Nachrichten auf der eigenen Seite einer Social-Media-Plattform. Dort werden alle Beiträge des Nutzers beziehungsweise des Unternehmens angezeigt – zumeist die neueste zuerst. Nicht zu verwechseln mit der →Timeline, wo die Beiträge anderer Nutzer angezeigt werden.

CleverReach Ein Anbieter für E-Mail-Versand, Landingpages, Autoresponder und andere Online-Marketing-Werkzeuge.

Click Im Online-Marketing versteht man unter Click die Aktion des Nutzers, wenn er auf einen angegebenen Link klickt. Es gibt mehrere Methoden, dieses Klick-Verhalten zu messen. Im →E-Mail-Marketing erhält jeder Empfänger personalisierte Links, sodass der Absender feststellen kann, wer wie oft auf welchen Link geklickt hat. Daraus kann man das Interesse der Empfänger für bestimmte Themen ableiten. Außerdem lassen sich beliebige Analysen und weitere Schritte programmieren.

Clicks kann man auch auf Websites und insbesondere bei Online-Werbeanzeigen zählen. So lässt sich das Abrechnungsverfahren →PPC realisieren, bei dem Anzeigen pro Click abgerechnet werden.

Click-Rate Bezieht sich auf eine Quote der →Clicks im Vergleich zu den Aufrufen einer Website oder einer E-Mail. Bei vielen E-Mails ist eine Click-Rate von unter zwei Prozent normal.

Closed-Loop Direkt übersetzt bedeutet das „Geschlossener Kreislauf" und meint im Kontext des Online-Marketings, dass eine Kampagne mit einem klaren →Conversion-Goal aufgesetzt wird und die einzelnen Stufen der Entwicklung genau gemessen und ausgewertet werden.

CMS CMS ist die Abkürzung von Content-Marketing-System. Damit meint man ein Softwaresystem, das Inhalte bestehend aus Text und Bild, zuweilen auch Video und Audio, im Internet darstellt und auffindbar macht, ohne, dass der Autor sich immer wieder und in jedem Beitrag selbst mit der Formatierung der Inhalte beschäftigen muss.

Im heutigen Sprachgebrauch meint man damit vor allem die Systeme →WordPress, →Joomla, →TYPO3, →Contao und →Drupal.

Confirmation-E-Mail Eine Confirmation-E-Mail wird automatisch ausgelöst, sobald ein Nutzer seine E-Mail-Adresse in einem Formular im Internet eingetragen hat. So wird in einem →Double-Opt-in-Process die E-Mail-Adresse validiert. Der Empfänger der Confirmation-E-Mail muss mit einem Click bestätigen, dass er seine E-Mail-Adresse tatsächlich für den weiteren Versand von E-Mails mit werblichem Inhalt zur Verfügung stellt. Er erteilt damit seine Zustimmung (→Permission Marketing). Technisch wird dies von modernen E-Mail-Systemen automatisch abgewickelt: Der zum Click angebotene Link wird automatisch und individuell für jeden Empfänger erzeugt. Die Software erkennt den Click und schaltet die E-Mail-Adresse automatisch für weiteren Versand von Nachrichten frei.

Im E-Mail-Marketing ist es wichtig, dass diese Confirmation-E-Mail so gestaltet ist, dass eine hohe Bestätigungsquote erreicht wird. Problematisch ist, dass die Confirmation-E-Mail oft von →Spamfiltern aussortiert wird und ihren Empfänger nicht erreicht. Wenn das passiert, kann nicht geklickt werden und die Eintragung in die Liste erfolgt nicht. Dann geht ein Abonnent verloren. Deshalb betrachtet man im modernen Online-Marketing den kompletten Opt-in-Process und arbeitet daran, die Conversion Rate als Ganzes zu optimieren.

Contao Contao (früher TYPOlight) ist ein →Content-Management-System (CMS) zur Erstellung von Websites und verwendet MySQL als Datenbank. Zusammen mit →WordPress, →TYPO3, →Joomla und →Drupal ist es eines der weit verbreiteten Open-Source-Content-Management-Systeme.

Content Als Content bezeichnet man Inhalte, die für eine zuvor definierte →Zielgruppe interessant, hilfreich oder unterhaltend sind. Moderne Marketingstrategien bauen darauf auf, dass die Ansprüche einer genau umgrenzten Zielgruppe zunächst untersucht und dann mit relevantem Inhalt bedient werden. Dabei verlässt man die Ebene einfacher Produkt- oder Dienstleistungsangebote und bietet wertvolle Informationen, die nicht unbedingt das eigene Leistungsspektrum bewerben, aber interessant, hilfreich oder unterhaltend sind. Beispielsweise würde ein Anbieter von Sportschuhen nicht die eigenen Schuhe beschreiben, sondern Informationen zum Stoffwechsel in bestimmten Trainingsphasen, Tipps für den Wiedereinstieg in den Laufsport, Dehnungsübungen zum Vermeiden von Verletzungen und/oder humorvolle oder beeindruckende Filmdokumente von Läufern anbieten. Die Zielgruppe nimmt diese kostenlosen Leistungen wohlwollend zur Kenntnis, nach und nach entsteht Vertrauen und nach dem Prinzip der →Reziprozität entsteht beim Konsumenten der Wunsch, sich zu revanchieren.

Content kann in Form von Text, Audio oder Video erstellt werden. Zumeist wird ganz gezielt auf einen →CTA hingewiesen, wodurch der Konsument im Tausch gegen einen →Lead-Magneten die E-Mail-Adresse und eventuell weitere Daten angeben soll. Im weiteren Verlauf bekommen die so identifizierten Interessenten weiteren kostenlosen Content per →Autoresponder und/oder →Newsletter. Früher oder später werden die Interessenten mithilfe eines →Funnels schrittweise durch einen automatisierten Verkaufsprozess geführt.

Auf dem Prinzip des „erst geben und dann – vielleicht – nehmen" basiert das Konzept von modernem Content Marketing.

Conversion Generell versteht man darunter die tatsächliche Ausführung der konkreten Aktion (→CTA/Call-to-Action), die eine Website dem Betrachter vorschlägt. Diese gewünschte Aktion des Benutzers kann eine weite Spanne umfassen. Im Online-Marketing geht es im Wesentlichen um zwei Arten von Conversions. *Daten:* Die meisten Marketingstrategien sind darauf ausgerichtet, die Namen und E-Mail-Adressen der Interessenten zu bekommen. Eine Art von Conversion ist es, wenn der Nutzer freiwillig seine Daten eingibt (→Permission-Marketing) und so sein Einverständnis erteilt, weitere Nachrichten zu bekommen. Im deutschsprachigen Europa ist es notwendig, die Echtheit der Daten mit einem sogenannten →Double-Opt-in-Verfahren zu sichern. *Bestellung:* Von Conversion spricht man üblicherweise auch, wenn aus einem Onlineangebot eine Bestellung wird. Das kann man messen, wenn die endgültige →Check-Out-Seite einen →Pixel enthält, dessen Anklicken gespeichert wird.

Cookie Der Begriff bedeutet in der Übersetzung Keks oder Plätzchen, bedeutet jedoch im Online-Marketing etwas völlig anderes. Internetseiten werden mit sogenannten →Browsern betrachtet. Diese Browser unterstützen eine Technologie, durch die Betreiber von Websites kleine Datenpakete auf der Festplatte des Benutzers ablegen können. Anhand von diesen Datenpaketen können wiederkehrende Benutzer identifiziert werden. Benutzer können Cookies verbieten, was den Zugriff auf Websites weitgehend anonymisiert.

Copywriting Man versteht darunter das Texten werblicher Inhalte. Im Online-Marketing bezieht sich der Begriff auf das Texten von Websites, Blogartikeln und Sales Pages mit einer klaren Zielsetzung (→CTA). Der Leser soll, sofern er zur Zielgruppe gehört, durch den Aufbau des Textes zu einer sofortigen Handlung angeregt werden.

Cornerstone So bezeichnet man Unterseiten der eigenen Webpräsenz, die einen bestimmten Begriff erschöpfend diskutieren. Dabei sind viele relevante interne und externe Links ein typisches Merkmal dieser Eckpfeiler der eigenen Webseite. Zu dieser Seite wird viel verlinkt und sie ist eine Art Drehscheibe und Orientierungs-punkt für Ihre Leser.

CoSchedule Dieses →Plug-in für WordPress ist ein Redaktionsplanungssystem für kleinere Gruppen von Mitarbeitern und Externen. Ohne die Zugangsdaten für Word-Press zu kennen, können autorisierte Benutzer Artikel erstellen, zeitlich planen, mit Social-Media-Links versehen und sich das Ganze in einer übersichtlichen Kalender-ansicht anzeigen lassen. Das Tool eignet sich sehr gut als Redaktionsplan für Blog und Social Media, außerdem können Aufgaben zu einzelnen Beiträgen im Team ver-teilt werden.

Coupon Das englische Wort für Gutschein hat sich zum Fachbegriff im Online-Marke-ting entwickelt. Im Grunde ist es ein Code, also eine kryptische Abfolge an Zahlen und Buchstaben, die man im Verlauf einer Bestellung eingibt. Dadurch wird der Ver-kaufspreis reduziert oder in Einzelfällen auf null reduziert.

Oft werden Coupons auch im Zusammenhang mit →Affiliates versendet. Dann hat der Anbieter ausreichend Gewinnspanne eingerechnet, um dem Empfehler, also dem Affiliate, auch noch einen Nachlass für die vom Affiliate empfohlenen Kunden einzu-planen. Diese Kombination ist sehr erfolgreich, weil dadurch die Kontakte des Affi-liates nicht nur „geworben" werden, sondern zusätzlich einen durch den Einfluss des Affiliates verursachten Rabatt genießen können.

Ein Beispiel: Wenn ein Betreiber eines Podcasts den Sponsor des Tages vorstellt, der eine für die Zielgruppe des Podcasts relevante Leistung anbietet, erhält man als Hörer einen Preisvorteil, wenn man den vom Podcast angebotenen Link zu diesem Anbieter verwendet. Der Podcast-Betreiber bekommt eine Provision für jeden durch ihn vermittelten Neukunden und der Neukunde erhält einen Rabatt auf das beworbene Produkt.

CPA (Cost per Action) CPA ist ein Abrechnungsverfahren für Onlinewerbung, das nicht die Klicks abrechnet, sondern eine spätere Aktion. So kann ein Werbetreibender bestimmen, dass er nur dann für eine Anzeige bezahlt, wenn diese tatsächlich eine vorher definierte Aktion bewirkt. Diese Aktion oder →CTA kann die Anmeldung an einem Newsletter oder auch die Bestellung eines Produktes sein. Technisch wird dies ermöglicht durch sogenannte →Tracking Codes oder →Pixels, die auf der endgülti-gen Zielseite eingebaut werden. Damit kann gemessen werden, ob ein Besucher nach dem Klick auf einen Link auch wirklich ein bestimmtes Endergebnis erreicht, oder vorher abbricht. Bei CPA zählt nur, wenn der Benutzer wirklich an der späteren Ziel-seite ankommt.

CPC (Cost per Click) Der Cost per Click gibt an, wie viel man als Werbetreibender pro Click auf eine Anzeige bezahlt beziehungsweise dem Anzeigenverkäufer anbietet. Bei diesem Abrechnungsverfahren wird, im Gegensatz zum CPA, jeder Click abgerech-net und bezahlt, unabhängig davon, welchen weiteren Verlauf die Reise des Besuchers auf der Zielseite nimmt.

CPM Cost per Mille. Der Tausender-Kontakt-Preis (TKP) ist eine Messmethode aus der „alten Welt" der Medien. Er bezeichnet den Preis, den man zahlt, um 1000 Kontakte mit potenziellen Kunden zu erreichen.

CTA (Call-to-Action) Als Call-to-Action oder Handlungsaufforderung bezeichnet man die konkrete Handlung der Besucher, die eine Website oder eine E-Mail auslösen soll. Das kann ein Click, die Eintragung in den Newsletter oder der Kauf eines bestimmten Produkts sein.

CTR (Click-Through-Rate) Die Click-Through-Rate ist eine Kennzahl, welche die Anzahl der Klicks im Verhältnis zu den gesamten →Impressionen darstellt. Wird eine Werbung hundertmal angezeigt und dabei einmal angeklickt, beträgt die Klickrate ein Prozent. Die Klickrate wird häufig als ein vorrangiges Erfolgsmaß eines Werbemittels dargestellt.

Customer Journey Die Customer Journey ist die Summe der Stationen und Eindrücke, die ein Kunde im Zusammenhang mit der Vielzahl der Berührungspunkte (→Touchpoints) eines Anbieters hat. Der Begriff bezieht sich auf sämtliche Aspekte der Kundenkommunikation und umfasst daher neben Vertrieb und Marketing auch Aspekte wie Service, Rechnungswesen, Mahnwesen, Retouren und Telefonsupport.

Datenschutzbestimmungen Die Datenschutzbestimmungen variieren von Land zu Land sehr. In Europa gelten sie als besonders streng. Allen Nutzern von Google →Analytics sei dringend empfohlen, die von Google vorgeschriebene Aufklärung auf der eigenen Website unter dem Menüpunkt „Datenschutz" oder im Impressum zu verankern. Dort muss darauf hingewiesen werden, dass Google Analytics genutzt wird. Außerdem muss erklärt werden, dass Google die Möglichkeit bietet, die Messung der eigenen Bewegungen im Internet auszuschließen. Der von Google dazu angebotene Link muss angegeben werden.

Entsprechendes gilt für die Verwendung von Likes auf Facebook und anderen Werbeplattformen. Dieses Glossar kann keine Rechtsberatung geben und wir empfehlen dringend, diese Fragen mit einem Fach-Anwalt für die eigenen Anforderungen zu klären.

Double-Opt-in Dieses Verfahren soll sicherstellen, dass tatsächlich der Inhaber einer E-Mail-Adresse seine Adresse freiwillig zur Verfügung gestellt hat. Dazu wird zusätzlich zum einfachen Opt-in (→Single-Opt-in), also der Abgabe der E-Mail-Adresse in einem Onlineformular, noch ein weiterer Schritt nötig: Die Abgabe der E-Mail-Adresse löst den automatischen Versand einer sogenannten →Confirmation-E-Mail aus. Diese E-Mail enthält einen automatisch erstellten, individualisierten Link. Nur wenn der Empfänger diesen Link anklickt, wird er in die Liste des E-Mail-Verteilers eingetragen.

So wird sichergestellt, dass Dritte, die zwar eine E-Mail-Adresse kennen, aber nicht selbst der Empfänger sind, keine willkürlichen Eintragungen vornehmen können. In weiten Teilen Europas ist das Double-Opt-in-Verfahren vorgeschrieben. Moderne E-Mail-Systeme speichern die IP-Adressen der Anmeldung und protokollieren den Double-Opt-in-Process, um bei späteren Vorwürfen wegen →Spam beweisen zu können, dass der Benutzer sich wirklich selbst eingetragen hat. Es ist nicht selten so, dass Benutzer sich eintragen und es dann vergessen und sich beschweren.

Drupal Drupal ist ein Content-Management-System (CMS) zur Erstellung von Websites und steht unter der GNU General Public License. Es ist in PHP 5 geschrieben und verwendet MySQL als Datenbank. Zusammen mit →WordPress, →TYPO3, →Contao und →Joomla ist es eines der weit verbreiteten Open-Source-Content-Management-Systeme.

E-Mail-Automation Darunter versteht man den Versand vorher programmierter Abfolgen von E-Mail-Nachrichten, die den Empfänger in einer definierten Abfolge und mit personalisierten Inhalten erreichen. Auch logische Bedingungen sind möglich. So kann man als Anbieter die Nachrichten an seine potenziellen Kunden (→Leads) in einer zeitlichen Abfolge und abhängig von deren Verhalten vorprogrammieren. Beispielsweise könnte man die Anmeldung an einen Newsletter sofort mit dem Versand der letzten Ausgabe des Newsletters belohnen. Und man könnte abhängig von bestimmten →Clicks bestimmte andere Produkte empfehlen. Eine andere Möglichkeit wäre, Empfänger, die auf die letzten fünf oder zehn Newsletter nicht reagiert haben, bewusst mit einem anderen Absender und einer kräftigeren Nachricht ansprechen. Das alles würde geschehen, ohne dass im Einzelfall Menschen eingreifen müssen, wenn es im Vorfeld so programmiert wurde.

E-Mail-Marketing E-Mail-Marketing ist der Sammelbegriff für Marketingstrategien, die den Versand von E-Mails als zentrales Instrument nutzen. Historisch hat E-Mail-Marketing eine Bürde abzulegen, weil es bis 2004 nicht strafbar war, Massen-E-Mails an willkürliche Empfänger zu versenden. Marketingstrategen aus der Zeit der Briefkampagnen verspürten bei der steigenden Anzahl der E-Mail-Nutzern Goldgräberstimmung. Masse statt Klasse machte sich breit. Wer einmal seine Adresse preisgab, musste damit rechnen, dass er fortan völlig unkontrolliert E-Mails zu allen möglichen Themen bekam, weil die Anbieter auch dazu übergingen, die E-Mail-Adressen zu tauschen.

Der erste Strom der Gegenbewegung waren die →Spamfilter, die sicherstellen sollten, dass keine unerwünschte Werbung mehr in den E-Mail-Postfächern landen sollten. Die technischen Möglichkeiten waren jedoch beschränkt, sodass im Ergebnis viele tatsächlich unerwünschte E-Mails noch immer ankamen und viele erwünschte im Spam-Ordner aussortiert wurden. Inzwischen werten große E-Mail-Anbieter, wie Google-Mail, die Absender aus und können bewerten, wie hoch der Anteil ihrer Kunden ist, die empfangene E-Mails bestimmter Absender als Spam einordnen. Dadurch werden Spamfilter langfristig besser, weil sie die Summe der Empfänger als Maßstab nutzt und nicht von Programmierern erdachte Algorithmen. Der positive Effekt für Anbieter und Konsumenten liegt vor allem in der Förderung qualitativ passender Informationen. So erhält das E-Mail-Marketing einen positiven Schub. Für Anbieter bedeutet das außerdem, dass sie, anders als beim klassischen Werbe-E-Mailing, wesentlich besser die Reaktion (→Response) auf ihre Aussendung testen können. Auch Vergleichsmessungen, wie →Split-Tests für erfolgreiche (also erwünschte) Werbung, sind effektiv und bezahlbar durchzuführen. Die Tatsache, dass Empfänger selbst über den Empfang bestimmter E-Mails bestimmen können, ist ressourcenschonend und lenkt den Blick auf echte Interessenten, statt Gießkannenmethoden zu folgen.

Für Konsumenten ist das hilfreich, weil sie einfacher bestimmen können, welche E-Mails sie bekommen möchten und welche nicht. Im modernen →Permission-Marketing ist es üblich, sich ganz einfach mit einem Click wieder aus einer Versandliste zu entfernen. So kann man bereitwillig seine Adresse abgeben und ebenso einfach wieder „Ruhe" haben, ohne befürchten zu müssen, dass sie an diverse Versender weitergegeben wird.

Gutes E-Mail-Marketing ist der Schlüssel zum Konsumenten und Geschäftskunden von heute und morgen

E-Mail-Marketing-Systeme Die Anzahl der Anbieter für Systeme, mit denen der Versand von E-Mails ausgerichtet werden kann, steigt stetig. Feste Größen sind: Infusionsoft, CleverReach, Aweber, MailChimp, Klick-Tipp, GetResponse.

Ego-Marketing Ist ein provokativer Begriff für die konventionelle Art von Marketing, bei der vor allem über das eigene Unternehmen gesprochen wird. Im Gegensatz dazu das Content Marketing, bei dem der Nutzen für den Empfänger im Mittelpunkt steht.

Empfehlungs-Marketing Ein Überbegriff für jegliche Art von Empfehlungen für Produkte und Dienstleistungen. Er reicht von den „gefällt mir"- beziehungsweise „Like"-Markierungen in Social Media über Rezensionen und Bewertungen bei Amazon bis hin zu aktiven Empfehlungen und →Affiliate Marketing, bei dem der Empfehler mitverdient.

Exit Rate Diese Maßzahl bemisst den Anteil der Besucher einer Website, die ohne eine weitere Aktion die Seite wieder verlassen.

Google →Analytics bemisst darüber die Relevanz einer Seite. Deshalb ist es eine wichtige Strategie vieler Marketingprofis, das Informationsangebot von Startseiten so zu gestalten, dass die Besucher eine weitere Seite und im späteren Verlauf weitere Seiten anwählen.

Facebook Das zahlenmäßig erfolgreichste soziale Netzwerk unserer Zeit. Nutzer haben ein Profil, in dem sie sich und ihre Vorlieben darstellen. Über Freundschaftsanfragen können Nutzer sich untereinander verbinden und erhalten dann die Neuigkeiten ihrer Freunde als Nachrichtenkette (→Newsfeed).

Unternehmen haben die Möglichkeit, sich und ihre Produkte als Seiten in Facebook anzulegen. So können von Personen unabhängige Inhalte in Facebook dargestellt werden und ihre Neuigkeiten in den Newsfeed der Benutzer einfließen lassen, die sie zuvor abonniert haben.

Gruppen sind die dritte Möglichkeit, in den Newsfeed von Benutzern zu gelangen. Jeder kann eine Gruppe gründen und diese öffentlich oder geheim machen. So kann man sehr einfach Interessengruppen gründen und Nachrichten, Bilder, Videos und sogar Dokumente in den Gruppen austauschen. Als Nutzer kann man zu Gruppen eingeladen werden oder selbst die Aufnahme beantragen.

Facebook bietet, ähnlich wie Google, Möglichkeiten zur Schaltung von Anzeigen. Das Besondere daran ist, dass der Werbetreibende sehr genau die Zielgruppe anhand demografischer Daten und Interessen filtern kann. Anzeigen, die auf externen Inhalt, wie Websites oder Landingpages verweisen, sind deutlich teurer als solche, die einen Inhalt innerhalb von Facebook bewerben.

Seit die Aktien von Facebook an der Börse gehandelt werden, steht Facebook unter dem Druck, Gewinne zu realisieren. Um die Attraktivität von Anzeigen auf Facebook zu steigern, hat Facebook einige Beschränkungen der Reichweite eingebaut. Anders als bei →Twitter (Stand Sommer 2015) sehen längst nicht alle Follower alle aktuellen Neuigkeiten der abonnierten Seiten in ihrem Newsfeed. Facebook selektiert nach einem nicht öffentlichen Verfahren bestimmte Inhalte aus. Insbesondere bei den Betreibern vonseiten hat das Unmut ausgelöst, weil in vielen Fällen nur etwa ein Prozent der Follower erreicht wird, wenn nicht bei jeder einzelnen Veröffentlichung dafür gezahlt wird.

Feed Feed ist ein technischer Begriff, der eine bestimmte Art von dynamischer Information meint. Der Begriff Feed vom englischen „füttern" meint damit, dass Informationen in einem vorher vereinbarten Format eingespeist oder eingefüttert werden, um dann an anderer Stelle verwertbar zu sein, ohne dass der Anbieter und der Empfänger vorher vereinbart haben müssen, wann, was, wie übertragen wird.

Man versteht darunter im Wesentlichen eine bestimmte Form von Internetadresse, an der ein Strom von Neuigkeiten in gleichartig verpackten Paketen angeboten wird. Durch diese Gleichförmigkeit können verschiedene Systeme sofort das Wesen und den Inhalt der Pakete entschlüsseln. So ist sofort klar, was die Überschrift, der Untertitel, der Inhaltstext, eventuell Bilder oder andere Medienformate sind und der Inhalt kann in verschiedenen Zielsystemen dargestellt werden.

So funktionieren beispielsweise Podcasts: An einer Stelle stellt der Sender seine Audio-Dateien mit angefügten Texten und den Titelbildern in einem bestimmten Format ein und Millionen von Empfängern können diese Podcasts mit unterschiedlichsten Geräten empfangen und hören, ohne dass der Empfänger wissen muss, welches Gerät für den Empfang genutzt wird.

Feeds sind das Mittelwellenradio der Internetzeit.

Follower Ursprünglich stamm der Begriff von →Twitter, weil man dort von einem Follower spricht, wenn ein Twitter-Nutzer einem anderen Twitter-Nutzer folgt. Er gilt jedoch inzwischen als Sammelbegriff für alle Formen von Abonnements auch bei Facebook und anderen sozialen Netzwerken.

Funnel Der Begriff Funnel oder Sales-Funnel lehnt sich an das Bild eines Trichters an. Das Bild wird rund, wenn man sich einen Trichter vorstellt, bei dem die Seitenwände mit unterschiedlich großen Löchern durchsiebt sind. Der Sieb-Trichter steckt in einer Flasche und Sie gießen von oben gleichmäßig Wasser in den Trichter. Das meiste läuft nicht in die Flasche, weil es durch die Löcher daneben tropft, aber einiges landet darin. Bestimmt könnte man durch Versuche herausfinden, wie viel Wasser man oben einfüllen muss, um beispielsweise einen Liter Wasser in der Flasche ankommen zu lassen. Und man könnte den gedachten Kegel, den das Wasser im Trichter bildet, in horizontale Schichten einteilen: Je weiter unten im Trichter ein Wassertropfen angekommen ist, ohne durch eines der Löcher zu entfliehen, desto größer ist die Chance, dass er schließlich in der Flasche landet.

Dieses Bild entspricht dem Modell des Funnels sehr gut. Eine bestimmte Anzahl von Interessenten durchläuft einen Prozess des Vertrauensaufbaus und der Qualifizierung und manche werden zu Kunden, wobei viele sich als reine Konsumenten des →Content erweisen und nicht kaufen.

Bei der angebotenen Metapher wird schnell klar, mit welchen Methoden man den Erfolg von Content Marketing verbessern kann:

1. Den Trichter verbessern. Man identifiziert die Stellen, an denen die meisten Interessenten den Prozess verlassen, analysiert die Beweggründe und dichtet die Trichterwand an diesen Stellen wieder ab.
2. Mehr Wasser von oben. Man sorgt dafür, dass der Trichter immer bis zum Rand gefüllt bleibt. Die Quote bleibt gleich, aber die Summe des Ertrags steigt.
3. Man ändert das Wasser. Wenn man statt Wasser einen anderen Stoff einfüllt, der schwerer ist, dringt weniger durch die Löcher nach außen. Das kann man erreichen, indem man die Art der Interessenten besser filtert und nur solche aufnimmt, die bereits vorqualifiziert sind.

GetResponse Dieser Service wird von einem polnischen Unternehmer weltweit angeboten und umfasst E-Mail-Marketing, Landingpages, und Split-Tests.

Hashtag (#) Der englische Begriff für die Raute „#" ist „hash". Ursprünglich von →Twitter eingeführt, lassen sich mittlerweile in verschiedenen sozialen Medien Themen mit →Tags belegen. Nutzer können alle Beiträge zu einem Hashtag aufrufen und dann alle Nachrichten dazu gefiltert lesen. Auch Unternehmen nutzen Hashtags für Onlinekampagnen und Organisatoren von Veranstaltungen ermutigen ihre Besucher, Posts zum Ereignis mit einem bestimmten Hashtag zu markieren. In manchen Bereichen hat sich längst eine Hashtag-Kultur entwickelt. So kann man zu jedem Bundesliga-Spiel alle Nachrichten aller Twitter-Nutzen lesen: #HSVFCB würde alle Nachrichten des Heimspiels des HSV zeigen, der FC Bayern empfängt.

Hootsuite Ein kostenpflichtiger Dienst, wie →BufferApp, mit dem mehrere Social-Media-Profile, wie Facebook, Twitter oder LinkedIn, über eine einzige Benutzer-Oberfläche mit Inhalt versorgt werden können. Die Nutzung durch mehrere Benutzer ermöglicht es, auch anderen Personen wie Agenturen oder Mitarbeitern, die Befüllung der eigenen Social-Media-Profile zu erlauben, ohne individuelle Passwörter preiszugeben zu müssen.

Es besteht die Möglichkeit, einen Veröffentlichungsplan zu definieren, in dem sich Posts vorbereiten und terminieren lassen. Die Veröffentlichungen erfolgen dann automatisch.

Außerdem besteht die Möglichkeit, mehrere andere Profile oder Nachrichtenströme zu überwachen und deren Inhalte weiter zu verteilen.

Hubspot Ein integriertes System für Inbound-Marketing mit allen Funktionen, wie Blog, Landingpages, CRM, E-Mail-Marketing, Analyse und vielen integrierten Funktionen. Ein System, das komfortabel alle Wünsche des modernen Marketings erfüllt. Die Kosten starten bei 200 EUR pro Monat (Stand Mai 2015).

Impression Das ist die Anzahl der Einblendungen einer Anzeige. Diese Zahl ist unabhängig von den Interaktionen der Zielgruppe (zum Beispiel →Click oder →Conversion).

Inbound-Marketing Ein Sammelbegriff für Marketingstrategien, die eine Reaktion eines potenziellen Kunden zum Ausgangspunkt machen. Inbound für „Eingehend" bedeutet, dass das Marketing darauf ausgelegt ist, dass ein Kunde sich zeigt und eine Adresse oder Telefonnummer abgibt, um so eine Kontaktaufnahme anzufordern.

Info-Produkt Klassische Produkte haben eine physische Komponente. Info-Produkte sind durch den Inhalt geprägt. Die Urväter der heutigen Info-Produkte sind Buch, Zeitung und (Fach-)Zeitschrift. Man bezahlt für den Inhalt. Später kamen Schallplatte, Tonträger und Videos hinzu. Heute spricht man von Info-Produkten, wenn Kunden für – wie auch immer – geartete Informationen im Internet bezahlen.

Diese Inhalte haben, sollten sie erfolgreich sein, mindestens eine dieser drei Eigenschaften: informativ, unterhaltsam, hilfreich. Und die erfolgreichsten haben alle drei Komponenten. Nach heutiger Definition bezeichnet man jede Form von Aufzeichnung in Text, Audio oder Video als Info-Produkt. Das können einmal verabreichte und als Datei zur Verfügung gestellte Informationen sein, oder solche, die in einem definierten Zeitraum als Kurs oder Lehrgang vermarktet werden. Und es können sogenannte →Memberships oder Abonnements sein, bei denen die Kunden wie bei einer Mitgliedschaft im Fitnessklub einen monatlichen Beitrag bezahlen und dafür einen Fundus an Info-Produkten nutzen können, allerdings auch bezahlen, wenn sie es nicht nutzen.

Infusionsoft Ein Anbieter, der E-Mail-Marketing, Landingpages, Kundendatenhaltung (CRM) und vieles mehr als integriertes System bietet. Die monatlichen Gebühren liegen bei 199 US$ oder mehr (Stand April 2015).

Instagram Instagram ist ein soziales Netzwerk, das auf den Austausch von Bildern und Videos von Smartphones ausgerichtet ist. Seit 2012 gehört Instagram zum Facebook Konzern.

iTunes iTunes war ursprünglich ein Musik-Dienst, wo man seine CD einspielen oder online Musik kaufen konnte. Seit 2005 werden auch →Podcast in iTunes ausgesendet, was diese Plattform für das Online-Marketing interessant macht.

Joomla Joomla ist ein Content-Management-System (CMS) zur Erstellung von Websites und steht unter der GNU General Public License. Es ist in PHP 5 geschrieben und verwendet MySQL als Datenbank. Zusammen mit →WordPress, →TYPO3, →Contao und →Drupal ist es eines der weit verbreiteten Open-Source-Content-Management-Systeme.

Keyword Die einfache Übersetzung lautet „Schlüsselwort". Man versteht darunter die Suchworte, unter denen die eigene Website in Suchmaschinen wie Google gefunden wird. Im Zusammenhang mit →SEO bedeutet Keyword, dass die Texte und andere Elemente der Website so optimiert wurden, dass sie mit den Keywords gefunden werden.

Klout Das amerikanische Unternehmen Klout erstellt Ratings zur Aktivität bestimmter Personen in →Social Media. Der sogenannte Klout-Score misst die angebliche Relevanz dieser Personen. Gemessen werden Interaktionen auf →Facebook, →Twitter, →LinkedIn, →YouTube und anderen Plattformen. So soll die Bedeutung und Reichweite einer Person messbar gemacht werden. Der Score geht von 0 bis 100, wobei jeder Wert größer 60 bereits als sehr gut gilt.

Landingpage Diese Form von Webseiten werden speziell dafür gemacht, Ankömmlinge von einem bestimmten Ausgangspunkt zu einer vorher definierten Aktion zu leiten. Wenn es nur um das Einsammeln von Leads geht, nennt man Landingpages auch →Squeeze Page. Wenn es primär um den Kauf eines Produktes geht, wird der Begriff →Sales Page verwendet.

Im Gegensatz zu Websites, die eine übersichtliche Navigation bieten sollten, sind Landingpages inhaltlich fokussiert und strukturell reduziert, um das Ziel (→CTA) zu erreichen. Auf Navigationselemente wie Menüs und Seitenleisten wird verzichtet, weil die zentrale Aktion die Besucher nach Abgabe der Daten wieder auf die reguläre Webseite bringt.

Die Psychologie des Aufbaus von Landingpages steckt noch in den Kinderschuhen. Und dennoch kann man schon klar sehen, dass die Fokussierung der Reize und die Minimierung der möglichen Aktionen die →Conversion Rate erheblich verbessert.

Launch Der Begriff stammt aus dem englischen und bedeutet „Start". Der Begriff wurde insbesondere im Zusammenhang mit Raketenstarts häufig verwendet. Die Idee des Countdowns, also der vorher planbaren Abfolge von Schritten, prägt das Gedankenbild des „Launch". Im Zusammenhang mit Online-Marketing spricht man von einem Launch, wenn ein bestimmtes Ereignis von langer Hand geplant zu einem bestimmten Zeitpunkt oder Zeitraum (und nur dann) stattfindet.

In US-amerikanischen Studien kam heraus, dass der Jahresumsatz von beispielsweise Online-Seminaren erheblich verbessert wird, wenn sie nicht ganzjährig verfügbar sind, sondern nur zu bestimmten, wenigen Wochen oder gar nur Tagen im Jahr. Diese Perioden, in denen der Kauf möglich ist, nennt man „Cart open". Damit die Interessenten wissen, wann diese Kaufphasen sind, werden sie mit einem mehrstufigen Launch auf den Kauf vorbereitet. Offenbar ist Verknappung besser als freie Verfügbarkeit.

Lead Darunter versteht man einen Kontakt zu einem potenziellen Kunden. Mindestens die E-Mail-Adresse ist dazu notwendig. Oft auch Name und Telefonnummer und weitere Daten. Um die Eignung des Kontaktes als Kunde zu prüfen, können schrittweise weiter Informationen zu dem Datensatz des Leads hinzugefügt werden.

Lead-Magnet Darunter versteht man ein reizvolles, kostenloses Produkt (auch →Opt-in-Bribe), das man einem Interessenten im Tausch gegen seine E-Mail-Adresse oder weitere Kontaktdaten anbietet. Dabei ist es entscheidend, dass dieses Angebot einen hohen Wert für die Zielgruppe hat. Es muss nicht in direktem Zusammenhang mit den Produkten des Anbieters stehen. Es muss nur die zielgruppenspezifische Problematik lösen oder zumindest dazu beitragen. Die Art des Geschenks ist in der Praxis sehr unterschiedlich. Beispiele: Checkliste als PDF, Infografik, E-Book, Hörbuch, Video-Kurs, Musik-Clip, Gutschein für Vergünstigungen (→Coupon), Webinarteilnahme, Telefon-Coaching, Analyse oder Bestandsaufnahme, Test-Auswertung.

LinkedIn Dieses geschäftlich ausgerichtete soziale Netzwerk wendet sich an Berufstätige. Anders als bei →Facebook steht hier das Berufsleben im Vordergrund. Die geteilten Inhalte sind in erster Linie auf das Berufsleben ausgerichtet.

LinkedIn finanziert sich durch Anzeigen und bezahlte Premium-Mitgliedschaften für die Zielgruppen Personalberater und Verkäufer. Diese Mitgliedschaften ermöglichen im Gegensatz zur kostenlosen Basis-Mitgliedschaft ausgedehnte Such- und Recherchefunktionen in den Profilen mit dem Ziel der Personalbeschaffung und Geschäftskundenakquise.

Linkbuilding Ist der englische Begriff für Linkaufbau. Darunter versteht man die Aufgabe, den Link zur eigenen Seite oder speziellen eigenen Beiträge aufseiten Dritter voranzutreiben.

Im Gegensatz zu den frühen Jahren der → SEO kommt es nicht auf die reine Quantität an. Vielmehr ist relevant, welche Bedeutung (→Pagerank) die verlinkende Seite hat. So wird eine Seite, die in Verdacht steht, externe Links zu verkaufen, durch den Link zu Ihnen die Bedeutung Ihrer Seite abschwächen. Wogegen eine Seite mit gutem Ruf durch den Link auch Ihren Ruf steigert. Daher sind beispielsweise Links von Wikipedia sehr günstig für die Bedeutung der Seiten, auf die verlinkt wird.

Listbuilding So nennt man den Aufbau von E-Mail-Listen für das →Permission Marketing. Dahinter stecken komplexe Strategien, die Besucher auf eine →Landingpage führen, um dort mittels Double-Opt-in-Verfahren den Besucher zum Eintrag seiner E-Mail-Adresse zu bringen. Das geschieht sehr oft im Tausch gegen einen →Lead-Magnet.

MailChimp Einer der führenden Dienstleister für E-Mail-Marketing mit Sitz in den USA. Die Nutzung ist kostenlos bis 2000 Listeneinträge und maximal 12.000 Sendungen pro Monat.

Meta-Tag Ein Begriff aus den Tiefen der →SEO. Man versteht darunter Inhaltsangaben zu einzelnen Seiten, wie Autor, Zusammenfassung, Kurztext oder Ähnliches.

Mobile Ein Sammelbegriff für viele Aussagen. Am häufigsten verwendet im Zusammenhang mit der Strategie „mobile first". Im Jahr 2014 lief bereits rund 50 % des Onlineverkehrs über Smartphones und der Anteil steigt. Deshalb gehen viele Unternehmen dazu über, zuerst die Website für mobile Besucher zu optimieren und erst danach die Darstellung auf üblichen Computern zu planen.

Für das Content Marketing ist das relevant, weil Texte, Bilder und Videos für den Konsum auf Smartphones völlig anders formatiert sein müssen, um zu „funktionieren". Deshalb achten Profis darauf, dass insbesondere der →Opt-in-Process auf mobilen Geräten ebenso leicht und reibungslos funktioniert, wie auf großen Bildschirmen.

Newsfeed So nennt man die individuell von Facebook für jeden Benutzer zusammengestellte Liste von Benachrichtigungen, die ein Benutzer auf seiner Startseite zu sehen bekommt. Dabei beschränkt und selektiert Facebook die Auswahl der Neuigkeiten. Die Kriterien dazu sind nicht öffentlich bekannt, haben aber mit der Intensität der Benutzer-Interaktion mit den jeweiligen Seiten zu tun. Siehe auch →Timeline.

Newsletter Mit Newsletter ist eine regelmäßig per Mail versendete Nachricht gemeint. In den meisten Fällen liegt die →Öffnungsrate dieser E-Mails weit unter 20 %. Die Click-Rate liegt selten über fünf Prozent.

Der Newsletter ist nach wie vor eines der am stärksten genutzten Online-Marketing-Instrumente. Die Häufigkeit sollte sich danach richten, was es an News zu berichten gibt. Leider sind die meisten Newsletter im B2B außergewöhnlich langweilig. Fast alle Unternehmen machen den Fehler, die „Nachrichten" aus der Anbieterperspektive zu schreiben: „Wir haben einen neuen Geschäftsführer" oder „Wir haben ein neues Gebäude". Dabei wird außer Acht gelassen, dass diese Informationen für einen Großteil der Empfänger vollkommen uninteressant sind.

Im professionellen Content Marketing sollten alle Nachrichten darauf ausgerichtet sein, wertvoll, das heißt interessant, hilfreich und/oder unterhaltend für die →Zielgruppe zu sein.

Offsite Im Zusammenhang mit der Optimierung von Suchergebnissen (→SEO) unterscheidet man zwischen →Onsite und Offsite. Letzteres bedeutet die Erhöhungen der Qualität der Links auf die eigene Seite. Quantität reicht nicht, weil die Relevanz der verweisenden Seite und die Anzahl der verweisenden Seiten in Kombination ausgewertet werden. Die inzwischen überholte Strategie, möglichst viele Links auf die eigene Seite zu haben, ist damit sogar kontraproduktiv geworden, weil Links vonseiten mit einer geringen Reputation sogar negative Auswirkungen haben können.

Onboarding Darunter versteht man ganz allgemein eine gezielte Eingewöhnung an eine neue Situation. Im Online-Marketing ist das eine vorher festgelegte Abfolge von Nachrichten, um einen neuen Leser oder neuen Kunden Schritt für Schritt mit dem Produkt oder der Dienstleistung bekannt zu machen. Bei einer Anmeldung zu einem Newsletter kommt die erste Ausgabe meist erst einige Tage nach der Anmeldung beim Kunden an. Die Zwischenzeit kann man nutzen, um in einer Abfolge von drei E-Mails beispielsweise auf das Archiv hinzuweisen, die beliebtesten Artikel im Blog zu benennen und eine Umfrage zu starten, welche Themen für den Leser am wichtigsten sind. Mit einem solchen Prozess kann die Bindung der Leser enorm gesteigert werden und die Abmelderate nach dem ersten Newsletter sinkt.

Onsite Im Zusammenhang mit der Optimierung von Suchergebnissen ($\rightarrow$ SEO) unterscheidet man zwischen $\rightarrow$ Offsite und Onsite. Letzteres bedeutet die Optimierung der Seite selbst, damit der Leser die gewünschten Inhalte auch wirklich findet. Google versucht Algorithmen zu finden, die diese Relevanz erkennen.

Open Das ist die Einheit, in der die Öffnung von E-Mails gezählt wird. Die Messung erfolgt durch ein in der E-Mail verstecktes Bild, das nur einen $\rightarrow$ Pixel misst und daher nicht zu sehen ist. Die Zählung kann erfolgen, weil dieser Pixel von einem Server geladen wird und daher jeder Aufruf gezählt wird. Die Genauigkeit der Messmethode ist gewissen Einschränkungen unterworfen, weil manche E-Mail-Programme (wie zum Beispiel Microsoft-Outlook) eine Einstellung erlauben, die das automatische Laden von Bildern in E-Mails unterdrücken. Wenn einzelne Leser das so eingestellt haben, kann die Öffnung des E-Mails nicht gezählt werden. Manche $\rightarrow$ E-Mail-Marketing-Systeme unterscheiden zusätzlich noch sogenannte $\rightarrow$ Unique Open. Dann wird die mehrfache Öffnung der gleichen E-Mail durch einen einzigen Leser nicht mehrfach gezählt.

Open-Rate Die Open-Rate (Öffnungsrate) bezieht sich auf die Quote der $\rightarrow$ Open im Vergleich zur Anzahl versendeter E-Mails in Prozent. Bei vielen E-Mails ist eine Open-Rate von unter zehn Prozent normal.

Opt-in Das ist der Überbegriff für den Vorgang der Abgabe von Nutzerdaten, um weitere Informationen von einem Anbieter zu bekommen. Zumindest in Europa ist $\rightarrow$ Double-Opt-in rechtlich verpflichtender Standard für Unternehmen.

Opt-in-Bribe Ein Synonym für $\rightarrow$ Lead-Magnet.

Opt-in-Mail So nennt man eine im Rahmen des $\rightarrow$ Double-Opt-in-Verfahrens automatisch versendete E-Mail, die über einen eingebauten Link bestätigt werden muss. Erst dann darf die E-Mail-Adresse als Empfänger weiterer Nachrichten in einem Verteiler gespeichert werden. Es ist wichtig, dass die Opt-in-Mail eine möglichst hohe $\rightarrow$ Conversion erreicht. Deshalb legen professionelle Marketingorganisationen hohen Wert auf die Optimierung dieser Nachricht.

Opt-in-Process Der Vorgang der Adress-Abgabe ist der zentrale Prozess im Content Marketing. Was im Ladengeschäft der erste Eindruck im Laden ist, das ist im Online-Marketing die Art und Weise, wie ein neuer Interessant behandelt wird und wie sehr er Lust bekommt, weitere Nachrichten oder Angebote zu bekommen. Deshalb ist das Design dieses Prozesses, der mehrere Schritte umfasst, ganz entscheidend. Die Schritte sind:

1. Landingpage: Hier wird eine E-Mail-Adresse erwirkt. Wichtig ist, dass der Besucher versteht, was er genau im Gegenzug bekommt und ob der Anbieter vertrauenswürdig genug erscheint, seine Adresse preiszugeben.

2. Opt-in-Mail: Um sicher zu stellen, dass der Eigentümer einer E-Adresse sich auch wirklich selbst in den Verteiler eingetragen hat, muss er das bestätigen. Einfache „Please click here"-Nachrichten reichen hier mittlerweile bei Weitem nicht mehr aus.

3. Onboarding: Im Onboarding-Process wird der Interessent in einem mehrstufigen Prozess langsam an das Produkt oder die Dienstleistung herangeführt.

Optimierung Das ist der Überbegriff für eine ganze Reihe unterschiedlicher Maßnahmen zur Verbesserung von Ergebnissen im Online-Marketing. Dazu zählen Maßnahmen, die anhand eines Leitfadens vorgenommen werden können, weil man schon vorher weiß, was zur Verbesserung führt. Und es können Maßnahmen sein, die mit automatischen Vergleichstests (→Split-Test) ablaufen und die echte Reaktionen von Benutzern testen, um dann die beste Alternative zum Standard zu erheben. Folgende Aspekte spielen immer eine große Rolle bei der Optimierung des Angebots:
- Speed: Die Ladegeschwindigkeit von Websites (→PageSpeed)
- Suche: →SEO
- Conversion: Die relative Häufigkeit, in der die →CTA, also die zentrale Zielsetzung der Website oder der E-Mail, tatsächlich vom Benutzer ausgeführt wird.
- Preis: Der Preis eines Onlineprodukts, zu dem in Summe der höchste Gesamtertrag erzielt wird.
- Anti-Spam: Die Reduktion der Faktoren, die dazu führen, dass E-Mails irrtümlich als →Spam gefiltert werden.
- Sharing: Die Häufigkeit, mit der Inhalte in →Social Media geteilt werden.

Pagerank Der Pagerank ist ein Verfahren, mit dem man die Bedeutung von Dokumenten in einer Dokumentansammlung bewertet. Im Zusammenhang mit Online-Marketing ist es eine Bewertungsmethode, mit der einzelne Webseiten hinsichtlich ihrer Qualität bewertet werden. Einfluss auf diesen Messwert haben die Anzahl der Links auf die Seite und die Qualität der verlinkenden Stelle. Aber auch die Anzahl der Nutzer und die Links, die von der Seite wiederum zu Inhalten Dritter führen, kann relevant sein. Algorithmen von Google zur Bewertung des Pagerank werden permanent angepasst, um die mannigfaltigen Versuche zur Manipulation des Pageranks einzudämmen. So war es früher üblich, massenhaft Links ohne Relevanz einzukaufen. Diese Methoden werden nach und nach eingedämmt, verhindert und sogar durch Google mit Abwertung der eigenen Seite bestraft, sodass es sich langfristig sicher nicht lohnt, solch fragwürdige Manipulationen für die eigene Seite umzusetzen.

PageSpeed Ist die Ladegeschwindigkeit einer Website in Sekunden. Die Ladezeit ist ein Kriterium, wonach Suchmaschinen die Relevanz einer Website einstufen. Je länger die Ladezeit, desto nachteiliger wirkt sich das auf das →Ranking aus.

Page View Ist die Einheit, in der die Aufrufe einzelner Seiten einer Website gezählt werden. Jeder Aufruf zählt für sich. Im Gegenzug dazu werden mit →Visits die Anzahl der Aufrufe der Website an sich gezählt, unabhängig davon, wie viele einzelne Seiten aufgerufen werden.

Permission Marketing Der Überbegriff zu modernem E-Mail-Marketing, weil inzwischen nur noch an Empfänger versendet wird, die vorher explizit darum gebeten haben und ihre Erlaubnis zum Empfang von E-Mail-Nachrichten bestätigt haben.

Pinterest Pinterest ist ein soziales Netzwerk, in dem Nutzer über virtuelle Pinnwände Fotos und Videos nach Themen kategorisiert posten können.

Pixel Die kleinste Einheit eines digitalen Bildes. Im Zusammenhang mit Online-Marketing ist das auch der Begriff für ein Instrument, mit dem man das Öffnen von E-Mails messen kann. Ein nahezu unsichtbares „Bild" mit einem einzigen Pixel wird durch einen automatischen Mechanismus in eine E-Mail eingesetzt. Jeder Empfänger bekommt einen eigenen, individuellen Pixel. Sobald die E-Mail geöffnet wird, erkennt ein Server den Aufruf dieses einen digitalen Bildes und kann dadurch erkennen, welche E-Mail wann und von wem geöffnet wurde. Wenn Benutzer das automatische Laden von Bildern in E-Mails abgeschaltet haben, versagt diese Technik.

Plug-in Ein Software-Modul, das als Teil einer anderen Software verwendet wird. Der Begriff wird vor allem im Zusammenhang mit →WordPress verwendet, wo eine Reihe von kostenlosen und kostenpflichtigen Ergänzungen die Funktionalität enorm bereichert. Außerdem gibt es sogenannte Browser-Plug-ins, deren Funktion auf bestimmten Websites direkt durch einen einfach zu bedienenden Button ermöglicht wird, ohne die gerade dargestellte Seite zu verlassen.

Podcast Der Begriff leitet sich von dem MP3-Player von Apple ab, dem sogenannten „iPod". Ein Podcast ist eine „Radio-Sendung" (englisch „cast") die über den iPod ausgestrahlt wird. Inzwischen gibt es noch weitere Dienste neben iTunes, die Podcasts ausstrahlen.

Das besondere für Marketing-Treibende ist, dass iTunes, Stitcher und andere Verbreitungsdienste als Suchmaschine für Audio-Inhalte fungieren. Sie sind unterwegs und wollen sich mit relevanten Audio-Inhalten zu einem Wunschthema kostenlos unterhalten? Wo suchen Sie? Vermutlich auf iTunes und Co. Wenn Sie bislang nicht auf diese Idee kamen, schätzen Sie vermutlich die Anzahl der Hörer falsch ein. Selbst für reine Geschäftsthemen sind 10.000 Hörer pro Monat in einem Land wie Deutschland sehr leicht möglich.

PPC (Pay-per-Click) Unter Pay-per-Click versteht man eine bestimmte Abrechnungsart von Onlinewerbung. Man bezahlt nicht pro Einblendung (→Impression), sondern nur dann, wenn tatsächlich der Link angeklickt wurde (→Click).

Progressive Profiling Man nennt das die Vorgehensweise, bei der neu hinzugewonnene →Leads Schritt für Schritt weiter hinsichtlich des Kaufs eines Zielproduktes qualifiziert werden. Dabei wird das Verhalten des Nutzers hinsichtlich seiner Reaktion auf Inhalte und seiner Kaufbereitschaft bewertet.

QR-Code Eine quadratische Darstellung von schwarzen Punkten auf weißer Fläche, die von geeigneten QR-Readern auf Smartphones entschlüsselt werden können. Dadurch soll der Medienbruch von einer gedruckten Anzeige oder einem Plakat zu einem Onlineinhalt überbrückt werden, ohne dass der Benutzer eine Internetseite eintippen muss. Die Praxis zeigt enttäuschende Resultate: Wenige Benutzer nutzen das Prinzip. Vermutlich, weil die Bedienung nicht im Betriebssystem der Smartphones verankert ist und man daher spezielles Wissen benötigt, um die QR-Codes anzuwenden. Es schadet nicht, wenn man einen QR-Code anbietet – es nutzt aber vermutlich auch nicht viel.

Ranking In der direkten Übersetzung bedeutet Ranking Einstufung. In Bezug auf Google bedeutet es die Rangfolge, in der die Suchbeiträge oder Werbeanzeigen in der →SERP, der Ergebnisseite von Suchmaschinen, aufgelistet werden.

Response Ganz allgemein die Reaktion auf eine Marketingaktion.

Retargeting Darunter versteht man eine Methode, Werbung nur an bestimmte Personen auszuliefern. Die Selektion erfolgt anhand vom Bewegungsmuster der einzelnen Person im Internet. Der Werbetreibende kann ein Muster entwerfen und dann an diejenigen Menschen, die das Muster erfüllen, eine Werbebotschaft senden. Die Auslieferung der Werbung erfolgt über die typischen, oft besuchten Seiten, wie Nachrichtenmagazine, eBay, Suchmaschinen und Ähnliches.

Viele Menschen ärgern sich über schlicht gemachtes Retargeting. Beispiel: Sie kaufen beim Anbieter X einen Schuh Y. Fortan bekommen Sie überall Werbung für diesen Schuh angezeigt. Die bessere Methode wäre: Zeige die Werbung zum Schuh Y nur denjenigen Besuchern der Seite X an, die nicht auf der Kaufseite waren. Dann werden nur noch diejenigen Kunden beworben, die auf der Website waren, aber NICHT gekauft haben.

Reziprozität Der Begriff stammt aus dem Lateinischen „reciprocus" = „auf demselben Weg zurückgehend". Man versteht darunter den in der Soziologie umfassend erforschten Effekt, dass Menschen dazu tendieren, sich für empfangene Leistungen zu revanchieren. Wer eine Aufmerksamkeit, ein Geschenk oder gar eine Zahlung bekommt, wird sich für eine gewisse Zeit verpflichtet fühlen, diese Leistung mit einer Gegenleistung aufzuwiegen.

RSS-Feed Ein RSS-Feed (von englisch to feed im Sinne von füttern, einspeisen, zuführen) ist eine Methode, um neuen Inhalt in eine bestehende Plattform einzubringen, ohne dass dafür die empfangende Website immer wieder angepasst werden muss. RSS bedeutete einmal Rich Site Summary, oder heute Really Simple Syndication. Im Wesentlichen sind es Strukturen zur Veröffentlichung von Neuigkeiten auf Websites in einem standardisierten Format. RSS-Dienste werden auf sogenannten RSS-Channels ausgestrahlt. RSS-Feeds sind ähnlich wie Nachrichtenticker aufgebaut, mit kurzen Informationsblöcken, die aus einer Schlagzeile mit Textanriss und einem Link zur Originalseite bestehen.

→Podcasts werden über dieses Verfahren an Dienste wie iTunes ausgeliefert, sodass die Abonnenten eines →Podcast die neuen Ausgaben bekommen, ohne dafür noch eine eigene Aktion starten zu müssen.

Sales Page Eine Sales Page ist eine besondere Form der →Landingpage, die darauf optimiert wurde, einen Verkauf abzuschließen. Eine gut gemachte Sales Page führt den Besucher gedanklich durch seine Entscheidung, greift typische Einwände auf und entkräftet sie. Im Gegensatz zu einfachen Landingpages sind Sales Pages oft sehr lang und haben mehrere gleichlautende →CTA. Meist sind das →Buttons, die an unterschiedlichen Stellen der Sales Page zum Kauf auffordern.

Script Ein kurzer Programm-Code. Im Online-Marketing zumeist eine in der Sprache JavaScript geschriebene Befehlsfolge, die unterschiedliche Funktionen zu Websites oder E-Mails hinzufügt. Weit verbreitet sind kurze Scripts, mit denen Aufrufe und Bewegungen von Benutzern auf Websites ausgewertet werden. Diese Scripts senden kurze Nachrichten beispielsweise an Google →Analytics und machen damit das Verhalten von Nutzern auf Websites für den Betreiber dieser Website transparent.

SEA Search Engine Advertising bezieht sich auf das Schalten von bezahlten Anzeigen, die im Zusammenhang mit bestimmten Suchbegriffen angezeigt werden. Bezahlt werden die Anzeigen vom Auftraggeber pro tatsächlich geklickten Link (→CPC). Die Platzierung in der Reihenfolge der bezahlten Anzeigen wird versteigert. Je höher das Gebot pro →Click ausfällt, desto weiter oben wird die Anzeige eingeblendet.

SEM Bedeutet Search Engine Marketing, also Suchmaschinenmarketing und beinhaltet die Unterpunkte →SEA und →SEO.

SEO Bedeutet Search Engine Optimization. Das beinhaltet das →Onsite SEO und meint damit die geschickte Benutzung von Suchworten auf Website und Blog, um in Suchmaschinen weiter oben im →Ranking zu erscheinen. Und es beinhaltet das →Offsite SEO, bei den Seiten von Dritt-Anbietern, also andere Blogs, Nachrichtenseiten oder andere Seiten im Netz, auf die eigenen Inhalte verlinken und dabei geeignete Suchworte in den Links einbauen. Je attraktiver die verweisenden Seiten sind, je mehr „Ruhm" strahlt auf die Zielseiten ab.

SERP Das ist der Fachbegriff für die Seite, auf der das Ergebnis einer Suche dargestellt wird. Search Engine Results Page ist der ausgeschriebene Begriff dazu.

Sessions Eine Session ist der Besuch einer Website, der die Ansicht (→Page View) mehrerer Unterseiten beinhaltet.

Sharing Generell versteht man darunter den Vorgang des Teilens – also Weiterversendens – von Nachrichten auf Social-Media-Plattformen.

Single-Opt-in Das ist die Bezeichnung für ein einfaches Verfahren zum Sammeln von E-Mail-Adressen. Beim Single-Opt-in gibt es, im Gegensatz zum →Double-Opt-in, keine Überprüfung, ob der Absender selbst seine Adresse angegeben hat. Dieses Verfahren ist in Deutschland und vielen Ländern Europa verpönt, weil der Versender von Werbe-E-Mails nachweisen muss, dass er das Einverständnis des Empfängers für den E-Mail-Versand hat. Das ist jedoch beim Single-Opt-in nicht machbar.

Smartphone Smart im Sinne von „klug" bezieht sich auf die Fähigkeit, nicht nur als Telefon zu dienen, sondern auch die Funktionen eines Computers zu übernehmen. Beginnend mit dem iPhone im Jahre 2008 ist inzwischen fast jeder Bürger in den wohlhabenden Staaten der Welt mit einem solchen Gerät versorgt. Daher ist auch →ZMOT längst Realität geworden: Die Menschen nutzen ihr Smartphone als

Informationsinstrument, bevor sie sich von einem Verkäufer beraten lassen. Deshalb muss jede Strategie im Online-Marketing Smartphones mit einbeziehen.

Social Media Ein unglaublich weit gefasster Begriff, der das Phänomen von Diensten wie →Facebook, →Twitter, →LinkedIn und anderen Medien zusammenfasst. „Social", weil die Beziehung zwischen den einzelnen Menschen im Mittelpunkt steht und „Media", weil eine Öffentlichkeit diese Beziehungen und die ausgetauschten Nachrichten sehen kann. In Bezug auf Marketing ist relevant, dass Menschen Empfehlungen aussprechen und dadurch Inhalte an „Freunde" weiterreichen können.

Spam Die kuriose Herkunft dieses Begriffs: SPAM ist eine Art Dosenfleisch, das in England während des letzten Weltkriegs die einzige Nahrung war, die im Überfluss vorhanden war. Die englische Comedy-Truppe Monty Pythons Flying Circus machten einmal einen Sketch, bei dem der Begriff Spam durch wilde Zwischenrufe aller Restaurantbesucher jegliches Gespräch zweier Personen störte. Deshalb wurde Spam ein Synonym für „unerwünschten Zwischenruf" in den frühen Internetforen und später für unerwünschte E-Mails, Kommentare in Blogartikeln oder Social-Media-Beiträgen.

Spamfilter Ein wirksamer Schutz gegen →Spam existiert nicht. Die Filter, die unerwünschte Nachrichten aus dem E-Mail-Empfang ausblenden sollen, arbeiten anhand von IP-Adressen der Absender, anhand von URLs der Absender, anhand von Schlüsselwörtern oder einer Kombination daraus. Als Ergebnis werden entweder erwünschte Nachrichten ebenfalls geblockt, oder unerwünschte Nachrichten dennoch zugestellt.

Inzwischen gibt es auch Systeme, die unerwünschte Spam-Kommentare auf Blogs automatisch filtern.

Squeeze-Page Eine spezielle →Landingpage, die nur zum Gewinnen von E-Mail-Adressen geeigneter Interessenten genutzt wird. Die Adressen werden oft im Tausch gegen einen →Lead-Magnet eingesammelt.

Stitcher Ein Dienst, der Lieder, Sprachdateien oder Podcasts unabhängig von der Plattform iTunes verfügbar macht.

Stream Die deutsche Übersetzung wäre „Strom" im Sinne von Fluss. Gemeint ist beispielsweise die Ausstrahlung von Videos über das Internet. Dabei wird nicht die gesamte Film-Datei heruntergeladen, sondern nur der Teil des Filmes, der gerade betrachtet wird.

Gemeint sein könnte auch die dem Nutzer dargestellte Abfolge von Nachrichten in einem Social-Media-Dienst, wie Twitter oder Facebook.

Subscriber Bedeutet auf Deutsch Abonnent und meint den eingetragenen Empfänger eines →Newsletters oder eines →Autoresponders.

Thank-You-Page Eine Seite, die im Zuge eines →Opt-in-Process angezeigt wird. Danke, weil sie sich für die erfolgte Adress-Abgabe bedankt und auf die nun noch notwendigen Schritte der Bestätigung hinweist.

Timeline So nennt man die Abfolge von Nachrichten, die einem Benutzer in einer Social-Media-Plattform angezeigt werden. Siehe auch →Newsfeed. Welche Nachrichten angezeigt werden, variiert von Plattform zu Plattform. Der Algorithmus dahinter wird von den Betreibern geheim gehalten. Die sogenannte →Chronik ist die Darstellung der eigenen Beiträge auf der Seite des Verfassers innerhalb einer Social-Media-Plattform.

Touchpoints Darunter versteht man die unterschiedlichen Punkte, an denen ein (potenzieller) Kunde mit einem Unternehmen in Berührung kommt. Das kann online, per Brief, Telefon oder physisch geschehen.

Tracking Code Das ist ein Code aus Buchstaben und Zahlen, der die Identifizierung einer einzelnen Website durch Analysewerkzeuge wie Google →Analytics ermöglicht.

Traffic Traffic meint den Verkehr von Besuchern auf einer Seite. Es ist der Überbegriff zu Besuchern (→Visits) und Seitenaufrufen (→Page Views).

Tumblr Ist eine Plattform, auf der man ohne viel Aufwand einen Blog betreiben kann. Ähnlich wie →Wordpress.com bietet es sehr eingeschränkte Gestaltungsmöglichkeiten, ist jedoch für eher private Blogs ohne kommerziellen Anspruch genau richtig.

Tweet Eine Kurznachricht auf →Twitter.

Twitter Ein Nachrichten-Service, der ursprünglich nur Textnachrichten (→Tweets) bis maximal 140 Zeichen ausstrahlte. Die Nachrichten können einen Link enthalten, der weiterführende Informationen enthält. Man kann Nachrichten finden, wenn man den Absender bereits kennt und ihm bereits folgt (→Follower) oder indem man nach einem →Hashtag sucht. Außerdem kann man bestimmte Sender in Gruppen organisieren. Man kann interessante Nachrichten „retweeten" oder in einen Dialog mit dem Absender gehen, der öffentlich oder privat sein kann. Seit Kurzem ist auch das Twittern von Fotos möglich. Dadurch lässt sich die ursprüngliche Beschränkung auf 140 Zeichen umgehen, weil man so auch längere Nachrichten als Bild verbreiten kann.

Typo3 TYPO3 ist ein →Content-Management-System (CMS) zur Erstellung von Websites und steht unter der GNU General Public License. Es ist in PHP 5 geschrieben und verwendet MySQL als Datenbank. Zusammen mit →WordPress, →Drupal, →Contao und →Joomla ist es eines der weit verbreiteten Open-Source-Content-Management-Systeme.

Unique Diese Bezeichnung bezieht sich zumeist auf →Open, →Click, →Page View oder →Visit und ist ein einschränkendes Kriterium bei der Zählweise. Hierbei werden mehrfache Interaktionen nur einmal gezählt, wenn sie vom gleichen Leser ausgelöst wird.

User Experience Die genaue Übersetzung wäre Nutzererfahrung. Darunter versteht man das Erleben – oder besser das Gefühl – das ein Benutzer mit einem bestimmten

Produkt oder einer Webseite erfährt. Diese Erfahrung kann bewusst oder unbewusst wahrgenommen werden. Es liegt auf der Hand, dass eine positive Erfahrung auch bisweilen schlechteren Content verzeiht, während eine sehr schlechte Erfahrung im Umgang auch den besten Inhalt schlecht dastehen lässt.

Vimeo Eine Onlineplattform, um Content in Form von Videos einer Öffentlichkeit zu präsentieren, ähnlich wie →YouTube. Im Gegensatz zum großen Wettbewerber ist Vimeo kostenpflichtig und bietet dafür sehr viele detaillierte Kontrollmöglichkeiten beim Einbinden von Video-Content in Websites.

Viral Eine Bezeichnung für einen online verfügbaren Content, der so großen Anklang findet, dass er sich verbreitet, wie ein Virus. Damit ist in erster Linie das Weiterempfehlen (→Sharing) in →Social Media gemeint.

Visits Visits bezeichnen die Anzahl der Besuche (→Sessions), die unabhängig von der Anzahl der besuchten Unterseiten einmalig pro Benutzer gezählt werden. →Unique Views sind einmalige Besuche, bei denen wiederkehrende Besucher im betrachteten Zeitraum nicht gezählt werden.

WordPress WordPress war ursprünglich ein System zur Gestaltung von →Blogs und ist inzwischen ein vollwertiges →Content-Management-System (CMS) zur Erstellung von Websites und steht unter der GNU General Public License. Es ist in PHP 5 geschrieben und verwendet MySQL als Datenbank. Zusammen mit →Joomla, →TYPO3, →Contao und →Drupal ist es eines der weit verbreiteten Open-Source-Content-Management-Systeme. Es ist besonders beliebt bei Online-Marketing-Anbietern, weil es außergewöhnlich viele, zum großen Teil kostenlose Erweiterungen (→Plug-ins) bietet und eine sehr große Anzahl von Spezialisten verfügbar sind, die das System pflegen und warten können.

Man unterscheidet die von Wordpress.com betriebene Seite, die wenige Anpassungsmöglichkeiten bietet und Wordpress.org, die eine kostenlose Software zum Download und zum Betrieb auf dem eigenen Server bereitstellt. Für ernsthafte Ambitionen ist nur die letzte Variante relevant.

XING Ist ein soziales Netzwerk für geschäftliche Kontakte und das Pendant zu →LinkedIn auf dem deutschsprachigen Markt. XING finanziert sich über Stellenanzeigen und Premium-Mitgliedschaften sowie eine Spezialmitgliedschaft für Personalsuche.

YouTube Eine Onlineplattform, die zu Google gehört und über die man Content in Form von Videos einer großen Öffentlichkeit präsentieren kann. Der Urheber kann frei wählen, ob die Inhalte jedem zugänglich gemacht werden sollen, nur denjenigen, die einen geheimen Link anklicken oder nur einer Reihe namentlich aufgeführter Benutzern.

Wenn man als Urheber gewisse Validierungstest durchlaufen hat, kann man seine Inhalte monetisieren. Dann werden Werbespots vor den eigentlichen Inhalt gestellt und YouTube bezahlt einen kleinen Betrag pro eingeblendeter Werbung. Ebenso kann jeder über ein Google AdWords-Konto Werbefilme einstellen. Die Abrechnung erfolgt für diese Art von Werbung pro Einspielung.

Wenn das vom Urheber gestattet ist, kann man YouTube-Filme in Websites einbinden und, ohne die Website zu verlassen, auch dort abspielen lassen. Dadurch kann man sehr einfach Videoinhalte in Blogs und andere Websites einbinden. Allerdings muss man akzeptieren, dass YouTube am Ende der Einblendung des Videos dem Benutzer weitere Videos vorschlägt. Welche Videos das sind, hat man nicht unter Kontrolle, sodass Profis auf andere Wege zum Einbinden von Video-Content ausweichen, zum Beispiel →Vimeo.

YouTube bietet sehr detaillierte Möglichkeiten, Einblendungen und →CTA in Videos einzublenden. Die Auswertungsmöglichkeiten zeigen nicht nur die Anzahl der Aufrufe, sondern auch sehr detailliert, wann wie viele Betrachter abbrechen.

Zielgruppe Die Definition der Personen oder Firmen, die ein Unternehmen als Kunden gewinnen möchte. Die Zielgruppe kann anhand von demografischen Daten, Alter, Geschlecht, Zugehörigkeit zu bestimmten Interessengruppen oder tatsächlichen Besuchern einer Website festgelegt werden. Diese Zielgruppe kann dann, auch wenn sich die Individuen noch nicht durch die Abgabe ihrer E-Mail-Adresse zu erkennen gegeben haben, durch →Retargeting werblich erreicht werden.

ZMOT Dieses Konzept von Google erweitert das ursprüngliche Modell vom „first moment of truth", also dem ersten Kontakt mit einem Produkt im Laden und dem „second moment of truth", dem Eindruck, den das Produkt bei der Nutzung macht. Der „zero moment of truth" ZMOT ist der Moment, noch bevor der Benutzer das Produkt im Laden berührt und sich schon im Internet über das Produkt informiert. Dadurch ändert sich das Einkaufsverhalten, weil potenzielle Kunden schon vor dem Kauf alles über das Produkt wissen, ihre Kontakte nach deren Erfahrungen befragen können und die Beurteilungen unbekannter Dritter lesen können, die bereits ihren „second moment of truth" hatten und von ihren Nutzungserfahrungen berichten wollen.